"十四五"职业教育国家规划教材

"十四五"职业教育河南省规划教材

高等职业教育系列教材

电气控制与 PLC 应用技术（FX$_{3U}$）

第 4 版

主　编　何　瑞　吴　丽

副主编　刘金浦

参　编　刘亚平　王海旺

U0241094

机械工业出版社

本书共分 10 章，以典型的继电器控制电路和三菱 FX$_{3U}$ 系列 PLC 的应用为主线，主要讲述常用低压电器的使用，电气控制电路的基本控制环节，机床电气控制系统，PLC 的基本组成、工作原理、逻辑元件、指令系统、编程方法、系统设计、编程软件的使用、PLC 通信和网络等有关知识。

本书语言简洁、通俗易懂、内容丰富、实用性强，除了介绍传统的控制技术以外，还详细叙述了 PLC 的应用技术。通过实例和技能训练项目，提高读者对电气控制和 PLC 的综合应用能力，同时融入思政元素，培养工匠精神、创新思维等职业素养。

本书可作为高等职业院校电气自动化技术、机电一体化技术、楼宇自动化技术、机械制造及自动化、数控技术等相关专业"电气控制与 PLC 应用技术"课程的教材，也可作为工程技术人员的参考书和培训教材。

本书配有 56 个二维码微课视频、电子课件、习题解答等资料，教师可登录 www.cmpedu.com 免费注册、审核通过后下载，或联系编辑获取（微信：15910938545，电话：010-88379739）。

图书在版编目（CIP）数据

电气控制与 PLC 应用技术：FX$_{3U}$／何瑞，吴丽主编 . —4 版 . —北京：机械工业出版社，2021. 12（2025. 1 重印）
高等职业教育系列教材
ISBN 978-7-111-69535-6

Ⅰ. ①电… Ⅱ. ①何… ②吴… Ⅲ. ①电气控制-高等职业教育-教材②PLC 技术-高等职业教育-教材 Ⅳ. ①TM571. 2 ②TM571. 6

中国版本图书馆 CIP 数据核字（2021）第 225352 号

机械工业出版社（北京市百万庄大街 22 号 邮政编码 100037）
策划编辑：李文轶 责任编辑：李文轶
责任校对：张艳霞 责任印制：单爱军

保定市中画美凯印刷有限公司印刷

2025 年 1 月第 4 版 · 第 11 次印刷
184mm×260mm · 15. 5 印张 · 351 千字
标准书号：ISBN 978-7-111-69535-6
定价：59. 00 元

电话服务

客服电话：010-88361066
010-88379833
010-68326294
封底无防伪标均为盗版

网络服务

机 工 官 网：www.cmpbook.com
机 工 官 博：weibo.com/cmp1952
金 书 网：www.golden-book.com
机工教育服务网：www.cmpedu.com

关于"十四五"职业教育
国家规划教材的出版说明

为贯彻落实《中共中央关于认真学习宣传贯彻党的二十大精神的决定》《习近平新时代中国特色社会主义思想进课程教材指南》《职业院校教材管理办法》等文件精神，机械工业出版社与教材编写团队一道，认真执行思政内容进教材、进课堂、进头脑要求，尊重教育规律，遵循学科特点，对教材内容进行了更新，着力落实以下要求：

1. 提升教材铸魂育人功能，培育、践行社会主义核心价值观，教育引导学生树立共产主义远大理想和中国特色社会主义共同理想，坚定"四个自信"，厚植爱国主义情怀，把爱国情、强国志、报国行自觉融入建设社会主义现代化强国、实现中华民族伟大复兴的奋斗之中。同时，弘扬中华优秀传统文化，深入开展宪法法治教育。

2. 注重科学思维方法训练和科学伦理教育，培养学生探索未知、追求真理、勇攀科学高峰的责任感和使命感；强化学生工程伦理教育，培养学生精益求精的大国工匠精神，激发学生科技报国的家国情怀和使命担当。加快构建中国特色哲学社会科学学科体系、学术体系、话语体系。帮助学生了解相关专业和行业领域的国家战略、法律法规和相关政策，引导学生深入社会实践、关注现实问题，培育学生经世济民、诚信服务、德法兼修的职业素养。

3. 教育引导学生深刻理解并自觉实践各行业的职业精神、职业规范，增强职业责任感，培养遵纪守法、爱岗敬业、无私奉献、诚实守信、公道办事、开拓创新的职业品格和行为习惯。

在此基础上，及时更新教材知识内容，体现产业发展的新技术、新工艺、新规范、新标准。加强教材数字化建设，丰富配套资源，形成可听、可视、可练、可互动的融媒体教材。

教材建设需要各方的共同努力，也欢迎相关教材使用院校的师生及时反馈意见和建议，我们将认真组织力量进行研究，在后续重印及再版时吸纳改进，不断推动高质量教材出版。

机械工业出版社

党的二十大报告提出，要加快建设制造强国。在智能制造系统中，电气控制和 PLC 控制技术是工业自动化控制系统的两大核心技术，它们的结合可以有效提高工业自动化系统的可靠性和稳定性。由于 PLC 电气控制系统不仅有高性价比、高可靠性、高易用性的特点，还具有分布式 I/O、嵌入式智能和无缝衔接的性能，尤其在强有力的 PLC 软件平台的支持下，未来 PLC 电气控制系统将继续在工业自动化的领域扮演着重要的角色。

本书以 FX_{3U} 为载体介绍 PLC 电气控制技术的基础知识和应用，基于工学结合的教学理念，力求内容全面、语言简洁、通俗易懂、实例丰富、图文并茂。每章都设置了相关技能训练项目，学生可以通过项目实施的内容、步骤，掌握相关的知识点、技能点。本次改版将 PLC 型号更新、增加了固态继电器等，删除了不常用的机床电气控制部分，替换了部分技能训练项目增加附录 B 综合实训项目，将典型工程案例转换为生产性实训项目，补充基本训练项目在难度和覆盖面的不足，为分层教学的实施提供技术支持。

本书依据高职《电气控制与 PLC》课程教学标准的要求，充分挖掘课程蕴含的爱国主义、社会责任、社会公德、职业素养四个方面的内容，以中国传统文化、科技发明、生产案例典型应用为载体，融入遵纪守法、诚实守信、尊重生命、精益求精、爱岗敬业、职业规范的工匠精神，创新思维、科技自信、民族自豪感。在附录 A 中提供了相关思政元素的设计，供教学中参考。

全书共有 10 章，内容分为两大部分：

第 1 部分为电气控制技术（由第 1~3 章组成），主要包括常用低压电器的结构、原理及使用的有关知识，继电器—接触器控制电路的基本控制环节、常用机床电气控制的原理分析和故障诊断方法。

第 2 部分为可编程序控制器应用技术（由第 4~10 章组成），主要以三菱的 FX_{3U} 系列可编程序控制器为载体，介绍小型可编程序控制器的特点、结构、原理、内部逻辑元件、指令系统、编程规则与技巧、控制系统设计、网络与通信、编程及仿真软件的使用等。

本书可作为高等职业院校电气自动化技术、机电一体化技术、楼宇自动化技术、机械制造及自动化、数控技术等相关专业"电气控制与 PLC 应用技术"课程的教材，也可作为实习、职业技能培训及可编程控制器相关的 1+X 职业技能等级证书考证的参考用书，以及工程技术人员的参考用书。

本书第 1 版和第 2 版分别为 2006 年河南省精品课程和 2014 年河南省精品资源开放课程的配套教材，配有电子课件、二维码微课视频、习题解答等资料，便于教师教学和学生自学。

本书由黄河水利职业技术学院何瑞、吴丽担任主编，其中何瑞编写第 4、5、6、10 章，吴丽编写第 7 章，黄河水利职业技术学院刘金浦编写第 1、2 章，黄河水利职业技术学院刘亚平编写第 8、9 章，郑州电力职业技术学院王海旺编写第 3 章。

由于编者水平有限，书中的不妥与错误之处在所难免，恳请读者批评指正。

北京众恒恒信自动化设备有限公司的工程师位仁杰，对本书提出了宝贵意见，并提供了大量企业案例和技术支持，在此表示感谢！

编　者

目 录 Contents

第 1 章　常用低压电器

本章主要介绍国家标准规定的常用低压电器的结构、工作原理、规格、型号、用途、使用方法及各种电器的图形符号和文字符号，为读者合理使用和正确选择低压电器打下基础。

1.1　低压电器的基本知识

低压电器是指用于交流电压 1200 V 及以下、直流电压 1500 V 及以下配电和控制系统中变压器至负载之间的电器设备，它对电能的输送、分配与使用起接通、分断、保护、控制、调节、检测及显示等作用。

1.1.1　低压电器的分类

低压电器的种类繁多、结构各异、用途不同，对其分类如下。

1）按电器的动作性质分为手动电器和自动电器两大类。手动电器是由人操纵的电器，如闸刀开关、按钮及手动丫-△（星形-三角形）起动器等。自动电器是按指令信号或某个物理量（如电压、电流、时间、速度及位移等）变化而自动工作的电器，如接触器、继电器等。

2）按电器的性能和用途分为控制电器和保护电器两大类。控制电器用来控制电路通断或控制电动机的各种运行状态，如刀开关、按钮和接触器等。保护电器用于保护电源、电路和电动机，如熔断器、热继电器等。

3）按动作方式分为有触点电器和无触点电器。有触点电器具有可分离的动触点和静触点，利用触点的闭合和分离可实现电路的通断控制。以上叙述的电器均为有触点电器。无触点电器没有可分离的触点，如现代电力拖动系统中的晶体管无触点逻辑元器件、电子程序控制器件、数字控制系统以及计算机控制系统等。

4）按工作原理分为电磁式电器和非电量控制电器。电磁式电器根据电磁感应原理来工作，如交流接触器、电磁式继电器等。非电量控制电器根据非电量（压力、温度、时间和速度等）的变化而工作，如按钮、行程开关、压力继电器、时间继电器、热继电器和速度继电器等。

1.1.2　电磁式电器

电磁式电器大多由感测部分和执行部分组成。感测部分接受外界输入信号，并做出一定的反应。执行部分根据感测部分做出的反应而动作，执行电路接通、断开等控制。对于有触点的电磁式电器，感测部分指电磁机构，执行部分指触点系统。

1-1　电磁式电器

1. 电磁机构

电磁机构的主要作用是将电磁能转换为机械能，并带动触点动作，以接通或断开电路。电磁机构由吸引线圈、铁心和衔铁组成。吸引线圈绕在铁心柱上，静止不动，铁心又称为静铁心。衔铁是可以动作的，称为动铁心。其工作原理是，当线圈通入电流产生磁场时，磁场的磁通经铁心、衔铁和工作气隙形成闭合回路，产生电磁吸力，当电磁吸力大于反作用弹簧拉力时，衔铁被铁心可靠地吸住。铁心和衔铁之间安装有反作用弹簧，防止电磁吸力过大，会使衔铁与铁心发生严重的碰击。

常见电磁机构的结构形式如图 1-1 所示。铁心有 E 型、双 E 型、U 型和甲壳螺管型，衔铁动作方式分为直动式、转动式。电磁机构可分为以下 3 种类型。

1）衔铁沿直线运动的双 E 型直动式铁心，如图 1-1b、e 所示。一般用于交流接触器、继电器。

2）衔铁沿轴转动的拍合式铁心，如图 1-1f、g 所示。多用在触点容量较大的交流电器中。

3）衔铁沿棱角转动的拍合式铁心，如图 1-1c 所示。一般用在直流电器中。

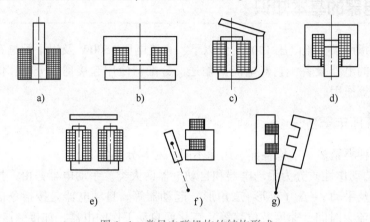

图 1-1　常见电磁机构的结构形式

a)、d) 甲壳螺管型铁心　c)、f)、g) 转动拍合式铁心　b)、e) 双 E 型直动式铁心

吸引线圈的作用是将电能转化为磁场能，按线圈的接线形式分为电压线圈和电流线圈。将电压线圈并联在电源两端，电流大小由电源电压和线圈本身的阻抗决定，其匝数多、导线细、阻抗大和电流小，一般用绝缘性能好的漆包线绕成。将电流线圈串联在电路中，反应电路中的电流，其匝数少、导线粗，一般用扁铜带或粗铜线绕成。

按通入线圈的电源种类分为直流线圈和交流线圈。将直流线圈制成瘦高型，不设骨架，线圈与铁心直接接触，以利于散热。交流线圈和铁心都发热，故将线圈制成短粗型，设有骨架，使铁心和线圈隔离，以利于散热。

当将电磁机构通入交流电时，产生的电磁吸力是脉动的，电磁吸力时而大于反作用弹簧拉力，时而小于反作用弹簧拉力，使衔铁在吸合过程中产生振动。消除振动的措施是在铁心中引用短路环。具体方法是，在交流电磁机构铁心柱距端面 1/3 处开一个槽，槽内嵌入铜环（又称短路环或分磁环），如图 1-2 所示。吸引线圈通入交流电时，由于短路环的作用，使铁心中的磁通分为两部分，即通过短路环的磁通（ϕ_1）和不通过短路环的磁通（ϕ_2）。两部分磁通存在相位差，二者不会同时为零，如果短路环设计的合理，使合成电磁吸力总

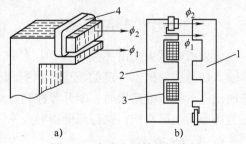

图 1-2　交流电磁铁的短路环

a) 短路环示意图　b) 铁心截面图

1—衔铁　2—铁心　3—线圈　4—断路环

大于反作用弹簧拉力，在衔铁吸合时就不会产生振动和噪声。

2. 触点系统

触点是有触点电器的执行部分，通过触点的闭合、断开来控制电路的通、断。触点通常有以下几种结构形式。

1）桥式触点。图1-3a所示为两个点接触型桥式触点，图1-3b为两个面接触型桥式触点。将两个触点串联在同一电路中，共同完成电路的通、断。点接触型适用于小电流、触点压力小的场合。面接触型适用于大电流的场合。

2）指式触点。图1-3c所示为指式触点，其接触区为一直线，触点动作时产生滚动摩擦，以利于去掉氧化膜，适用于接通次数多、电流大的场合。

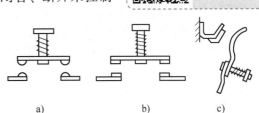

图1-3 触点的结构形式
a）点接触桥式触点 b）面接触桥式触点 c）指式触点

触点通常采用具有良好导电、导热性能的铜材料制成，但铜的表面易生成氧化膜，增大触点表面的接触电阻，使损耗增大，温度升高。对于一些继电器或容量小的电器，触点常用银质材料制成，可以增加导电、导热性能，降低氧化膜电阻率（银质氧化膜的电阻率和纯银相似），且银质氧化膜只有在高温下才能形成，又容易被粉化。对于容量大的电器，采用滚动接触式触点，可将氧化膜去掉，也常用铜质触点。

触点上通常装有接触弹簧，在触点刚刚接触时产生初压力，随着触点的闭合压力增大，使接触电阻减小，触点接触更加紧密，并消除触点开始闭合时产生的振动。

1.1.3 电弧和灭弧方法

实践证明，当开关电器切断有电流的电路时，如果触点间电压大于10~20 V、电流超过80 mA，触点间就会产生强烈而耀眼的光柱，即电弧。电弧是电流流过空间气隙的现象，说明电路中仍有电流通过。当电弧持续不熄时，会产生很多危害：①延长了开关电器切断故障的时间；②电弧的温度很高（表面温度可达3000~4000℃，中心温度可达10000℃），如果电弧长时间燃烧，不仅会将触点表面的金属熔化或蒸发，而且会烧坏电弧附近的电气绝缘材料，引发事故；③使油开关的内部温度和压力剧增引起爆炸；④形成飞弧造成电源短路事故。因此，应在开关电器中采用有效措施，使电弧迅速熄灭。

为了加速电弧熄灭，常采用以下几种灭弧方法。

1）吹弧。利用气体或液体介质吹动电弧，使之拉长、冷却。按照吹弧的方向，分为纵吹和横吹。另外，还有两者兼有的纵横吹、大电流横吹和小电流纵吹。

2）拉弧。加快触点的分离速度，使电弧迅速拉长，表面积增大迅速冷却。如在开关电器中加装强力开断弹簧来实现此目的。

3）长弧割短弧。用栅片灭弧的示意图如图1-4所示。当开关分断时，触点间产生电弧，电弧在磁场力作用下进入灭弧栅内被切割成几个串联的短弧。当外加电压不足以维持全部串联短电弧时，电弧迅速熄灭。交流低压开关多采用这种灭弧方法。

4）多断口灭弧。对同一相采用两对或多对触点，使电弧分成几

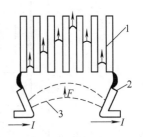

图1-4 用栅片灭弧的示意图
1—灭弧栅片 2—触点
3—电弧

个串联的短弧，使每个断口的弧隙电压降低，触点的灭弧行程缩短，以提高灭弧能力。

5）利用介质灭弧。电弧中去游离的强度，在很大程度上取决于所在介质的特性（导热系数、介电强度、热游离温度和热容量等）。气体介质中氢气具有良好的灭弧性能和导热性能，其灭弧能力是空气的 7.5 倍；六氟化硫（FS$_6$）气体的灭弧能力更强，是空气的 100 倍，把电弧引入充满特殊气体介质的灭弧室中，会使游离过程大大减弱，快速灭弧。

6）改善触点表面材料。触点应采用高熔点、导电导热能力强和热容量大的金属材料，以减少热电子发射、金属熔化和蒸发。目前，许多触点的端部镶有耐高温的银钨合金或铜钨合金。

1.1.4　低压电器的主要技术参数

1）额定电压。额定电压指在规定的条件下，能保证电器正常工作的电压值，通常指触点的额定电压值。对于电磁式电器还规定了电磁线圈的额定工作电压。

2）额定电流。在额定电压、额定频率和额定工作制下所允许通过的电流为额定电流。它与使用类别、触点寿命和防护等级等因素有关。对于同一开关，可以对应不同使用条件下规定的不同工作电流。

3）使用类别。使用类别是指有关操作条件的规定组合。通常用额定电压和额定电流的倍数及其相应的功率因数或时间常数等来表征电器额定通、断能力的类别。

4）通断能力。通断能力包括接通能力和断开能力，以非正常负载时接通和断开的电流值来衡量。接通能力是指开关闭合时不会造成触点熔焊的能力；断开能力是指开关断开时能可靠灭弧的能力。

5）寿命。寿命包括电寿命和机械寿命。电寿命是电器在所规定使用条件下不需修理或更换零件的操作次数。机械寿命是电器在无电流情况下能操作的次数。

1.1.5　低压电器的型号

我国编制的低压电器产品型号适用于下列 12 大类产品：刀开关和转换开关、熔断器、断路器、控制器、接触器、启动器、控制继电器、主令电器、电阻器、变阻器、调整器和电磁铁。

低压电器产品型号组成形式及含义如下所述。

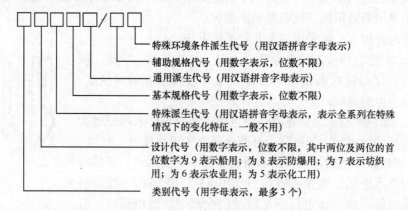

1.2 开关电器

开关电器的主要作用是实现对电路通、断控制。常作为电源的引入开关和局部照明电路的控制开关，也可以直接控制小容量电动机的起动、停止和正/反转。开关电器有下列几种类型。

1.2.1 刀开关

刀开关的主要作用是隔离电源，或用于不频繁接通和断开电路。刀开关的种类很多。按刀的级数分为单极、双极和三极。按灭弧装置分为带灭弧装置和不带灭弧装置。按刀的转换方向分为单掷和双掷。按接线方式分为板前接线式和板后接线式。按操作方式分为直接手柄操作和远距离联杆操作。按有无熔断器分为带熔断器式刀开关和不带熔断器式刀开关。在电力拖动控制电路中，最常用的是由刀开关和熔断器组合的负荷开关。负荷开关分为开启式负荷开关和封闭式负荷开关两种。

1. 开启式负荷开关

开启式负荷开关（HK 系列）又称为刀开关、开启式开关熔断器组。常用于照明、电热设备及小容量电动机控制线路中，在短路电流不大的电路中作为手动不频繁带负荷操作和短路保护用。

HK 系列开启式负荷开关的外形、结构和符号如图 1-5 所示由刀开关和熔断器组合而成。开关的瓷底板上装有进线座、静触点、熔丝、出线座及刀片式动触点，此系列刀开关不设专门灭弧装置，整个工作部分用胶木盖罩住，分闸和合闸时应动作迅速，使电弧较快地熄灭，以防电弧灼伤人手以及电弧对刀片和触座的灼损。刀开关分单相双极和三相三极两种。

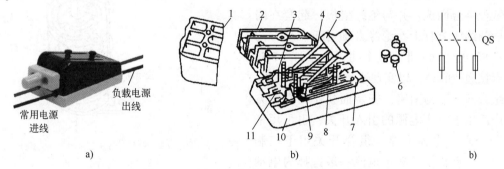

图 1-5 开启式负荷开关外形、结构和符号

a）外形 b）结构 c）符号

1—上胶盖 2—下胶盖 3—插座 4—触刀 5—瓷柄 6—胶盖紧固螺母
7—出线座 8—熔丝 9—触刀座 10—瓷底板 11—进线座

2. 封闭式负荷开关

封闭式负荷开关（HH 系列）又称为封闭式开关熔断器组，具有铸铁或铸钢制成的外形图和全封闭外壳，防护能力较好，用于手动不频繁通、断带负载的电路以及作为线路末端的短路保护，也可用于控制 15 kW 以下的交流电动机不频繁直接起动和停止。

图 1-6 所示为常用 HH 系列封闭式开关熔断器组的外形和结构，由刀开关、熔断器操作机构和外壳等组成。为了迅速熄灭电弧，在开关上装有速断弹簧，用钩子扣在转轴上，当转动手柄开始分闸（或合闸）时，U 形动触刀并不移动，只拉伸了弹簧，积累了能量。当转轴转到某一角度时，弹簧力使动触刀迅速从静触座中拉开（或迅速嵌入静触座），使电弧迅速熄灭，具有较高的分、合闸速度。为了保证用电安全，在此开关的外壳上还装有机械联锁装置。当开关合闸时，箱盖不能打开；而当箱盖打开时，开关不能合闸。

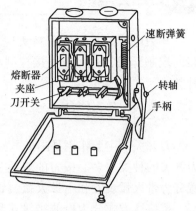

图 1-6　常用 HH 系列封闭式
开关熔断器组的外形和结构

负荷开关在安装时要垂直安放，为了使分闸后刀片不带电，进线端在上端与电源相接，出线端在下端与负载相接。合闸时手柄朝上，拉闸时手柄朝下，以保证检修和装换熔丝时的安全。若水平或上、下颠倒安放，拉闸后受闸刀的自重或螺钉松动等因素的影响，则易造成误合闸而引起意外事故。

负荷开关的主要技术参数有额定电压、额定电流、极数、通断能力和寿命。

1.2.2　组合开关

组合开关又称为转换开关，体积小、触点对数多。常用的组合开关有 HZ10 系列，其外形、结构和符号如图 1-7 所示。将开关的 3 对静触点分别装在 3 层绝缘垫板上，并附有接线柱，用于电源与用电设备相接。3 个动触点是由磷铜片（或硬紫铜片）和消弧性能良好的绝缘钢纸板铆合而成，并与绝缘垫板一起套在附有手柄的绝缘方杆上。绝缘方轴可正、反方向每次作 90°的转动，带动 3 个动触片分别与 3 对静触点接通或断开，以实现通、断电路的目的。

组合开关结构紧凑，安装面积小，操作方便，广泛用于机床电源的引入开关，也可用来接通和分断小电流电路。组合开关用于控制 5 kW 以下电动机，其额定电流一般选择为电动机额定电流的 1.5~2.5 倍，其通断能力较低，不可用来分断故障电流。

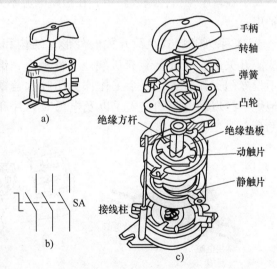

图 1-7　HZ10 系列转换开关的外形、结构和符号
a）外形　b）符号　c）结构

1.2.3　低压断路器

1. 低压断路器的用途

低压断路器又称为自动空气开关或自动空气断路器，分为框架式 DW 系列（又称为万能式）和塑壳式 DZ 系列（又称为装置式）两大类。在正常工作条件下作为电路的不频繁接通和分断用，并在电路发生过载、短路及失电压时能自动分断电路，以保护电路和电气设备。它具

有操作安全、分断能力较强、兼有多种保护功能和动作值可调整等优点，且在发生短路故障后，一般不需要更换部件就能排除故障，因此应用较为广泛。

目前各厂家不断推出各种新型断路器，如智能型断路器，它具有串行接口，可实现遥控、遥调、遥测和遥信等功能，能按各种附件组合成不同功能，且外形美观大方，安全可靠。

2. 断路器的结构和工作原理

（1）结构

断路器由触点系统、灭弧室、传动机构和脱扣机构几部分组成。断路器的外形、结构和符号如图1-8所示。

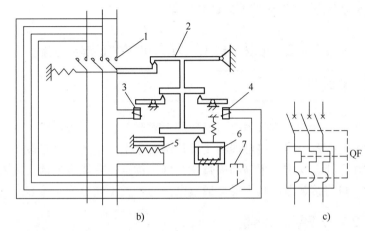

图1-8　断路器的外形、结构和符号

a）外形　b）结构　c）符号

1—主触点　2—自由脱扣器　3—过电流脱扣器　4—分励脱扣器
5—热脱扣器　6—失电压脱扣器　7—按钮

1）触点系统。采用直动式双断口桥式触点。有3对主触点串联在主电路，另有常开、常闭辅助触点各一对。

2）灭弧结构。断路器内部装有灭弧罩，罩内有由相互绝缘的镀铜钢片组成的灭弧栅片，便于在切断短路电流时，加速灭弧和提高断流能力。

3）传动机构。有合闸、维持和分闸3部分，在外壳上伸出分、合两个按钮，有手动和自动两种。

4）脱扣机构。有过电流脱扣器、失电压脱扣器、热脱扣器和分励脱扣器。

（2）工作原理

低压断路器的3对主触头串联在主电路中，断路器合闸时，自由脱扣器的搭钩钩住弹簧，使主触点保持闭合状态。当线路正常工作时，电磁脱扣器产生的电磁力不足以使衔铁吸合，若电路发生短路或严重过载，电磁脱扣器的电磁吸力增大将衔铁吸合，向上撞击杠杆，使上下搭钩脱离，弹簧力把三对主触头分离，实现自动跳闸切断电路，起到短路保护作用。当线路电压下降或失去时，失压脱扣器的吸力减小或消失，衔铁在弹簧的作用下撞击杠杆，使搭钩脱离，断开主触头，实现自动跳闸，起到失压保护作用。当线路过载时，热脱扣器的双金属片受热向上弯曲，顶开搭钩，主触点分离，实现过载保护。

跳闸后必须等1~3min待双金属片冷却复位后才能再合闸。当需要断开电路时，按下跳闸按钮，分励电磁铁线圈通入电流，产生电磁吸力吸合衔铁，使开关跳闸。分励脱扣器只用于远距离跳闸，对电路不起保护作用。

3. 断路器的选择

1）断路器的额定电压和额定电流应不小于电路的正常工作电压和工作电流。

2）热脱扣器的整定电流应与所控制的电动机的额定电流或负载额定电流一致。

3）电磁脱扣器瞬时脱扣整定电流应大于负载电路正常工作时的尖峰电流。对于电动机负载来说，DZ 型断路器应按下式计算，即

$$I_Z \geq KI_q \tag{1-1}$$

式中，K 为安全系数，可取 1.5~1.7，I_q 为电动机的起动电流。

1.3　接触器

接触器是利用电磁吸力进行操作的电磁开关，常用来远距离频繁接通或断开交、直流主电路和大容量控制电路。接触器的主要控制对象是电动机、电热设备和电焊机等。它具有操作方便、动作迅速、操作频率高和灭弧性能好等优点，并能实现远距离操作和自动控制，因此应用很广泛。可将接触器按其主触点通过电流的种类不同分为交流和直流两种。

1.3.1　交流接触器

1. 交流接触器的结构

交流接触器主要由电磁系统、触点系统和灭弧装置这 3 部分组成。图 1-9 所示为交流接触器的外形和结构图。

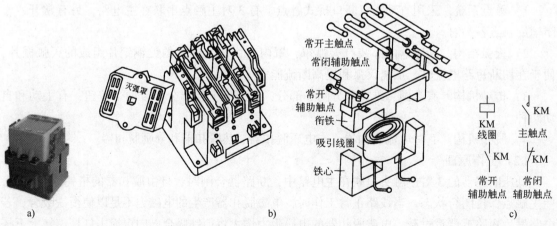

图 1-9　交流接触器的外形与结构
a）外形图　b）结构原理图　c）符号

1）电磁系统。由动、静铁心以及线圈和反作用弹簧组成。铁心由 E 形硅钢片叠压铆成，以减小交变磁场在铁心中产生的涡流及磁滞损耗。为减小衔铁吸合时产生的振动和噪声，在铁心上装有短路环。线圈由反作用弹簧固定在静铁心上，动触点固定在动铁心上，当线圈不通电

时，主触点保持在断开位置。

2）触点系统。采用双断点桥式触点，按通断能力分为主触点和辅助触点。主触点一般由接触面积大的 3 对常开主触点组成，有灭弧装置，用于通断电流较大的主电路。辅助触点一般由两对常开、常闭辅助触点组成，其接触面积小，用于通断电流较小的控制电路。触点的常态，指电磁系统未通电时触点的工作状态。此时若触点的状态断开，则称为常开触点；若触点的状态闭合，则称为常闭触点。常开触点和常闭触点是联动的，当线圈通电时，常闭触点先断开，常开触点随后闭合；当线圈断电时，常开触点先恢复断开，常闭触点后恢复闭合。

3）灭弧装置。大容量的接触器（20 A 以上）采用缝隙灭弧罩及灭弧栅片灭弧，小容量接触器采用双断口触点灭弧、电动力灭弧、相间弧板隔弧及陶土灭弧罩灭弧。

2. 交流接触器的工作原理

在接触器线圈通电后产生磁场，使铁心产生大于反作用弹簧弹力的电磁吸力，将衔铁吸合，通过传动机构带动主触点和辅助触点动作，即常闭触点断开，常开触点闭合。当接触器线圈断电或电压显著下降时，电磁吸力消失或过小，触点在反作用弹簧力的作用下恢复常态。

1.3.2　直流接触器

直流接触器主要用于远距离接通和分断直流电路，还用于直流电动机的频繁起动、停止、反转和反接制动。直流接触器的结构和工作原理与交流接触器基本相同，也由电磁系统、触点系统和灭弧装置组成。电磁机构采用沿棱角转动拍合式铁心，由于线圈中通入直流电，所以铁心不会产生涡流，可用整块铸铁或铸钢制成铁心，不需要短路环。触点系统有主触点和辅助触点，主触点通断电流大，采用滚动接触的指型触点，辅助触点通断电流小，采用点接触式的桥式触点。直流电弧比交流电弧难以熄灭，故直流接触器采用磁吹式灭弧装置和石棉水泥灭弧罩。对直流接触器通入直流电，吸合时没有冲击起动电流，不会产生猛烈撞击现象，因此使用寿命长，适宜频繁操作的场合。

1.3.3　接触器的主要技术指标

1）额定电压。接触器的额定电压指在规定条件下，能保证电器正常工作的电压值。一般指主触点的额定电压。将接触器额定工作电压标注在接触器的铭牌上。

交流接触器：127、220、380、500 V

直流接触器：110、220、440 V

2）额定电流。接触器的额定电流指主触点的额定电流，由工作电压、操作频率、使用类别、外壳防护型式及触点寿命等因素决定。将该值标注在铭牌上。

交流接触器：5、10、20、40、60、100、150、250、400、600 A

直流接触器：40、80、100、150、250、400、600 A

辅助触点的额定电流通常为 5 A。

3）线圈额定电压。指接触器电磁线圈的额定电压。

交流接触器：36、110（127）、220、380 V

直流接触器：24、48、220、440 V

4）通断能力。以接触器主触点在规定条件下可靠地接通和分断的电流值来衡量。

5）操作频率。指接触器在每小时内可能实现的最高操作循环次数，对接触器的电寿命、灭弧罩的工作条件和电磁线圈的温升有直接的影响。

6）交直流接触器的额定操作频率。1200 次/小时或 600 次/小时。

7）寿命。寿命包括机械寿命和电寿命。

1.3.4 接触器的选用

（1）接触器的选用原则

1）根据电路中负载电流的种类选择接触器的类型。一般直流电路用直流接触器控制，当直流电动机和直流负载容量较小时，也可用交流接触器控制，但触点的额定电流应适当选择大些。

2）接触器的额定电压应大于或等于负载回路的额定电压。

3）线圈的额定电压应与所在控制电路的额定电压等级一致。

4）额定电流应大于或等于被控主回路的额定电流。根据负载额定电流、接触器安装条件及电流流经触点的持续情况来选定接触器的额定电流。

（2）接触器的安装与使用

接触器应垂直安装在开关板上，安装地点避免剧烈振动，以免造成误动作。接触器可作为失电压保护，其吸引线圈在电压为额定电压的 85% ~ 105% 时保证电磁铁的吸合，当电压降至额定电压的 50% 以下时，衔铁吸力不足，自动释放而断开电源，以防电动机过载。有的接触器触点嵌有银片，银氧化后，不影响导电能力，对这类触点表面发黑一般不需清理。对带灭弧罩的接触器，应按照正确的操作规程不允许不带灭弧罩使用，以防发生短路事故。陶土灭弧罩质脆易碎，应爱护和小心使用，避免碰撞，若有碎裂，则应及时更换。

1.4 继电器

继电器是一种常用的控制电器，当继电器的输入量（如电流、电压、时间或其他物理量）变化到预定值时，使被控量发生预定的突变（如接通或断开），起控制、保护、调节及传递信息等作用。

继电器种类较多，按用途分为控制和保护继电器；按动作原理分为电磁式、感应式、电动式、电子式、机械式和热继电器；按输入量分为电流、电压、时间、速度及压力继电器；按动作时间分为瞬时、延时继电器。下面介绍几种常用继电器。

1.4.1 电磁式继电器

电磁式继电器广泛用于电力拖动系统中，起控制、放大、联锁、保护和调节作用。电磁式继电器的结构和工作原理与接触器基本相同，也由电磁机构和触点系统组成。但接触器只对电压变化做出反应，而继电器可对相应的各种电量或非电量做出反应。接触器一般用于控制大电流电路，其主触点额定电流不小于 5 A，而继电器一般控制小电流电路，其触点额定电流不大于 5 A。电磁式继电器按动作原理分为电流继电器、电压继电器、中间继电器和时间继电器。

1. 电流继电器

反映输入量为电流的继电器称为电流继电器。电流继电器的线圈串联在被测电路中，根据通过线圈电流值的大小而动作。电流继电器分为过电流继电器和欠电流继电器。

过电流继电器和欠电流继电器的结构和动作原理相似，图 1-10 所示为过电流继电器的结构图。电磁系统为拍合式，铁心 7 和铁轭为一整体，减少了非工作气隙；极靴 8 为一圆环套在铁心端部；衔铁 6 制成板状，沿棱角转动；线圈 9 导线粗、匝数少、线圈阻抗小，套在铁心柱上。线圈不通电或在正常工作时，电磁吸力不足以克服反力弹簧的吸力，衔铁处于释放状态；当线圈电流超过某一整定值时，衔铁吸合，触点动作，用于频繁和重载启动场合，作为电动机和主电路的短路和过载保护。欠电流继电器在线圈电流正常时衔铁是吸合的，触点动作，当电流低于某一整定值时释放，触头复位，一般用于直流电动机欠励磁保护。

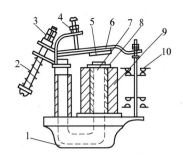

图 1-10　过电流继电器结构图
1—底座　2—反作用弹簧
3、4—调节螺钉　5—非磁性垫片
6—衔铁　7—铁心　8—极靴
9—电磁线圈　10—触点系统

图 1-11 所示为电流继电器的符号。电流继电器的技术参数如下。

1）动作电流 I_q。使电流继电器开始动作所需的电流值。

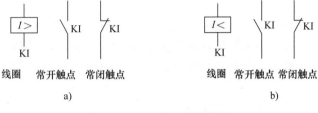

图 1-11　电流继电器的符号
a）过电流继电器　b）欠电流继电器

2）返回电流 I_f。电流继电器动作后返回原状态时的电流值。

3）返回系数 K_f。返回值与动作值之比，即 $K_f = I_f / I_q$。

2. 电压继电器

反映输入量为电压的继电器称为电压继电器。电压继电器的线圈并联在被测电路中，根据线圈两端电压的大小接通或断开电路。电压继电器线圈的匝数多、导线细。电压继电器分为过电压继电器、欠电压继电器和零电压继电器，常用于交流电路中作过电压、欠电压和失电压保护。电压继电器的结构、原理和内部接线与电流继电器类同，不同之处在于它反映的是电路中的电压。

图 1-12 所示为电压继电器的符号。

3. 中间继电器

中间继电器是用来增加控制电路中的信号数量或将信号放大的继电器。其实质是一种电压继电器，结构和工作原理与接触器相同。中间继电器触点数量较多，没有主辅之分，各对触点允许通

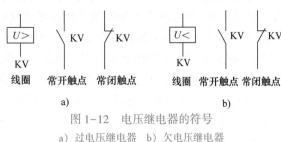

图 1-12　电压继电器的符号
a）过电压继电器　b）欠电压继电器

过的电流大小相同，多数为 5 A。因此，对于工作电流小于 5 A 的电气控制电路，可用中间继电器代替接触器实施控制。

常用的中间继电器有 J27 和 JZ8 系列。图 1-13 所示 JZ8 为交直流两用，其触点的额定电流为 5 A，可用于直接起动小型电动机或接通电磁阀、气阀线圈等。

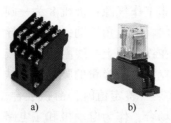

图 1-13　中间继电器外形

a）J27 交流中间继电器　b）J28 交直流中间继电器

1.4.2　热继电器

热继电器是利用电流所产生的热效应而反时限动作的继电器，主要用于电动机的过载保护、断相保护、电流不平衡运行保护和对其他电气设备发热状态的控制。热继电器有多种型式，其中常用的热继电器如下所述。

1）双金属片式。利用双金属片受热弯曲，以推动杠杆使触点动作。

2）热敏电阻式。它是利用电阻值随温度变化的特性制成的热继电器。

3）易熔合金式。它利用过载电流发热使易熔合金熔化（当易熔合金达到某一温度时）而使继电器动作。

上述 3 种热继电器以双金属片式用得最多。

1. 热继电器的结构及工作原理

双金属片式热继电器的结构如图 1-14a 所示，主要由发热元件、双金属片、触点及动作机构等部分组成。双金属片是热继电器的感测元件，由两种不同热膨胀系数的金属片压焊而成，将两个（或 3 个）主双金属片上绕电阻丝作为发热元件串联在电动机主电路中，常闭触点串联在控制电路的接触器线圈回路中。当电动机正常运行时，热元件产生的热量虽能使双金属片弯曲，但不足以使继电器动作。当电动机过载时，热元件流过大于正常的工作电流，温度增高，使双金属片弯曲加剧，经过一定时间后，双金属片推动导板，带动继电器常闭触点断开，切断电动机控制电路，使电动机停转，达到过载保护的目的。只有待双金属片冷却后，才能使触点复位。复位有手动复位（2 min）和自动复位（5 min）两种。

热继电器还具有补偿双金属片，其弯曲方向与主双金属片的弯曲方向一致，使热继电器的动作性能在-30~40℃基本不受周围介质温度变化的影响。

图 1-14b 所示是具有断相保护的差动导板结构图。当电动机发生一相断线故障时，与该相串联的补偿双金属片逐渐冷却后移，带动图中所示 7 内导板向右移，而外导板仍在未断相的双金属片推动下向左移，这样通过杠杆产生了差动作用，使热继电器在断相故障时加速动作，以保护电动机。图 1-14c 所示为热继电器的符号。

2. 热继电器的选用

热继电器在电路中只用于长期过载保护，熔断器作短路保护，而一个较完整的保护电路，应该两种保护都具有。

1-3　热继电器的应用

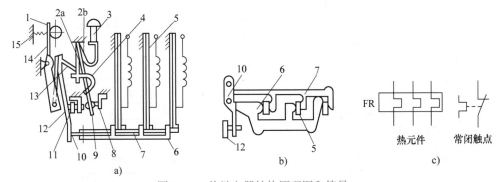

图 1-14 热继电器结构原理图和符号

a) 结构原理图 b) 差动导板结构图 c) 符号

1—电流调节凸轮 2a、2b—片簧 3—手动复位按钮 4—弓簧片 5—主双金属片 6—外导板 7—内导板 8—常闭静触点
9—动触点 10—杠杆 11—常开静触点（复位调节螺钉） 12—补偿金属片 13—推杆 14—连杆 15—压簧

热继电器的整定电流为长期流过热元件而不致引起热继电器动作的最大电流。整定电流与控制的电动机相配合，一般调节范围是热元件额定电流值的 66%~100%。例如，热元件的额定电流为 16 A 的热继电器，整定电流在 10~16 A 可调。

热继电器的选择应满足：
$$I_{eR} \geq I_{ed} \qquad\qquad (1-2)$$
式中，I_{eR} 为热继电器热元件的额定电流，I_{ed} 为电动机的额定电流。

一般情况下选两相结构的热继电器，当电网均衡性较差时，可选三相结构的热继电器。对 △联结的电动机，应选择带断相保护的热继电器。

1.4.3 时间继电器

"人类最早使用的计时仪器是圭表，它利用太阳下影子的长短和方向来判断时间。早在公元前 1300~公元前 1027 年，我国殷商时期的甲骨文中，已有使用圭表的记载。"

1-4 时间继电器的结构

目前，电气控制中用到的时间继电器是一种利用电磁原理或机械动作原理来延迟触头闭合或分断的自动控制电器。

时间继电器种类很多，按构成原理分为电磁式、电动式、空气阻尼式、晶体管式和数字式等。按延时方式分为通电延时型和断电延时型。电动式时间继电器（JS10、JS11、JS17 系列）精确度高，且延时时间可以调整得很长（几分钟到数个小时），但价格较贵，结构复杂，寿命短；电磁式时间继电器（JT3 系列）结构简单，价格便宜，但延时时间较短（0.3~5.5 s），且体积和重量较大；晶体管式时间继电器（JS20 系列）精度高、延时长、体积小和调节方便，可集成化、模块化，广泛用于各种场合；数字式以时钟脉冲为基准，其精度高、设定方便、体积小和读数直观。而空气阻尼式时间继电器（JS7 系列），具有结构简单、延时范围较大（0.4~180 s）、寿命长和价格低等优点。下面以空气阻尼式时间继电器为例介绍时间继电器的结构和工作原理。

空气阻尼式时间继电器是利用空气阻尼的原理制成的，根据触头延时的特点，分为通电延时型和断电延时型两种。图 1-15 为通电延时型时间继电器的结构原理图，主要由电磁系统、工作触头、气室和传动机构四部分组成。触头系统有瞬时触点和延时触点，每种触头包括常开、常闭各一对。

工作原理为：当线圈通电时，铁心吸合，带动固定在铁心上的托板上移，瞬时触点立即动作（常闭断开，常开闭合）。活塞杆在宝塔型弹簧的作用下也上移，带动杠杆绕固定轴转动，

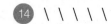

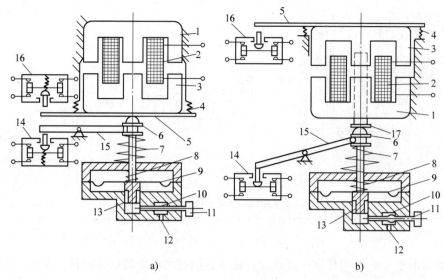

a)　　　　　　　　　　　b)

图 1-15　空气阻尼通电延时型时间继电器的结构原理图

a）通电延时型　b）断电延时型

1—铁心　2—线圈　3—衔铁　4—反力弹簧　5—推杆 1　6—活塞杆　7—宝塔型弹簧
8—弱弹簧　9—橡皮膜　10—螺旋　11—调节螺钉　12—进气口
13—活塞　14、16—微动开关　15—杠杆　17—推杆 2

活塞杆移动速度由进气孔的节流程度而定。延时触点是通过传动机构延时一段时间才动作，起通电延时的作用。延时时间可通过延时调节螺钉调节空气室进气孔的大小来改变，延时范围有 0.4~60 s 和 0.4~180 s 两种。当线圈断电时，电磁吸力消失，触点立即复位。若将电磁系统翻转 180°安装时，即为断电延时型。

时间继电器的文字符号为 KT，其图形符号见图 1-16 所示。

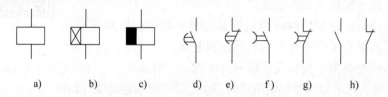

a)　　b)　　c)　　d)　e)　f)　g)　h)

图 1-16　时间继电器的图形符号

a）线圈一般符号　b）通电延时线圈　c）断电延时线圈　d）通电延时闭合动合（常开）触点
e）通电延时断开动断（常闭）触点　f）断电延时断开动合（常开）触点
g）断电延时闭合动断（常闭）触点　h）瞬动触点

空气阻尼式时间继电器的缺点是，延时误差大（±10%~±20%），无调节刻度指示，难以精确地设定延时值。在对延时精度要求高的场合，不宜使用这种时间继电器。

时间继电器的选择主要依据延时方式（通电延时或断电延时）、延时时间和精度要求以及吸引线圈的电压等级几项。

1.4.4　速度继电器

速度继电器用于把转速的快慢转换成电路通断信号，与接触器配合完成对电动机的反接制动控制，也称为反接制动继电器。速度继电器的外形、结构和符号如图 1-17 所示。它主要由转子、定子和触点 3 部分组成。转子是一个圆柱形永久磁铁，固定在转轴上，转子轴与电动机轴直接相连，随电动机轴一起转动。定子结构与笼型异步电动机的转子相似，由硅钢片叠成一笼型空心圆环，并装有笼型短路绕组。触点由两组转换触点组成，一组在转子正转时动作，另一组在转子反转时动作。当电动机旋转时，带动速度继电器的转子转动，在空间产生一个旋转磁场，在定子笼型短路绕组上产生感应电流，并在旋转磁场作用下产生电磁转矩，使定子随转子转动的方向偏转。当定子偏转到一定角度时（实际上受簧片的限制，定子只能转过一个不大的角度），带动摆锤，推动簧片和动触点，使常闭触点断开，常开触点闭合。当转子的转速低于某一值时，定子产生的转矩减小，定子摆幅减小，触点在簧片作用下复位。

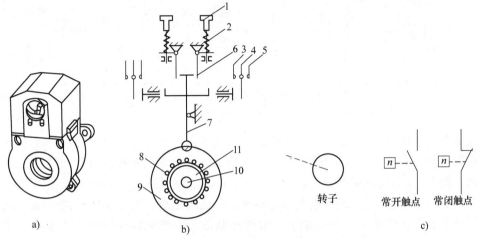

图 1-17 速度继电器的外形、结构和符号图

a) 外形 b) 结构 c) 符号

1—螺钉 2—反力弹簧 3—常闭触点 4—动触点 5—常开触点
6—返回杠杆 7—摆杆 8—定子导体 9—定子圆环 10—转轴 11—转子

一般速度继电器的动作转速为 120 r/min，复位转速为 100 r/min 以下。

常见速度继电器的故障是电动机停车时不能制动停转，可能原因有触点接触不良，摆锤断裂，若发生此故障，则无论转子怎样转动触点都不动作，此时只需更换一摆锤或触点即可。

1.4.5 固态继电器

固态继电器（SSR，Solid State Relay），也称作固态开关，是由微电子电路、分立电子元器件、电力电子功率器件组成的一种新型电子开关元器件，它集光电耦合、大功率双向晶闸管及触发电路、阻容吸收回路于一体，用来代替传统的电磁式继电器，实现对单相或者三相电动机的正反转控制或者其他

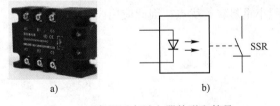

图 1-18 常用固态继电器外形和符号

a) 外形 b) 符号

控制。常用固态继电器的外形和符号见图 1-18。具有无触点、无动作噪声、开关速度快、无火花干扰和可靠性高等优点。

按负载电源的类型不同，固态继电器分交流和直流两种；按触发类型分为过零触发型和随机触发型。按输出开关元器件分双向可控硅输出型（普通型）和单向可控硅反并联型（增强型）；按安装方式分印刷线路板上用的针插式（自然冷却，不必带散热器）和固定在金属底板

上的装置式（靠散热器冷却）；按输入方式分为宽范围输入（DC 3~32 V）的恒流源型和串电阻限流型等。

常用固态继电器是模块化的四端有源器件，其中两端为输入控制端，另外两端为输出受控端，其基本构成如图 1-19 所示。元器件中的光电耦合器实现输入与输出之间的电气隔离。输出（受控）端利用开关三极管、双向晶闸管等半导体元器件的开关特性，实现无触点、无火花地接通和断开外接控制电路。

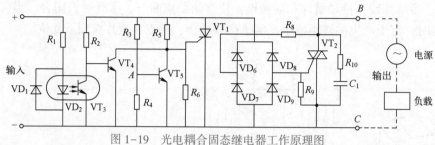

图 1-19　光电耦合固态继电器工作原理图

注：虚线表示用户自接

直流固态继电器（DC-SSR）控制电压由输入端输入，通过光电电耦合器将控制信号耦合至接收电路，经放大处理后驱动开关三极管 VT 导通，输出端接入被控电路回路中时有正、负极之分的。图 1-19 为交流固态继电器（AC-SSR）的电路原理图，其开关元器件采用了双向晶闸管 VT 或其他交流开关，因此它的输出端无正、负极之分，可以控制交流回路的通断。从整体看，SSR 工作时只要在+、-端加上一定的控制信号，就可以控制输出端 B、C 之间的通与断。

固体继电器的输入电压、电流均不大，但能控制强电压、大电流电路，可直接与弱电控制回路（如计算机接口电路）连接。

1.5　熔断器

熔断器是一种常用的、简单有效的用于严重过载保护和短路保护的电器。常用的熔断器有瓷插式（RC1A）、密闭管式（RM10）、螺旋式（RL7）、填充料式（RT20）等多种类型，如图 1-20 所示。使用时，串联在被保护电路的首端，具有结构简单、维护方便、价格便宜、体积小重量轻等优点，因此应用广泛。

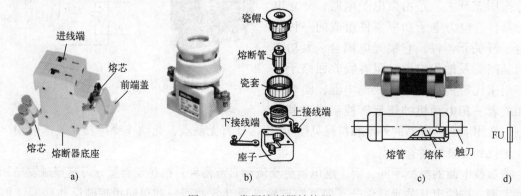

图 1-20　常用熔断器结构图

a）RT 有填料密闭管式　b）RL 填充料式螺旋式　c）RM 无填充料式密闭管式　d）符号

瓷插式灭弧能力差，只适用于故障电流较小的线路末端使用。其他几种类型的熔断器均有灭弧措施，分断电流能力比较强。密闭管式结构简单，螺旋式更换熔管时比较安全，填充料式的断流能力更强。RLS 和 RS 系列快速熔断器，能在过载时快速动作，保护半导体元件。

1.5.1 熔断器的结构和原理

熔断器由熔体和熔座两部分组成。熔体一般用电阻率较高、熔点较低的合金材料制成片状或丝状，如铅锡合金丝，也可用截面很小的铜丝、银丝制成。熔座是熔体的保护外壳，在熔体熔断时还兼有灭弧作用。

正常工作情况下，熔体通过额定电流时不应该熔断，当电流增大至某值时，经过一段时间后熔体熔断并熄弧，自动分断电路，并起到保护作用。

熔断器的保护特性如图 1-21 所示。从特性曲线可知，熔断器的熔断时间随着电流的增大而减小，即通过熔体的电流越大，熔断时间越短。当电气设备发生轻度过载时，熔断器将持续很长时间才熔断有时甚至不熔断。

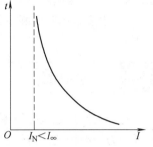

图 1-21 熔断器的保护特性

1.5.2 熔断器的选择及性能指标

1. 熔断器的技术参数

1）额定电压。指保证熔断器长期正常工作的电压。熔断器的额定电压不能小于电网的额定电压。

1-5 熔断器的应用

2）额定电流。指保证熔断器能长期工作，各部件温升不超过允许值时所允许通过的最大电流。熔断器的额定电流和熔体的额定电流是两个不同的参数。熔断器的额定电流不能小于熔体的额定电流。熔断器的额定电流是指载流部分和接触部分所允许长期工作的电流；熔体的额定电流是指长期通过熔体而熔体不会熔断的最大电流。在同一个熔断器内，可装入不同额定电流的熔体，但熔体的额定电流不能超过熔断器的额定电流。例如，RL1-60 型螺旋式熔断器，额定电流为 60 A，额定电压为 500 V，则 15 A、20 A、30 A、35 A 和 60 A 的熔体都可装入此熔断器使用。

3）极限分断能力。指熔断器在额定电压下所能断开的最大短路电流。它仅代表熔断器的灭弧能力，而与熔体的额定电流大小无关。

2. 熔断器的选择

根据被保护电路的要求，首先选择熔体的额定电流，然后根据使用条件与特点选定熔断器的种类和型号。

1）在无冲击电流（起动电流）的电路中，熔体的额定电流等于或稍大于线路正常工作电流，即 $I_{ue} \geqslant I_{fz}$。

2）对于有冲击电流的电路（如电动机电路），为了保证电动机即能起动又能发挥熔体的保护作用，熔体的额定电流可按下式计算，即

$$I_{ue} \geqslant (1.5 \sim 2.5)I_{ed} \tag{1-3}$$

$$I_{ue} \geqslant (1.5 \sim 2.5)I_{ed \cdot zd} + \sum I_g \tag{1-4}$$

式（1-3）用于单台电动机起动回路，I_{ed} 为电动机的额定电流；式（1-4）用于多台电动机回路，$I_{ed \cdot zd}$ 为线路中容量最大一台电动机的额定电流，$\sum I_g$ 为其余电动机工作电流之和。

1.5.3　熔断器的使用、安装及维修注意事项

1）熔体熔断后必须更换额定电流相同的新熔体，不能用铜丝或铝丝等代替。

2）安装软熔丝时应留有一定的松弛度，对螺钉不可拧得太紧或太松，否则会损伤熔丝造成误动作，或因接触不良引起电弧烧坏螺钉。

3）更换熔体时应断电进行，以保证安全；严禁带负荷取装熔体或熔管，以防电弧烧伤人身和设备。

1.6　主令电器

主令电器是电气控制系统中用于发送控制命令或信号的电器。主令电器种类繁多，按其作用可分为控制按钮、万能转换开关、主令控制器、行程开关及微动开关等。本节只介绍几种常用的主令电器。

1.6.1　控制按钮

控制按钮是一种简单电器，不直接控制主电路，而是在控制电路发出手动控制信号。它的额定电压为 500 V，额定电流一般为 5 A。

1-6　控制按钮

控制按钮的结构与符号如图 1-22 所示。按钮由按钮帽、复位弹簧、桥式触点和外壳组成。动触点和上面的静触点组成常闭触点，和下面的静触点组成常开触点。按压按钮帽时，常闭触点分断，常开触点接通；放松按钮帽时，在弹簧作用下，动触点复位到常态。按照按钮的结构类型可将其分为开起式（K）、保护式（H）、防水式（S）、防腐式（F）、紧急式（J）、钥匙式（Y）、旋钮式（X）和带指示灯（D）式等。

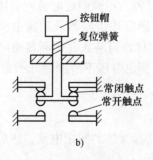
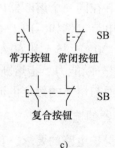

图 1-22　按钮的外形、结构与符号

a）外形　b）结构　c）符号

为了标明各个按钮的作用，避免误操作，常将按钮帽制成不同颜色（红、绿、黑、黄、蓝和白等），以示区别。一般红色表示停止按钮，绿色表示起动按钮。

1.6.2　位置开关

位置开关又称为行程开关或限位开关，它的作用是将机械位移转变为电信号，使电动机运

行状态发生改变，即按一定行程自动停车、反转、变速或循环，从而控制机械运动或实现安全保护。位置开关包括行程开关、限位开关、微动开关及由机械部件或机械操作的其他控制开关。常用的位置开关如图 1-23 所示。

位置开关有直动式（按钮式）和旋转式两种类型。其结构基本相同，由操作头、传动系统、触点系统和外壳组成，主要区别在传动系统。直动式行程开关的结构、动作原理与按钮相似。单轮旋转式行程开关的结构如图 1-24 所示。当运动机构的挡铁压到位置开关的滚轮上时，传动杠杆连同转轴一起转动，凸轮撞动撞块使得常闭触点断开，常开触点闭合。挡铁移开后，复位弹簧使其复位（双轮旋转式不能自动复位）。

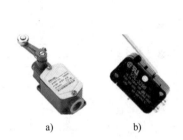

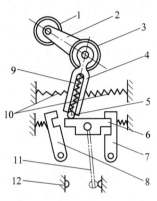

图 1-23　常用位置开关
　　a) 行程开关　b) 微动开关

图 1-24　单轮旋转式行程开关的结构图
1—滚轮　2—上转臂　3—盘形弹簧　4—推杆　5—小滚轮　6—擒纵件
7、8—压板　9、10—弹簧　11—动触点　12—静触点

微动开关是具有瞬时动作和微小行程的行程开关，微动开关的结构如图 1-25 所示。当推杆被压下时，弓簧片产生变形，储存能量并产生位移，当达到预定的临界点时，弹簧片连同动触点一起动作。当外力消失时，推杆在弓簧片作用下迅速复位，触点恢复原状。

行程开关的图形和文字符号如图 1-26 所示。

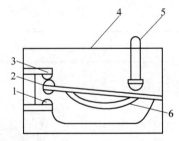

图 1-25　微动开关的结构图
1—常开静触点　2—动触点　3—常闭静触点
4—壳体　5—推杆　6—弓簧片

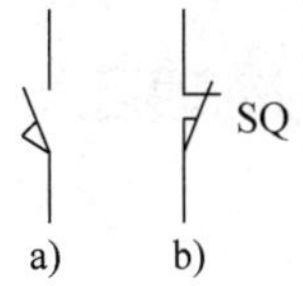

图 1-26　行程开关的图形和文字符号
　　a) 常开触点　b) 常闭触点

1.6.3　接近开关

无触点行程开关又称为接近开关。当某种物体与之接近到一定距离时，它就发出"动作"信号，不需对它施以机械力。接近开关的用途已经远远超出一般行程开关的行程和限位保护，它可以用于高速计数、测速、液面控制、检测金属体的存在和零件尺寸，无触点开关还可以用

作计算机或可编程序控制器的传感器等。常用接近开关如图 1-27 所示。

接近开关按工作原理可分高频振荡型（检测各种金属）、永磁型及磁敏元件型、电磁感应型、电容型、光电型和超声波型等几种。常用的接近开关是高频振荡型，由振荡、检测和晶闸管等几部分组成。

图 1-27　常用接近开关

1.6.4　万能转换开关

万能转换开关可同时控制许多条（最多可达 32 条）通断要求不同的电路，而且具有多个档位，广泛应用于交/直流控制电路、信号电路和测量电路，也可用于小容量电动机的起动、反向和调速。其换接的电路多，用途广，故有"万能"之称。万能转换开关以手柄旋转的方式进行操作，操作位置有 2~12 个，分为定位式和自动复位式两种。

万能转换开关的触点通断顺序可用两种方法表示，图 1-28a 所示是万能转换开关展开图的表示法。图中虚线表示操作手柄的位置，虚线上的黑圆点代表手柄转到此位置时该触点接通，无黑圆点表示该触点在此档位断开。图 1-28b 所示是触点闭合图的表示法。表中纵轴是触点编号，横轴是手柄位置编号，"×"号表示手柄在此位置时该触点接通，无"×"号表示触点断开。

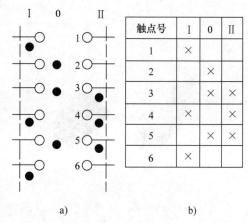

触点号	Ⅰ	0	Ⅱ
1	×		
2		×	
3		×	×
4	×		
5		×	×
6	×		

a)　　　　　　　b)

图 1-28　万能转换开关触点通断的表示法
a）展开图　b）触点闭合图

常用的万能转换开关有 LW5、LW5 型 5.5 W、LW6 系列。LW5 系列用于交、直流和电压为 500 V 及以下的电路。按手动操作方式有自复式和定位式两种。LW5 型 5.5 W 系列用于 500 V 以下的电路。LW6 系列用于交流 380 V 和以下以及直流 220 V 和以下的电路。

1.7　技能训练

1.7.1　训练项目 1　交流接触器的拆装与测试

1. 目的

1）观察交流接触器的结构，描述其各组成部分功能，养成认真、细致观察的习惯；

1-7　接触器的拆装

2）遵守低压电器元件装配工艺和规范，正确拆装交流接触器；

3）熟悉接触器常见故障现象，掌握校验和整定方法，分析和排除交流接触器的常见故障；

4）注意安全用电，整理工具、仪器；

5）自觉遵守实训管理制度，打扫和维护实训场所环境卫生。

2. 实训设备与器材

1）工具：尖嘴钳、剥线钳、电工刀、镊子和螺钉旋具等。

2）仪器：万用表、绝缘电阻表、电流表和电压表。

3）器材：见表 1-1。

3. 训练工艺及工艺要求

（1）交流接触器的拆卸、装配与检修

1）拆卸。卸下灭弧罩紧固螺钉，取下灭弧罩。拉紧主触点定位弹簧，取下主触点及主触点压力弹簧。在拆卸主触点时，必须将主触点侧转 45°后取下不需折断辅助触头。松开接触器底座的盖板螺钉，取下盖板。在松盖板螺钉时，要用手按住螺钉并慢慢放松。取下静铁心缓冲绝缘纸片及静铁心。取下静铁心支架及弹簧。拔出线圈接线端的弹簧夹片，取下线圈。取下反作用弹簧。取下衔铁和支架。从支架上取下动铁心定位销。取下动铁心和绝缘纸片。把折下的零件按顺序依次排列。

表 1-1　实训器材

代　号	名　称	型号规格	数　量
T	调压变压器	TDGC2-10/0.5	1
KM	交流接触器	CJ10-20	1
QS_1	三极开关	HK1-15/3	1
QS_2	二极开关	HK1-15/3	1
EL	指示灯	220 V、25 W	3
	控制板	500 mm ×400 mm×30 mm	1
	连接导线	BVR-1.0	若干

2）检修。检查灭弧罩有无破裂或烧损，清除灭弧罩内的金属飞溅物和颗粒。检查触点的磨损程度，磨损严重时应更换触点。清除铁心端面的油垢，检查铁心有无变形及端面接触是否平整。检查触点压力弹簧及反作用弹簧是否变形或弹力不足，如有需要，则更换弹簧。检查电磁线圈是否短路、断路及发热变色现象。

3）装配。按拆卸的逆顺序进行装配。

4）自检。用万用表欧姆档检查线圈及各触点是否良好；用绝缘电阻表测量各触点间及主触点对地电阻是否符合要求；用手按动主触点检查运动部件是否灵活，以免产生接触不良、振动和噪声。

（2）交流接触器的校验

将装配好的接触器按图 1-29 所示接入接触器动作值校验电路中，选好电流表、电压表量程，将调压变压器输出置于零位。合上 QS_1 和 QS_2，均匀调节调压变压器，使电压上升，直到接触器铁心吸合为止，此时电压表的指示值即为接触器的动作电压值（小于或等于 85%吸引线圈的额定电压）。保持吸合电源值，分、合开关 QS_2 做两次冲击合闸试验，以校验动作的可靠性。均匀地降低调压变压器的输出电压直至衔铁分离为止，此时电压表的指示值即为接触器的释放电压（应大于 50%吸引线圈的额定电压）。将调压变压器的输出电压调至接触器线圈的额定电压，观察衔铁有无振动和噪声，从指示灯的明暗可判断主触点的接触情况。

4. 通电试验完毕

① 安全用电。通电试验完毕后，先断电源开关，然后再拆除三相电源线，最后拆除设备。

② 整理、清扫。整理工具、试验器材和设备，清理工位，打扫卫生。

③ 撰写技能训练报告，诊改训练项目，总结分析训练中存在的问题。

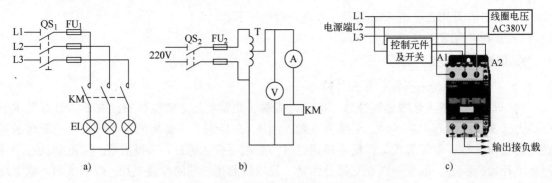

图 1-29　接触器动作值校验电路

a）接触器主触点接线图　b）接触器线圈接线原理图　c）接触器实物接线示例

5. 注意事项

在拆卸过程中，应备有盛放零件的容器，以免丢失零件。拆卸过程不允许硬撬，以免损坏电器。在通电校验时，应将接触器固定在控制板上，并有教师监护，以确保用电安全。在通电校验过程中，要均匀缓慢地改变调压器的输出电压，以使测量结果尽量准确。

1.7.2　训练项目2　时间继电器的测试

1. 实训目的

1）认真观察 JS7-2A 型时间继电器的结构，根据时间调整方法正确调整时间继电器延时时间；

2）正确使用工具，按照调整步骤和方法将 JS7-2A 型时间继电器调整为 JS7-4A 型，并认真检测。

时间继电器的调整

2. 实训设备与器材

1）工具：尖嘴钳、电工刀、螺钉旋具、测电笔、剥线钳和电烙铁等。

2）器材：见表 1-2。

表 1-2　实训器材

代　号	名　称	型号规格	数　量
KT	时间继电器	JS7-2A、线圈电压 380 V	1
FU	熔断器	RL1-15/2、15 A、配熔体 2 A	1
QS	组合开关	HZ10-25/3，三极、2.5 A	1
SB	按钮	LA4-3H、保护式	1
EL	指示灯	220 V、15 W	3
	控制板	500 mm×400 mm×30 mm	1
	连接导线	BVR-1.0	若干

3. 训练步骤及工艺要求

（1）将 JS7-2A 型改装成 JS7-4A

打开线圈支架紧固螺钉，取下线圈和铁心部件，将它们沿水平方向旋转180°后重新旋上紧固螺钉。观察延时和瞬时触点的动作情况，将其调整在最佳位置。调整延时触点时可旋松线圈和铁心部件的安装螺钉，向上或向下移动后再旋紧。调整瞬时触点时可松开安装瞬时微动开关底板上的螺钉，将微动开关向上或向下移动后再旋紧。在旋紧各安装螺钉后，应进行手动检查，若达不到要求，则必须重新调整。

（2）通电校验

将装配好的时间继电器按图 1-30 所示的 JS7 系列时间继电器校验电路图接入电路中，进行通电校验，要做到一次通电校验合格。

通电校验合格的标准是，在 1 min 内通电频率不少于 10 次，做到各触点工作良好，吸合时无噪声，铁心释放无延缓，并且每次动作的延时时间一致。

图 1-30　JS7 系列时间继电器校验电路图

4. 注意事项

在拆卸过程中，应备有盛放零件的容器，以免丢失零件。在整修和改装过程，不允许硬撬，以免损坏电器。在进行校验接线时，要注意各接线端子上线头之间的距离，防止产生相间短路故障。在通电校验时，必须将时间继电器固定在控制板上，并可靠接地，且有教师监护，以确保用电安全。

5. 拓展训练

图 1-31 所示为数字式时间继电器的实物外形和接线图，查阅数字式时间继电器的工作原理，根据接线图自行设计测试电路，完成测试电路的连接，调整延时时间为 10 s，通电测试时间继电器的性能，并记录。

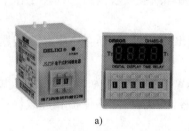
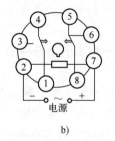

数字式时间继电器

a)　　　　　　　　　　　　b)

图 1-31　数字式时间继电器外形接线图

a）外形　b）接线图

1.8 小结

1）低压电器的种类较多，本章主要介绍的是常用开关电器、主令电器、接触器 、继电器、断路器和熔断器的作用、结构、工作原理、主要参数及图形符号。

熔断器在一般电路中可用做过载和短路保护，在电动机的电路中，只适宜用作短路保护，而不能用作过载保护。

断路器可用于电路的不频繁通、断，一般具有过载、短路或欠电压的保护功能。

接触器可以远距离、频繁地通、断大电流电路。

继电器是根据不同的输入信号控制小电流电路通、断的电器，分为控制继电器和保护继电

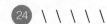

器两大类。

2）每种电器都有其规定的技术参数和使用范围，要根据使用条件正确选用。对于各类电器的技术参数，可在产品样本及电工手册中查到。

3）对于保护电器和控制电器的使用，除了要根据控制保护要求和使用条件选用具体型号外，还要根据被保护、被控制电路的条件，进行调整和整定动作值。

1.9 习题

1. 当开关设备通、断时，触点间的电弧是如何产生的？常用哪些灭弧措施？

2. 写出下列电器的作用、图形符号和文字符号。

熔断器、组合开关、按钮开关、低压断路器、交流接触器、热继电器、时间继电器、速度继电器。

3. 在电动机的控制电路中，熔断器和热继电器能否相互代替？为什么？

4. 简述交流接触器在电路中的作用、结构和工作原理。

5. 断路器有哪些脱扣装置？各起什么作用？

6. 为保证供配电线路的安全如何选择熔断器？

7. 时间继电器 JS7 的延时原理是什么？如何调整其延时范围？画出图形符号，并解释各触点的动作特点。

8. 从接触器的结构上，如何区分是交流接触器还是直流接触器？

9. 若将线圈电压为 220 V 的交流接触器，误接入 220 V 直流电源；或将线圈电压为 220 V 的直流接触器，误接入 220 V 的交流电源上，则会产生什么后果？为什么？

10. 交流接触器铁心上的短路环起什么作用？若此短路环断裂或脱落后，则在工作中会出现什么现象？为什么？

11. 对于带有交流电磁铁的电器若衔铁吸合不好（或出现卡阻），则会产生什么问题？为什么？

12. 某机床的电动机为 J02-42-4 型，额定功率 5.5 kW，额定电压为 380 V，额定电流为 12.5 A，起动电流为额定电流的 7 倍，现用按钮进行起停控制，需有短路保护和过载保护，试选用接触器、按钮、熔断器、热继电器和电源开关的型号。

13. 如果电动机的起动电流很大，那么在起动时热继电器应不应该动作？为什么？

14. 搜集和整理国产的自动空气开关、接触器、继电器等元件的主要生产厂家和产品型号。

第 2 章　电气控制电路的基本控制环节

电气控制电路是由各种有触点的接触器、继电器、按钮和行程开关等按不同连接方式组合而成的。其作用是实现电力拖动系统的起动、正反转、制动、调速和保护，以满足生产工艺要求，实现生产过程自动化。

我国古代的指南车和木牛流马，是最早的自动控制设备雏形。随着我国工业的飞速发展，对生产工艺不断提出新的要求，对电力拖动系统的要求不断提高，在现代化的控制系统中采用了许多新的控制装置和元器件，用以实现对复杂生产过程的自动控制。尽管如此，目前在我国工业生产中应用最广泛、最基本的控制仍是继电器-接触器控制。而任何复杂的控制电路或系统，也都是由一些比较简单的基本控制环节、保护环节根据不同的要求组合而成的。因此，掌握这些基本控制环节是学习电气控制电路的基础。

2.1　电气控制系统图的基本知识

电气控制电路主要由各种元器件和电动机等用电设备组成。在绘制电气控制电路图时，必须使用国家统一规定的电气图形符号和文字符号。我国参照国际电工委员会（IEC）颁布的有关文件，制定了有关电气国家标准，如

GB/T 4728.1—2018 电气简图用图形符号　第 1 部分：一般要求

GB/T 4728.2—2018 电气简图用图形符号　第 2 部分：符号要素、限定符号和其他常用符号

GB/T 4728.6—2008 电气简图用图形符号　第 6 部分：电能的发生与转换

GB/T 4728.7—2008 电气简图用图形符号　第 7 部分：开关、控制和保护器件

GB/T 4728.8—2008 电气简图用图形符号　第 8 部分：测量仪表、灯和信号器件

GB/T 6988.1—2008 电气技术用文件的编制　第 1 部分：规则

GB/T 6988.2—2008 电气技术用文件的编制　第 2 部分：功能性简图

GB/T 6988.3—2008 电气技术用文件的编制　第 3 部分：接线图和接线表

1. 图形符号

图形符号通常用于图样或其他文件，表示一个设备或概念的图形、标记或字符。图形符号含有符号要素、一般符号和限定符号。

（1）符号要素

符号要素是一种具有确定意义的简单图形，必须与其他图形组合才构成一个设备或概念的完整符号。如接触器常开主触点的符号由接触器触点功能符号和常开触点符号组合而成。

（2）一般符号

一般符号是用以表示一类产品和此类产品特征的一种简单的符号，如可用一个圆圈表示电动机。

（3）限定符号

限定符号是用于提供附加信息的一种加在其他符号上的符号。

运用图形符号绘制电气系统图时应注意以下事项。

1）符号尺寸大小和线条粗细依国家标准可放大和缩小，但在同一张图样中，同一符号的尺寸应保持一致，各符号间及符号本身比例应保持不变。

2）标准中示出的符号方位，在不改变符号含义的前提下，可根据图面布置的需要旋转，或成镜像位置，但文字和指示方向不得倒置。

3）大多数符号都可以加上补充说明标记。

4）有些具体器件的符号由符号要素、一般符号和限定符号组合而成。

5）国家标准未规定的图形符号，可根据实际需要按突出特征、结构简单、便于识别的原则进行设计，但需要备案。

2. 文字符号

文字符号分为基本文字符号和辅助文字符号。文字符号适用于电气技术领域中技术文件的编制，也可标在电气设备、装置和元器件上或其近旁，以标明它们的名称、功能、状态和特征。

（1）基本文字符号

基本文字符号有单字母和双字母两种。单字母符号按拉丁字母顺序将各种电气设备、装置和元器件划分成 23 大类，每一类用一个专用单字母符号表示，如"C"表示电容器类，"R"表示电阻器类等。双字母符号由一个表示种类的单字母符号与另一个字母组成，且以单字母符号在前，另一字母在后的次序列出，表示对某电器大类的进一步划分，如"F"表示保护器件类，"FU"则表示为熔断器。

（2）辅助文字符号

辅助文字符号表示电气设备、装置和元器件以及电路的功能、状态和特征。如用"RD"表示红色、"L"表示限制等。也可将辅助文字符号放在表示种类的单字母之后组成双字母符号，如"SP"表示压力传感器、"YB"表示电磁制动器等。为简化文字符号，若辅助文字符号由两个以上字母组成时，允许只采用第一位字母进行组合，如"MS"表示同步电动机。辅助文字符号还可以单独使用，如"ON"表示接通，"M"表示中间线等。

3. 主电路各接点标记

三相交流电源引入线采用 L1、L2、L3、N 标记，接地保护线用 PE 标记；直流电源的正、负极分别用 L+ 和 L- 标记。

电源开关之后的三相交流电源主电路分别按 U、V、W 顺序标记。

分级三相交流电源主电路采用三相文字代号 U、V、W 的后边加上阿拉伯数字 1、2、3 等来标记，如 1U、1V、1W；2U、2V 和 2W 等。

电动机分支电路各接点标记采用三相文字代号后面加数字来表示，数字中的个位数表示电动机代号，十位数字表示该支路各接点的代号，从上到下按数值大小顺序标记。如 U_{11} 表示 M_1 电动机的第一相的第一个接点代号，U_{21} 表示第一相的第二个接点代号，依次类推。电动机绕组首端分别用 U_1、V_1、W_1 标记，尾端分别用 U_1'、V_1'、W_1' 标记。双绕组的中点则用 U_1''、V_1''、W_1'' 标记。

控制电路采用阿拉伯数字编号，一般由 3 位或 3 位以下的数字组成。标注方法按"等电位"原则进行，在垂直绘制的电路中，标号顺序一般自上而下编号，凡是被线圈、绕组、触点或电阻、电容等元件所间隔的线段，都应标以不同的电路标号。

4. 绘图原则

电气控制系统图包括电气原理图和电气安装图（电气位置图、接线图）等。各种图的图样尺寸一般选用 210 mm×297 mm、297 mm×420 mm、420 mm×594 mm、594 mm×841 mm、841 mm×1189 mm 这 5 种幅面，特殊需要可按 GB/T 14689—2008《技术制图》国家标准选用其他尺寸。

（1）电气原理图

用图形符号和项目代号表示电路各个元器件连接关系和电气工作原理的图称为电气原理图，图中并不标出元器件的实际大小和位置。电气原理图按规定的图形符号、文字符号和回路标号进行绘制，其绘制原则如下。

1）将图分成若干区域，上方为功能区，表示电路的用途和作用，下方为图号区。在继电器、接触器线圈下方列有触点表以说明线圈与触点的从属关系。

2）对原理图上的动力电路、控制电路和信号电路应分开绘出。

3）电源电路一般绘制成水平线，标出各个电源的电压值、极性或频率及相数。动力装置（电动机）主电路及其保护支路用垂直线绘制在图的左侧，控制电路用垂直线绘制在图面的右侧，同一电器的各元器件采用同一文字符号表明。

4）图中自左向右或自上而下表示操作顺序，尽可能减少线条和避免线条交叉。

5）所有电路元器件的图形符号均按电器未通电和不受外力作用时的状态绘制。当图形垂直放置时，常开动触点在垂线左侧，常闭动触点在垂线右侧（即左开右闭）；当图形水平放置时，常开动触点在水平线下方，常闭动触点在水平线上方（即上闭下开）。

6）具有循环运动的机械设备，应在电路原理图上绘出工作循环图。对转换开关、行程开关等应绘出动作程序及动作位置示意图。

7）对于外购的成套电气装置，如稳压电源、电子放大器、晶体管时间继电器等，应将其详细电路与参数绘在电气原理图上。

8）全部电机、电器元器件的型号、文字符号、用途、数量、额定技术数据，均应填写在元器件明细表内。

图 2-1 所示为 CW6132 型普通车床电气原理图。

（2）电气安装图

电气安装图用来表示电气控制系统中各电气元器件的实际位置和接线情况。将它分为电气位置图和电气接线图两部分。

1）电气位置图。电气位置图详细绘制出电气元器件的安装位置。图中各元器件代号应与有关电路图和元器件清单上的所有元器件代号相同，图中不需标注尺寸。图 2-2 所示为 CW6132 型普通车床电气位置图。图中，FU_1 ~ FU_4 为熔断器，KM 为接触器，FR 为热继电器，TC 为照明变压器。

2）电气接线图。电气接线图用来表明电气设备各单元之间的接线关系。它清楚地表明了电气设备外部元器件的相对位置及它们之间的电气连接，是实际安装接线的依据，在具体施工和检修中能够起到电气原理图所起不到的作用，所以在生产现场得到广泛的应用。接线图在技能训练项目中会进行详细描述。

当一个装置比较复杂时，接线图又可分为单元接线图与单元接线表、互连接线图和互连接

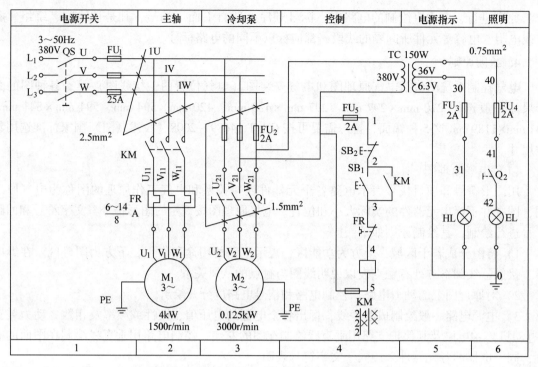

图 2-1　CW6132 型普通车床电气原理图

线表。互连接线表是表示成套装置或设备的不同单元之间连接关系的一种接线图，一般包括线缆与单元内接线端子的接线板的连接，但单元内部的连接情况通常不包括在内。

图 2-3 所示为 CW6132 型车床电气互连图。

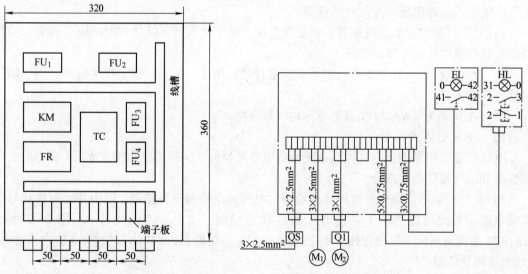

图 2-2　CW6132 型普通车床电气位置图　　　　图 2-3　CW6132 型车床电气互连图

绘制电气接线图的原则如下。

① 将外部单元同一器件的各部件画在一起，其布置尽可能符合元器件实际情况。

② 各电气元器件的图形符号、文字符号和回路标记均与电气原理图保持一致。

③ 必须将不在同一控制箱和同一配电盘上的各电气元器件经接线端子板进行连接。接线图中的电气互连关系用线束标示，连接导线应注明导线规格（数量、截面积），一般不标示实际走线途径，施工时由操作者根据实际情况选择最佳走线方式。

④ 对于外部连接线，应在图上或用接线表示清楚，并注明电源的引入点。

2.2　三相异步电动机全压起动控制电路

三相异步电动机全压起动时加在电动机定子绕组上的电压为额定电压，也称为直接起动。直接起动的优点是电气设备少、电路简单、维修量小。

2.2.1　单向运转控制电路

1. 手动正转控制电路

图 2-4 所示是一种最简单的电动机手动正转控制电路。图 2-4a 所示为刀开关控制电路，图 2-4b 所示为断路器控制电路。采用开关控制的电路仅适用于不频繁起动的较小容量电动机，它不能实现远距离控制和自动控制。

2. 点动正转控制电路

点动正转控制电路是用按钮、接触器来控制电动机运转的最简单的正转控制电路，如图 2-5 所示。图中，QS 为三相电源开关；FU_1、FU_2 为熔断器；M 为三相笼型异步电动机；KM 为接触器；SB 为起动按钮。这种控制方法常用于电动葫芦控制和车床拖板箱快速移动的电机控制。

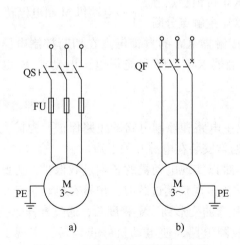

图 2-4　电动机手动正转控制电路
a）刀开关控制电路　b）断路器控制电路

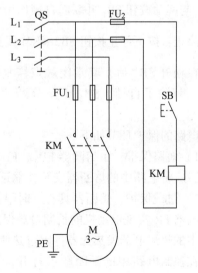

图 2-5　点动正转控制电路

在分析各种控制电路原理图时，为了简单明了，通常就用电气文字符号和箭头配合（以减少文字）来表示电路的工作原理。先合电源开关 QS，然后操作如下。

起动：按下起动按钮 SB→接触器 KM 线圈得电→KM 主触点闭合→电动机 M 起动运行。

停止：松开按钮 SB→接触器 KM 线圈失电→KM 主触点断开→电动机 M 失电停转。

停止使用后，断开电源开关 QS。

2-1 连续正转控制电路结构与原理

3. 连续正转控制电路

上述电路要使电动机 M 连续运行，起动按钮 SB 就不能松开，然而这不符合生产实际要求。为实现电动机的连续运行，可采用图 2-6 所示的接触器自锁正转控制电路。其主电路和点动控制电路的主电路相同，在控制电路中串接了一个停止按钮 SB$_2$，在起动按钮 SB$_1$ 的两端并接了接触器 KM 的一个常开辅助触点。

电路的工作原理如下：先合上电源开关 QS。

起动：按下 SB$_1$ → KM 线圈得电 → $\begin{cases} \text{KM 辅助常开触点闭合} \\ \text{KM 主触点闭合} \end{cases}$ 电动机 M 起动并连续运行

在松开 SB$_1$ 按钮常开触点复位后，因为接触器 KM 的辅助常开触点闭合时已将 SB$_1$ 短接，控制电路仍保持接通，所以接触器 KM 线圈继续得电，电动机 M 实现连续运转。像这种在松开起动按钮 SB$_1$ 后，接触器 KM 通过自身常开触点而使线圈保持得电的作用叫作自锁（或自保）。与起动按钮 SB$_1$ 并联起自锁作用的常开触点叫作自锁触点（也称为自保触点）。

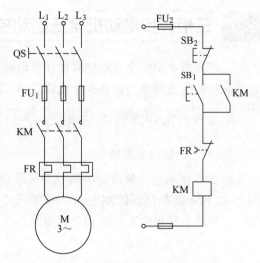

图 2-6 接触器自锁正转控制电路

停止：按下停止按钮 SB2→KM 线圈失电→ $\begin{cases} \text{KM 自锁触点分断} \\ \text{KM 主触点分断} \end{cases}$ →电动机 M 断电停转

在松开 SB$_2$ 后，其常闭触点恢复闭合，因接触器 KM 的自锁触点在切断控制电路时已分断，解除了自锁，SB$_1$ 也是分断的，所以接触器 KM 线圈不能得电，电动机 M 也不会转动。

电路的保护环节如下。

1）短路保护。由熔断器 FU$_1$、FU$_2$ 分别实现主电路和控制电路的短路保护。为扩大保护范围，应将电路中的熔断器安装在靠近电源端，通常安装在电源开关下边。

2）过载保护。熔断器具有反时限和分散性，难以实现电动机的长期过载保护，为此采用热继电器 FR 实现电动机的长期过载保护。当电动机出现长期过载时，串接在电动机定子供电电路中的热继电器发热元器件因过热使其双金属片弯曲变形到一定程度后，通过推杆等机构将串接在控制电路中的常闭触点打开，切断 KM 线圈电路，使电动机停止运转，实现了过载保护。

3）失电压和欠电压保护。当电源突然断电或由于某种原因电源电压过低时，接触器电磁吸力消失或急剧下降，衔铁释放，主触点与常开自锁触点断开，电动机停止运转。而当电源电压恢复正常时，电动机不会自行起动运转，避免事故发生。因此，具有自锁的控制电路具有失电压与欠电压保护的功能。

4. 既能点动又能连续运行的控制电路

生产设备在正常运行时，电动机一般都处于连续运行状态。但在试车或调整刀具与工件的相对位置时，又需要电动机能点动控制，实现这种控制要求的电路是连续与点动混合控制电路。如图 2-7 所示。图 2-7a 所示是在接触器自锁控制电路的基础上，把手动开关 SA 串接在自锁电路中实现的。显然，当把 SA 闭合或打开时，就可实现电动机的连续或点动控制。图 2-7b 所示是在自锁正转控制电路的基础上，增加了一个复合按钮 SB$_3$ 来实现连续与点动混合控制的。

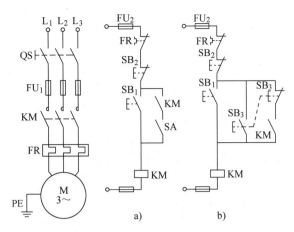

图 2-7　连续与点动混合控制的正转控制电路
a）手动开关控制　b）复合按钮控制

电路的工作原理如下。先合上电源开关 QS。

1）连续控制。连续运转的控制原理与图 2-6 所示原理相同，不再重复。

2）点动控制。

起动：按下 SB$_3$→$\begin{cases} \text{SB}_3 \text{ 常闭触点断开，切断自锁电路} \\ \text{SB}_3 \text{ 常开触点后闭合→KM 线圈得电→}\begin{cases}\text{KM 自锁触点闭合} \\ \text{KM 主触点闭合→电动机 M 起动运转}\end{cases}\end{cases}$

停止：松开 SB$_3$→$\begin{cases} \text{SB}_3 \text{ 常开触点先打开→KM 线圈断电→}\begin{cases}\text{KM 主触点打开} \\ \text{KM 自锁触点打开}\end{cases}\text{→M 断电停转} \\ \text{SB}_3 \text{ 常闭触点后闭合（此时 KM 自锁触点已打开）}\end{cases}$

5. 顺序控制电路

在装有多台电动机的生产机械上，各台电动机所起的作用是不同的，有时需要按一定的顺序起动或停止，才能满足生产过程要求和安全可靠。顺序控制就是要求几台电动机的起动和停止按照一定的先后顺序来完成的控制方式。

图 2-8 所示为由两台电动机组成的顺序控制电路。图 2-8a 所示主电路中，电动机 M$_1$、M$_2$ 分别由接触器 KM$_1$、KM$_2$ 控制。图 2-8b 所示控制电路的特点是，KM$_2$ 的线圈接在 KM$_1$ 自锁触点后面，这就保证了 M$_1$ 起动后，M$_2$ 才能起动的顺序控制要求。图 2-8c 所示控

2-2　顺序起动、逆序停止控制电路

制电路的特点是，在 KM$_2$ 的线圈回路中串接了 KM$_1$ 的常开触点。显然，KM$_1$ 不吸合，即使按下 SB$_2$，KM$_2$ 也不能吸合，这就保证了只有 M$_1$ 电动机起动后，M$_2$ 电动机才能起动。停止按钮 SB$_3$ 控制两台电动机同时停止，停止按钮 SB$_4$ 控制 M$_2$ 电动机的单独停止。图 2-8d 所示控制电路的特点是，在图 2-8c 中的 SB$_3$ 按钮两端并联 KM$_2$ 的常开触点，从而实现了 M$_1$ 起动后，M$_2$ 才能起动，而 M$_2$ 停止后，M$_1$ 才能停止的控制要求，即 M$_1$、M$_2$ 是顺序起动、逆序停止。

6. 多地控制电路

能在两地或多地控制同一台电动机的控制方式为电动机的多地控制。

2-3　两地控制电路

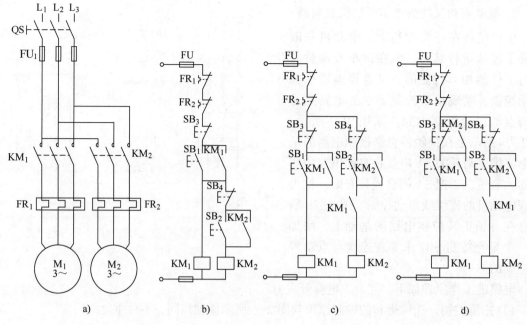

图 2-8　控制电路实现电动机顺序控制

a）主电路　b）自锁触点控制　c）互锁触点控制　d）顺序起动、逆序停止控制

图 2-9 所示为两地控制同一台电动机的控制电路。其中 SB₁、SB₃ 为安装在甲地的起动按钮和停止按钮，SB₂、SB₄ 为安装在乙地的起动按钮和停止按钮。电路的特点是，起动按钮应并联接在一起，停止按钮应串联接在一起。这样就可以分别在甲、乙两地控制同一台电动机，达到操作方便的目的。对于三地或多地控制，只要将各地的起动按钮并联、停止按钮串联即可实现。

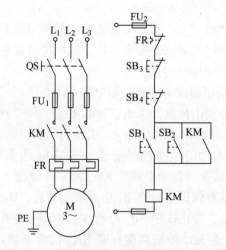

图 2-9　两地控制同一台电动机的控制电路

2.2.2　可逆旋转控制电路

生产机械往往要求运动部件能够实现正、反两个方向的运动，这就要求电动机能作正、反向旋转。由电动机原理可知，如果改变电动机三相电源的相序，就能改变电动机的旋转方向。

常用的可逆旋转控制电路有如下几种。

1. 具有联锁控制的正、反转控制电路

在图 2-10 所示的电动机正、反转联锁控制电路中，KM_1、KM_2 分别控制电动机的正转与反转。图 2-12b 所示最简单，按下起动按钮 SB_1 或 SB_2，此时 KM_1 或 KM_2 得电吸合，主触点闭合并自锁，电动机正转或反转。按下停止按钮 SB_3，电动机停止转动。该电路的缺点是，若电动机正在正转或反转，此时若按下反转起动按钮 SB_2 或正转起动按钮 SB_1，KM_1 与 KM_2 的线圈将同时得电，使主触点闭合，会造成电源两相短路。为了避免这种现象的发生，可采用联锁的方法来解决。

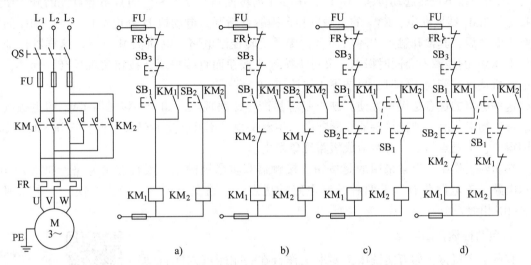

图 2-10　联锁控制的电动机正、反转控制电路

a) 无互锁控制　b) 接触器互锁控制　c) 按钮互锁控制　d) 双重互锁控制

联锁的方法有两种：一种是接触器联锁，将 KM_1、KM_2 的常闭触点分别串接在对方线圈电路中形成相互制约的控制；另一种是按钮联锁，采用复合按钮，将 SB_1、SB_2 的常闭触点分别串接在对方的线圈电路中，形成相互制约的控制。

图 2-10b 所示是接触器联锁的正、反转控制电路。电路的工作原理如下。先合电源开关 QS。

（1）正转控制

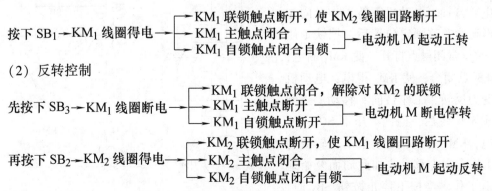

（2）反转控制

（3）停止

按下停止按钮 SB$_3$→控制电路断电→KM$_1$（或 KM$_2$）主触点打开→电动机 M 断电停转

接触器联锁正、反转控制电路的优点是工作安全可靠，不会因接触器主触点熔焊或接触器衔铁被杂物卡住使主触点不能打开而发生短路。缺点是操作不便，电动机由正转变为反转，必须先按下停止按钮后，才能按反转起动按钮，否则由于接触器的联锁作用而不能实现反转。为了克服此电路的缺点，可采用图 2-10c 所示的按钮联锁的正、反转控制电路。

图 2-10c 控制电路的工作原理与接触器联锁的正、反转控制电路的工作原理基本相同，只是当电动机从正转变为反转时，可直接按下反转起动按钮 SB$_2$ 即可实现，不必先按停止按钮 SB$_3$。因为当按下反转起动按钮 SB$_2$ 时，串接在正转控制回路中 SB$_2$ 的常闭触点先断开，使正转接触器 KM$_1$ 线圈断电，KM$_1$ 的主触点和自锁触点断开，电动机 M 断电惯性运转。SB$_2$ 的常闭触点断开后，其常开触点才随后闭合，接通反转控制电路，电动机 M 反转。这样既保证了 KM$_1$ 和 KM$_2$ 的线圈不会同时得电，又可不按停止按钮而直接按反转按钮实现反转。同样，若使电动机从反转变为正转时，只按下正转按钮 SB$_1$ 即可。

这种电路的优点是操作方便，缺点是容易产生短路现象。如：当接触器 KM$_1$ 的主触点熔焊或被杂物卡住时，即使接触器线圈断电，主触头也打不开，这时若按下反转按钮 SB$_2$，KM$_2$ 线圈得电，主触点闭合，必然造成短路现象发生。

在实际工作中，经常采用的是按钮、接触器双重联锁的正、反转控制电路，如图 2-10d 所示电路，该电路兼有以上两种控制电路的优点，电路安全可靠，操作方便。工作原理与图 2-10c 相似。

2. 自动往返控制电路

有些生产机械，如万能铣床，要求工作台在一定距离内能自动往返，而自动往返通常是利用行程开关控制电动机的正、反转来实现工作台的自动往返运动。

2-5 自动往返控制电路

图 2-11a 为工作台自动往返运动的示意图。图中 SQ$_1$ 为左移转右移的行程开关，SQ$_2$ 为右移转左移的行程开关。SQ$_3$、SQ$_4$ 分别为左右极限保护用行程开关。

图 2-11b 为工作台自动往返行程控制电路，工作过程如下：按下起动按钮 SB$_1$，KM$_1$ 得电并自锁，电动机正转工作台向左移动，当到达左移预定位置后，挡铁 1 压下 SQ$_1$，SQ$_1$ 常闭触点打开，使 KM$_1$ 断电，SQ$_1$ 常开触点闭合，使 KM$_2$ 得电，电动机由正转变为反转，工作台向右移动。当到达右移预定位置后，挡铁 2 压下 SQ$_2$，使 KM$_2$ 断电，KM$_1$ 得电，电动机由反转变为正转，工作台向左移动。如此周而复始地自动往返工作。当按下停止按钮 SB$_3$ 时，电动机停转，工作台停止移动。若因行程

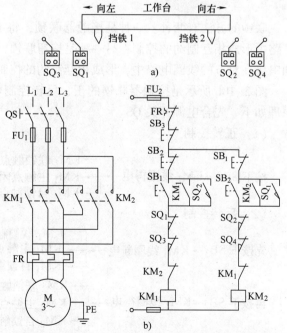

图 2-11 工作台自动往返运动的示意图和控制电路

a）示意图 b）控制电路

开关 SQ_1、SQ_2 失灵，则由极限保护行程开关 SQ_3、SQ_4 实现保护，以避免运动部件因超出极限位置而发生事故。

2.3　三相异步电动机减压起动控制电路

　　直接起动是一种简单、经济、可靠的起动方法。但直接起动电流可达额定电流的 4~7 倍，过大的起动电流会导致电网电压大幅度下降，这不仅会减小电动机本身的起动转矩，而且会影响在同一电网上其他设备的正常工作。因此，较大容量的电动机需采用减压起动的方法来减小起动电流。

　　通常规定，电源容量在 180 kVA 以上、电动机容量在 7 kW 以下的三相异步电动机可采用直接起动。

　　三相笼型异步电动机减压起动的方法有：定子绕组串电阻（电抗）起动、自耦变压器减压起动、丫—△减压起动和延边三角形减压起动等。减压起动的实质是，起动时减小加在电动机定子绕组上的电压，以减小起动电流；待电动机起动后再将电压恢复到额定值，使电动机进入正常工作状态。

2.3.1　定子串电阻起动控制电路

　　图 2-12a 所示为电动机定子绕组串电阻减压起动控制电路。图中 SB_1 为起动按钮，SB_2 为停止按钮，R 为起动电阻，KM_1 为电源接触器，KM_2 为切除电阻用接触器，KT 为起动时间继电器。

　　电路的工作原理是，合上电源开关 QS，按下起动按钮 SB_1，KM_1 得电并自锁，电动机定子绕组串入电阻 R 减压起动，同时 KT 得电，经延时后 KT 常开触点闭合，KM_2 得电主触点将起动电阻 R 短接，电动机进入全压正常运行。

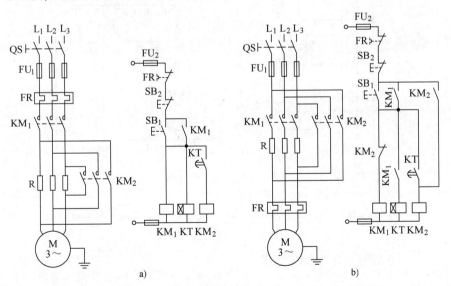

图 2-12　电动机定子绕组串电阻减压自动起动控制电路和改进电路
a）控制电路　b）改进电路

　　该控制电路的缺点是，当电动机 M 全压正常运行时，接触器 KM_1 和时间继电器 KT 始终

36

带电工作，从而使能耗增加，缩短电器寿命，增加了出现故障的概率。如图 2-12b 所示电路就是针对上述电路的缺陷而改进的，该电路中的 KM₁ 和 KT 只作短时间的减压起动用，待电动机全压运行后就从电路中切除，从而延长了 KM₁ 和 KT 的使用寿命，节省了电能，提高了电路的可靠性。

2.3.2 自耦变压器减压起动控制电路

自耦变压器减压起动是指电动机起动时利用自耦变压器来降低加在电动机定子绕组上的起动电压。待电动机起动后，再将自耦变压器脱离，使电动机在全压下正常运行。常用于起动较大容量的三相交流电动机。

图 2-13 为自耦变压器减压起动控制电路，KM₁ 为变压器星形联结接触器，KM₂ 为电源接触器，KA 为中间继电器，KT 为时间继电器，SB₁ 为起动按钮，SB₂ 为运行按钮。工作原理：合上电源开关 QS，按下起动按钮 SB₁，KM₁ 通电吸合后变压器投入运行，电动机经变压器减压起动，同时 KT 通电延时，待电动机转速接近额定转速时，KT 延时时间到，KA 线圈通吸合并自锁，断开 KM₁ 线圈支路，将变压器切除，接通 KM₂ 线圈支路，KM₂ 吸合电动机开始全压运行。停止时按下按钮 SB₂ 即可。如果在图 2-13 中用个按钮实现两地控制，工作原理读者可自行分析。

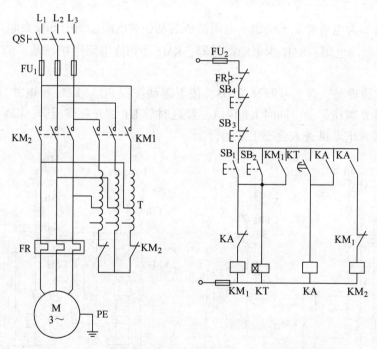

图 2-13 时间继电器自动控制自耦变压器减压起动控制电路

2.3.3 Ｙ-△减压起动控制电路

Ｙ-△（星形-三角形）减压起动是指电动机起动时，定子绕组为星形联结，以降低起动电压，减小起动电流；待电动机起动后，再把定子绕组改成三角形联结，使电动机全压运行。Ｙ-△减压起动

2-6 星形-三角形减压起动控制电路

只能用于正常运行时为△接法的电动机。

图 2-14a 为Y—△减压起动主电路，图 2-14b 为控制电路，接触器 KM₁ 用于引入电源，接触器 KM₂ 用于电动机绕组Y联结起动，接触器 KM₃ 用于电动机△联结运行，SB₁ 为起动按钮，SB₂ 为停止按钮。电路的工作原理是：合上电源开关 QS，按下起动按钮 SB₁，KM₁、KM₂ 得电吸合，KM₁ 自锁，电动机绕组星形联结起动，同时 KT 也得电，经延时后时间继电器 KT 常闭触点打开，使得 KM₂ 断电，常开触点闭合，使得 KM₃ 得电闭合并自锁，电动机由星形联结切换成三角形联结后正常运行。

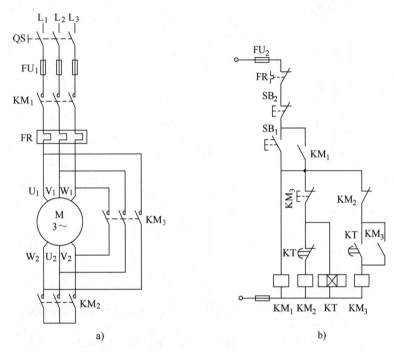

图 2-14　Y-△减压起动控制电路

a）主电路　b）控制电路

2.4　三相绕线转子异步电动机起动控制电路

前面介绍了三相笼型异步电动机的各种起动控制电路，三相笼型异步电动机的特点是，结构简单、价格低、起动转矩小、调速困难。而在实际生产中，有时要求电动机有较大的起动转矩，而且能够平滑调速，常采用三相绕线转子异步电动机来满足控制要求。绕线转子异步电动机可以通过在转子绕组中串接电阻，达到减小起动电流、提高功率因数、增大起动转矩及平滑调速之目的。

2.4.1　转子绕组串电阻起动控制电路

起动时，在转子回路中串入三相多级起动电阻，然后分段切除，并把起动电阻调到最大值，以减小起动电流、增大起动转矩。随着电动机转速的升高，起动电阻逐级减小。起动完毕后，起动电阻减小到零，转子绕组被短接，电动机在额定状态下运行。

1. 时间原则转子绕组串电阻起动控制电路

图 2-15 所示为时间原则转子绕组串电阻起动控制电路。3 个时间继电器 KT_1、KT_2、KT_3 分别控制 3 个接触器 KM_1、KM_2、KM_3 按顺序依次吸合，逐级切除转子绕组中的三级电阻，与起动按钮 SB_1 串接的 KM_1、KM_2、KM_3 3 个常闭触点的作用是保证电动机在转子绕组中接入全部起动电阻的条件下才能起动。若其中任何一个接触器的主触点因熔焊或机械故障而没有释放时，电动机就不能起动。

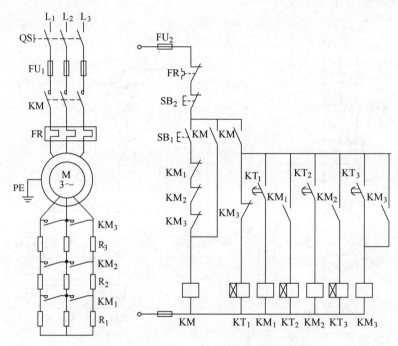

图 2-15　时间原则转子绕组串电阻起动控制电路

工作原理为：合上电源开关 QS，按下 SB1，KM 得电吸合并自锁，电动机转子绕组串全部电阻起动，同时 KT1 通电延时；KT1 延时时间到，KM1 得电吸合并自锁，KM1 主触头闭合以切除第一级电阻 R1，电动机转速继续升高，同时 KT2 通电延时；KT2 延时时间到，KM2 得电吸合并自锁，切除第二级电阻 R2，电动机转速继续升高；依此类推，经 KT3 延时，KM3 通电切除全部电阻，至此电动机起动结束，在额定转速下正常运行。

2. 电流原则转子绕组串电阻起动控制电路

图 2-16 所示为电流继电器控制绕线转子电动机串电阻起动控制电路，因根据电流大小进行控制故为电流原则控制。图中 KA_1、KA_2、KA_3 3 个欠电流继电器的线圈被串接在转子回路中，它们的吸合电流相同，但释放电流不同，KA_1 的释放电流最大，KA_2 其次，KA_3 最小。当电动机刚起动时，转子电流最大，3 个电流继电器 KA_1、KA_2、KA_3 都吸合，控制回路中的常闭触点都打开，接触器 KM_1、KM_2、KM_3 的线圈都不能得电吸合，主触点处于断开状态，全部起动电阻均串接在转子绕组中。随着电动机转速的升高，转子电流逐渐减小，当电流减小至 KA_1 的释放电流时，KA_1 首先释放，其常闭触点复位，使接触器 KM_1 线圈得电主触点闭合，切除第一级电阻 R_1。当 R_1 被切除后，转子电流重新增大，电动机转速继续升高，随着转速的升高，转子电流又会减小，当减小至 KA_2 的释放电流时，KA_2 释放，KA_2 的常闭触点复位，

KM_2 线圈得电主触点闭合，第二级电阻 R_2 被切除，如此继续下去，直到全部电阻被切除，电动机起动完毕为止，进入正常运行状态。中间继电器 KA 的作用是保证电动机在转子电路中接入全部电阻的情况下开始起动。因为刚开始起动时 KA 的常开触点切断了 KM_1、KM_2、KM_3 线圈回路，从而保证了起动时串入全部外接电阻。

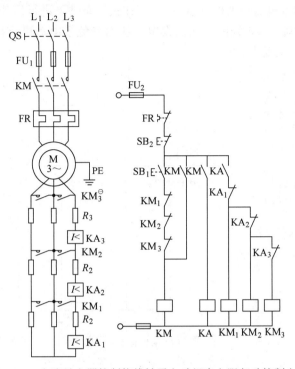

图 2-16　电流继电器控制绕线转子电动机串电阻起动控制电路

2.4.2　转子绕组串频敏变阻器起动控制电路

绕线式异步电动机转子串电阻起动，使用的电器较多，控制电路复杂，而且起动过程中，电流和转矩会突然增大，产生一定的电气和机械冲击。为了获得较理想的机械特性，常采用转子绕组串频敏变阻器起动。

频敏变阻器实质上是一个铁心损耗很大的三相电抗器，由铸铁板或钢板叠成的三柱式铁心组成，在每个铁心上装有一个线圈，线圈的一端与转子绕组相连，另一端作星形联结。

频敏变阻器等效阻抗的大小与频率有关。在电动机刚起动时，转速较低，转子电流的频率较高，相当于在转子回路中串接一个阻抗很大的电抗器，随着转速的升高，转子频率逐渐降低，其等效阻抗随之减小，实现了平滑无级起动。

图 2-17 所示为绕线转子异步电动机转子绕组串频敏变阻器起动控制电路。图 2-17a 所示为主电路，KM 为电源接触器，KM_1 为短接频敏变阻器用接触器。图 2-17b 所示为控制电路 1，其工作原理是，按下 SB_1，KM 的线圈得电吸合并自锁，电动机串频敏变阻器起动，同时 KT 的线圈得电吸合开始延时，在电动机起动完毕后，KT 的延时常开触点闭合，KM_1 的线圈

⊖　此电路中的 KA 线圈，在一般情况下不会直接接到这里，而是通过电流互感器接入的。

得电，主触点闭合将频敏变阻器短接，电动机正常运行。该电路的缺点是，当 KM$_1$ 的主触点熔焊或机械部分被卡死时，电动机将直接起动；当 KT 线圈出现断线故障时，KM$_1$ 线圈将无法得电，电动机运行时频敏变阻器不能被切除。为了克服上述缺点，可采用图 2-17c 所示的控制电路 2，在电路操作时，按下 SB$_1$ 时间应稍长点，待 KM 常开触点闭合后方可松开。KM 为电源接触器，KM 线圈得电需在 KT、KM$_1$ 触点工作正常条件下进行，若发生 KT、KM$_1$ 触点粘连或 KT 线圈断线等故障，KM 线圈将无法得电，从而避免了电动机直接起动和转子长期串接频敏变阻器的不正常现象发生。

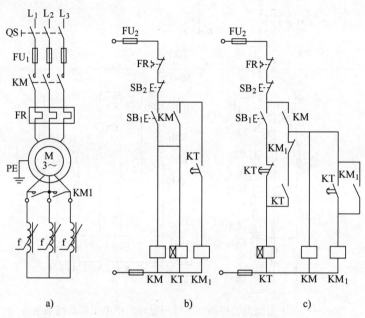

图 2-17 转子绕组串频敏变阻器起动控制电路

a）主电路 b）控制电路 1 c）控制电路 2

2.5 感应式双速异步电动机变速控制电路

由电动机的转动原理可知，感应式异步电动机的转速表达式为

$$n = n_0(1-s) = \frac{60f}{p}(1-s) \tag{2-1}$$

由此可知，电动机的转速与电源频率 f、转差率 s 及定子绕组的磁极对数 p 有关。要改变异步电动机的转速，可通过 3 种方法来实现：一是改变电源频率 f；二是改变转差率 s；三是改变磁极对数 p。本节主要介绍通过改变磁极对数 p 的方法来实现电动机变极调速的基本控制电路。

1. 变极式双速电动机的接线方式

变极式双速电动机是通过改变半相绕组的电流方向来改变极数，图 2-18 所示为常用两种接线图双速电动机绕组接线图（即△-丫丫 和丫-丫丫）。

（1）△-丫丫联结

△-丫丫联结如图 2-18a 所示。当联结成△时，将 U$_1$、V$_1$、W$_1$ 端接电源，U$_2$、V$_2$、W$_2$

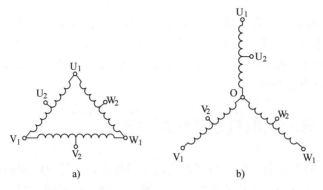

图 2-18　△-丫丫接法双速电动机绕组接线图
a)　△-丫丫连接　b)　丫-丫丫连接

端悬空；当联结成丫丫时，将 U_1、V_1、W_1 端短接成丫形，U_2、V_2、W_2 端接电源。

（2）丫-丫丫联结

丫-丫丫联结如图 2-18b 所示。当联结成丫时，将 U_1、V_1、W_1 端接电源，U_2、V_2、W_2 端悬空；当联结成丫丫时，将 U_1、V_1、W_1 端和中性点 O 联结在一起，U_2、V_2、W_2 端接电源。

2. 感应式双速异步电动机调速控制电路

图 2-19 所示为△-丫丫接法双速电动机按钮控制调速电路。图 2-19a 为主电路，KM_1 吸合为△联结，电动机低速运行，KM_2、KM_3 吸合为丫丫联结，电动机高速运行。图 2-19b 所示为控制电路 1，电路工作时按下 SB_1，KM_1 吸合并自锁，电动机△联结低速运行；按下 SB_2，KM_1 断电，KM_2、KM_3 得电吸合并自锁，电动机丫丫联结高速运行。

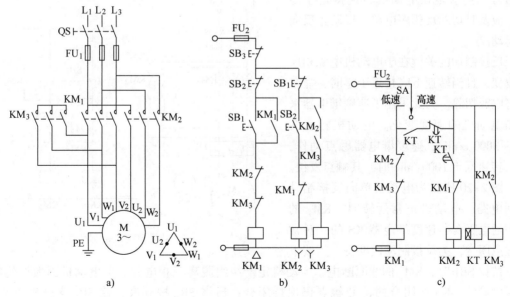

图 2-19　△-丫丫接法双速电动机按钮控制电路
a)　主电路　b)　控制电路 1　c)　控制电路 2

注意： △-丫丫接法的双速电动机，起动时只能为△接法低速起动，而不能在丫丫接法下高速起动。另外，为保证转动方向不变，转换成丫丫联结时应使电源调相，否则电动机将反转。在图 2-19a 中，已对电动机引出线相序已作调整，请读者注意。图 2-19c 的工作原理请读者自行分析。

2.6 三相异步电动机电气制动控制电路

在生产过程中，有些设备当电动机断电后由于惯性作用，停机时间拖得太长，影响生产效率，并造成停机位置不准确，工作不安全。为了缩短辅助工作时间，提高生产效率和获得准确的停机位置，必须对拖动电动机采取有效的制动措施。

停机制动有两种类型：一是机械制动，二是电气制动。常用的电气制动有反接制动和能耗制动，二者都是使电动机产生一个与转子原来转动方向相反的力矩来进行制动。

2.6.1 反接制动控制电路

反接制动是利用改变电动机电源的相序，使定子绕组产生相反方向的旋转磁场，从而产生制动转矩的一种制动方法。

当电动机反接制动时，定子绕组电流很大，为防止绕组过热和减小制动冲击，一般应在功率 10 kW 以上电动机的定子电路中串入反接制动电阻。反接制动电阻的接线方法有对称和不对称两种接法，采用对称电阻接法可以在限制制动转矩的同时，也限制制动电流；而采用不对称制动电阻的接法，只是限制制动转矩，而未加制动电阻的那一相，仍具有较大的电流。反接制动的另一要求是在电动机转速接近于零时，应及时切断反相序电源，以防止反向再起动。

反接制动的关键在于电动机电源相序的改变，且当转速下降接近于零时，能自动将电源切除。为此采用了速度继电器来检测电动机的速度变化。电动机转速在 120~3000 r/min，速度继电器触点动作，而当转速低于 100 r/min 时，其触点复位。

图 2-20 所示为电动机单向反接制动控制电路，电动机正常运转时，KM_1 的线圈通电吸合，速度继电器 KS 的一对常开触点闭合，为反接制动做准备。当按下停止按钮 SB_1 时，KM_1 的线圈断电，电动机定子绕组脱离三相电源，但电动机因惯性仍以很高速度旋转，KS 原闭合的常开触点仍保持闭合；当将 SB_1 按到底，使 SB_1 常开触点闭合，KM_2 的线圈通电并自锁，电动机定子串接电阻接上反序电源，电动机进入反接制动状态。电动机转速迅速下降，当电动机转速接近 100 r/min 时，KS 常开触点复位，KM_2 的线圈断电，电动机断电，反接制动结束。

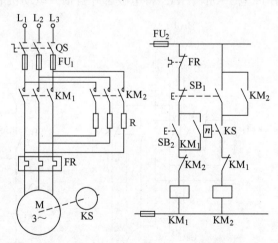

图 2-20 电动机单向反接制动控制电路

2.6.2　能耗制动控制电路

能耗制动是在电动机脱离三相交流电源后，给定子绕组加一直流电源，以产生静止磁场，起阻止转子旋转的作用，达到制动的目的。能耗制动比反接制动所消耗的能量少，其制动电流比反接制动时要小得多。因此，能耗制动适用于电动机能量较大、要求制动平稳和制动频繁的场合，但能耗制动需要安装整流装置获得直流电源。

1. 按时间原则控制的能耗制动控制电路

图 2-21 所示为按时间原则控制的能耗制动的控制电路。图中 KM_1 为运行接触器，KM_2 为能耗制动接触器，KT 为时间继电器，TC 为整流变压器，VC 为桥式整流电路。

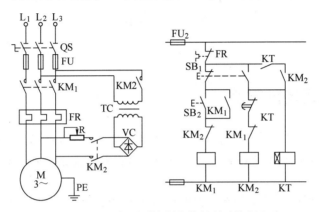

图 2-21　按时间原则控制的能耗制动控制电路

KM_1 线圈通电并自锁电动机已正常运行后，若要停机，按下停止按钮 SB_1，使 KM_1 线圈断电，电动机定子脱离三相交流电源；同时 KM_2 线圈通电并自锁，将二相定子绕组接入直流电源进行能耗制动，在 KM_2 线圈通电同时 KT 线圈也通电。电动机在能耗制动作用下转速迅速下降，当接近零时，KT 延时时间到，其延时触点动作，使 KM_2、KT 线圈相继断电，制动结束。

在该电路中，将 KT 常开瞬动触点与 KM_2 自锁触点串接，是考虑时间继电器断线或机械卡住致使触点不能动作时，不会使 KM_2 线圈长期通电，造成电动机定子长期通入直流电源。按时间原则控制的能耗制动控制电路具有手动控制能耗制动的能力，只要使停止按钮 SB_1 处于按下的状态，电动机就能实现能耗电动。

2. 按速度原则控制的能耗制动控制电路

图 2-22 所示为按速度原则控制的单向能耗制动控制电路。该电路与图 2-21 所示的控制电路基本相同，仅是在控制电路中取消了时间继电器 KT 的线圈及其触点电路，在电动机轴伸端安装了速度电器 KS，并且用 KS 的常开触点取代了 KT 延时打开的常闭触点。这样一来，电动机在刚刚脱离三相交流电源时，由于电动机转子的惯性速度仍然很高，速度继电器 KS 的常开触点仍然处于闭合状态，所以接触器 KM_2 线圈能够依靠 SB_1 按钮的按下通电自锁。于是，两相定子绕组获得直流电源，电动机进入能耗制动状态。当电动机转子的惯性速度接近零时，KS 常开触点复位，接触器 KM_2 线圈断电而释放，能耗制动结束。

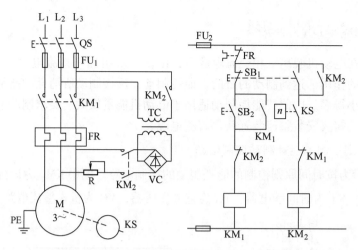

图 2-22　按速度原则控制的能耗制动控制电路

2.7　直流电动机控制电路

直流电动机具有良好的起动、制动与调速性能，容易实现各种运行状态的自动控制。因此，在工业生产中直流拖动系统得到广泛的应用。直流电动机的控制已成为电力拖动自动控制的重要组成部分。

直流电动机可按励磁方式来分类，如电枢电源与励磁电源分别由两个独立的直流电源供电，则称为他励直流电动机；而当励磁绕组与电枢绕组以一定方式连接后，由一个电源供电时，则按其连接方式的不同而分并励、串励及复励电动机。在机床等设备中，以他励直流电动机应用较多，而在牵引设备中，则以串励直流电动机应用较多。

下面介绍他励直流电动机的起动、正反和制动的方法及电路。

1. 直流电动机起动控制

直流电动机起动特点之一是起动冲击电流大，可达额定电流的 10～20 倍。这样大的电流将可能导致电动机换向器和电枢绕组的损坏，同时对电源也是沉重的负担，大电流产生的转矩和加速度对机械部件也将产生强烈的冲击。因此，一般不允许直流电动机全压直接起动，必须采用加大电枢电路电阻或减低电枢电压的方法来限制其起动电流。

图 2-23 所示为电枢串二级电阻、按时间原则起动的控制电路。图中，KA$_1$ 为过电流继电器；KM$_1$ 为起动接触器；KM$_2$、KM$_3$ 为短接起动电阻接触器；KT$_1$、KT$_2$ 为时间继电器；KA$_2$ 为欠电流继电器，R$_3$ 为放电电阻。

电路工作原理为：合上电源开关 Q$_1$ 和 Q$_2$，KT$_1$ 通电，其常闭触点断开，切断 KM$_2$、KM$_3$ 线圈电路，保证起动时串入电阻 R$_1$、R$_2$。按下起动按钮 SB$_2$，KM$_1$ 线圈通电并自锁，主触点闭合，接通电动机电枢电路，电枢串入二级电阻起动，同时 KT$_1$ 线圈断电，为 KM$_2$、KM$_3$ 通电短接电枢回路电阻做准备。在电动机起动时，并接在 R$_1$ 电阻两端的 KT$_2$ 线圈通电，其常闭触点打开，使 KM$_3$ 线圈不能通电，确保 R$_2$ 串入电枢。

经一段时间延时后，KT$_1$ 延时闭合触点闭合，KM$_2$ 线圈通电，短接电阻 R$_1$，随着电动机转速升高，电枢电流减小，为保持一定的加速转矩，在起动过程中将串接电阻逐级切除。在 R$_1$ 被短接的同时，KT$_2$ 线圈断电，经一定延时，KT$_2$ 常闭触点闭合，KM$_3$ 线圈通电，短接

R_2，电动机在全压下运转，起动过程结束。

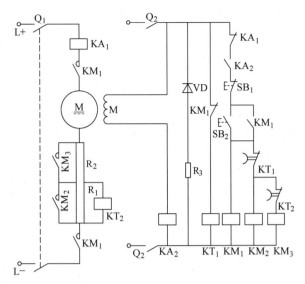

图 2-23　电枢串二级电阻、按时间原则起动的控制电路

电路中过电流继电器 KA_1 实现电动机过载保护和短路保护；欠电流继电器 KA_2 实现欠磁场保护；电阻 R_3 与二极管 VD 构成电动机励磁绕组断开电源时的放电回路，避免过电压。

2. 直流电动机可逆运转控制

直流电动机的转向取决于电磁转矩 $M=C_M\Phi I$ 的方向，因此改变直流电动机转向有两种方法：保持电动机的励磁绕组端电压的极性不变，改变电枢绕组端电压的极性；或者保持电枢绕组两端电压极性不变，改变励磁绕组端电压的极性。但当两者的电压极性同时改变时，则电动机的旋转方向维持不变。由于前者电磁惯性大，对于频繁正/反向运行的电动机，通常采用后一种方法。

图 2-24 所示为直流电动机可逆运转的起动控制电路。图中，KM_1、KM_2 为正、反转接触器；KM_3、KM_4 为短接电枢电阻接触器；KT_1、KT_2 为时间继电器；KA_1 为过电流继电器；KA_2 为欠电流继电器，R_1、R_2 为起动电阻；R_3 为放电电阻。SQ_1 和 SQ_2 为实现自动往返行程开关其电路工作情况与图 2-23 所示相同，此处不再重复。在直流电动机可逆运转控制电路中，通常都设有制动和联锁电路，以确保在电动机停转后，再作反向起动，以免直接反向产生过大的电流。

3. 直流电动机制动控制

与交流电动机类似，直流电动机的电气制动方法有能耗制动、反接制动和再生发电制动等。为了能够准确、迅速停车，一般只采用能耗制动和反接制动。

（1）能耗制动控制电路

图 2-25 所示为直流电动机单向运行串二级电阻起动，停车采用能耗制动的控制电路。图中，KM_1 为电源接触器；KM_2、KM_3 为起动接触器；KM_4 为制动接触器；KA_1 为过电流继电器；KA_2 为欠电流继电器；KA_3 为电压继电器；KT_1、KT_2 为时间继电器。电动机起动时电路工作情况与图 2-25 所示相同，停车时，按下停止按钮 SB_1、KM_1 线圈断电，切断电枢直流电源。此时电动机因惯性，仍以较高速度旋转，电枢两端仍有一定电压，并联在电枢两端的 KA_3

经自锁触点仍保持通电，使 KM₄ 线圈通电，将电阻 R₄ 并接在电枢两端，电动机实现能耗制动，转速急剧下降，电枢电动势也随之下降，当降至一定值时，KA₃ 释放，KM₄ 线圈断电，电动机能耗制动结束。

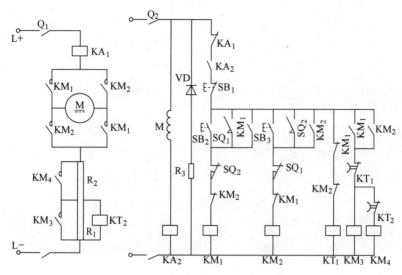

图 2-24　直流电动机可逆运转的起动控制电路

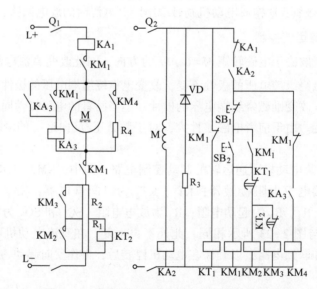

图 2-25　直流电动机单向运行能耗制动控制电路

（2）反接制动控制电路

图 2-26 所示为电动机可逆旋转反接制动控制电路。图中，KM₁、KM₂ 为正、反转接触器、KM₃、KM₄ 为起动接触器、KM₅ 为反接制动接触器、KA₁ 为过电流继电器、KA₂ 为欠电流继电器、KA₃、KA₄ 为反接制动电压继电器、KT₁、KT₂ 为时间继电器、R₁、R₂ 为起动电阻、R₃ 为放电电阻、R₄ 为制动电阻、SQ₁ 为正转变反转行程开关、SQ₂ 为反转变正转行程开关。该电路采用时间原则两级起动，能正、反转运行，并能通过行程开关 SQ₁、SQ₂ 实现自动换向。在换向过程中，电路能实现反接制动，以加快换向过程。下面以电动机正向运转反向为例说明电路工作情况。

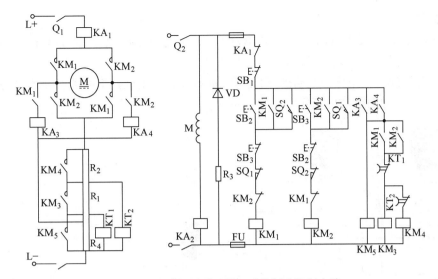

图 2-26　电动机可逆运转、反接制动控制电路

电动机正向运转，拖动运动部件，当撞块压下行程开关 SQ_1 时，KM_1、KM_3、KM_4、KM_5、KA_3 线圈断电，KM_2 线圈通电。使电动机电枢接上反向电源，同时 KA_4 通电。

由于机械惯性存在，电动机转速 n 与电动势 E_M 的大小和方向来不及变化，且电动势 E_M 的方向与电压降 IR 方向相反，此时反接电压继电器 KA_4 线圈的电压很小，不足以使 KA_4 通电，使 KM_3、KM_4、KM_5 线圈处于断电状态，电动机电枢串入全部电阻进行反接制动。随着电动机转速下降，E_M 逐渐减小，反接继电器 KA_4 线圈上电压逐渐增加，当 $n \approx 0$，$E_M \approx 0$，加至 KA_4 线圈两端电压使它吸合，使 KM_5 线圈通电，短接反接制动电阻 R_4 电机串入 R_1、R_2 进行反向起动，直至反向正常运转为止。

当反向运转拖动运动部件、撞块压下 SQ_2 时，由 KA_3 控制实现反转—制动—正向起动过程。

2.8　技能训练

2.8.1　训练项目 1　电动机连续运转控制

1. 目的

1) 认真阅读电气原理图，正确识别图中的元器件并准确描述它们的功能；

2) 独立分析电动机起动和连续运转控制的工作过程；

3) 按照安装工艺和规范要求装配接触器自锁控制电路并调试；

4) 正确解释自锁的作用及欠电压、失电压保护的功能；

5) 养成认真细致的工作态度和踏实肯干的工作习惯；

6) 认真撰写实训报告，具备基本工程文档书写能力。

2. 仪器与器件

1) 工具：尖嘴钳、验电笔、剥线钳、电工刀和螺钉旋具等。

2) 仪器：万用表、绝缘电阻表。

3) 设备：三相交流电动机。

① 控制电路盘。

② 导线：主电路采用 BV1.5 mm^2 和 BVR1.5 mm^2；控制电路采用 BV1 mm^2；按钮采用 BVR0.75 mm^2；导线颜色和数量根据实际情况而定。

③ 电气元器件：三相异步电动机（1 台）、电源开关、螺旋式熔断器、交流接触器、三联按钮、端子排等，如图 2-27a 所示。

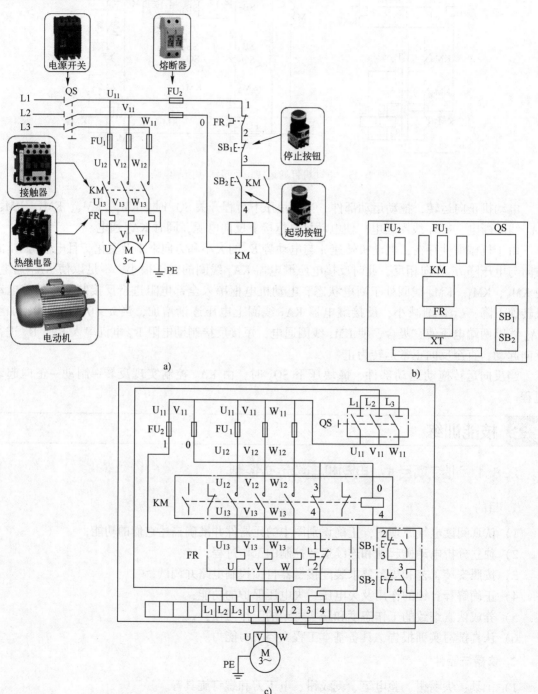

图 2-27　单向旋转接触器自锁控制电路图、元器件布置图和接线图

a）电气原理图　b）元器件布置图　c）接线图

3. 电路图中元器件识别

如图 2-28a 所示的电动机连续运转控制电路的电气原理图中，显示了各电器元器件与图中图形符号对应关系。

4. 安装工艺要求

1）安装元器件应使其位置合理、匀称，紧固程度适当，见图 2-27b。

2-7　接线工艺

2）按接线图的走线方法进行板前明线布线图 2-27c 所示，布线横平竖直、分布均匀，不能压绝缘层，不反圈，不露铜过长，不交叉。

3）在对控制盘与外部设备（如电动机、按钮等）连接时必须经过端子排。

4）一个接线端上的连接导线不得多于两根。

5）连接两个接线端子之间的连线必须完整中间不能有接头。

5. 安装步骤

（1）将电器元件逐一进行检验。有无损伤、型号是否符合要求等。接触器线圈额定电压与电源电压是否一致。

（2）根据元件布置图安装电器元件。

（3）根据接线图中电路标号，按照从上到下、从左到右的顺序，逐一用导线把不同元件中电路标号相同的点相连，完成电路的连接（板前明线布线）。

（4）安装电动机，连接电源、电动机等控制板外部接线。

（5）线路连接完成后进行外观检查。检查连接是否稳固；有无绝缘层压入接线端子；裸露的导线线芯是否符合要求；用手摇动、拉拔接线端子上的导线是否松动、松脱；手动转动设备有无卡堵现象。

6. 通电前电路的短路检查

2-8　控制电路通电前的短路检查

电路装接完成后，如有连接错误或元器件故障则无法正常运行。电路中若存在短路，会危及人身与设备的安全，因此，在通电运行之前，必须进行短路检查。短路检查包括主电路和控制电路短路检查。短路检查时，要在断开电源开关 QS、交流接触器 KM 未通电、主触点没有闭合的情况下进行。

（1）主电路的短路检查主电路检查如图 2-29a 所示，万用表选择电阻档。具体步骤为：将万用表的两个表笔分别接在 U_{11}、V_{11}、W_{11} 的任意两点之间，正常情况下万用表的指针都应指在 ∞ 的地方。然后，用手动使交流接触器 KM 的主触点闭合，测量点不变，万用表选择"R×10 或 R×100"档位，指针从 ∞ 地方向右偏转，此时阻值为电动机定子绕组的阻值，说明电路正常。如果测量值接近 0 Ω，则说明有短路点，必须逐一检查电路连接，排除故障。

（2）控制电路的短路检查

将万用表的两个表笔分别接在图 2-28b 中所示两点，正常情况下万用表的表笔指针应指在"∞"位置。按下起动按钮 SB_2，测量编号"1"和"0"之间的阻值，正常阻值等于接触器线圈电阻值。如果阻值接近 0 Ω，说明电路中有短路点，应逐点检查电路连接，排查故障。

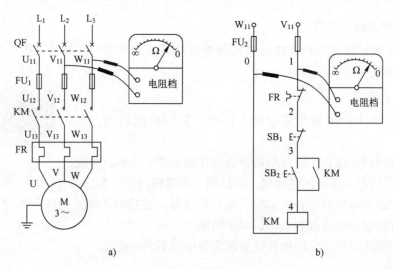

图 2-28 短路检查

a）主电路的短路检查 b）控制电路的短路检查

7. 通电试验

短路检查无误后的电路才能进行通电试验。参照电气原理图，根据动作过程要求，合上电源开关后，按下起动按钮，观察电动机运行情况。此时，电动机应起动单向运行。按下停止按钮，电动机停止运行。如果出现电动机不能正确起停，则需要进行故障诊断与排查。

8. 故障排查

电气故障现象多种多样，一般排除故障之前先根据故障现象，结合设备的原理及控制特点进行分析，确定故障范围，然后采取合适的方法进行排除。故障的检查方法有电阻测量法与电压测量法。

2-9 控制电路故障排查

（1）电阻测量法

电阻测量法又称无电检查法，是在电路未通电状态下，测量电路中的电阻值，根据测得的电阻值判断电路的故障点。下面对主电路和控制电路的电阻测量法分别予以介绍。

① 主电路故障检查。

主电路的常见故障是三相电路缺相、供电线路断线或接触不良、熔断器熔体熔断等，参照图 2-29a 按以下步骤进行：

a. 主电路和控制电路均脱离电源，万用表选择电阻档位，两个表笔分别接在图 2-29a 所示位置。

b. 合上 QF，使断路器处于闭合状态，手动保持接触器 KM 主触点闭合。

c. 逐相测量 L$_1$-U、L$_2$-V、L$_3$-W 的电阻值，正常情况时阻值应接近"0 Ω"，否则应逐点检测电路中各元器件的接线。

② 控制电路故障检查。

控制电路的常见故障是断线、接触不良、丢线、熔断器熔体熔断等。断开熔断器 FU$_2$，使主电路与控制电路分。

a. 参照图 2-29b 按以下步骤进行：按下按钮 SB2 并保持持续接通，逐一测量 1-2、2-3、3-4、4-0 节点之间的电阻值，正常情况下，4-0 之间为接触器 KM 线圈的电阻值，其余均接近 0 Ω。

b. 参照图 2-29c 按以下步骤进行：将万用表一个表笔接在 0 端，按下按钮 SB₂ 并保持持续接通，逐一测量 1-0、2-0、3-0、4-0 节点之间的电阻值，正常情况下，各测量节点之间均为接触器 KM 线圈的电阻值。

如果两点之间的电阻值为 "∞"，说明此处有断点，需检查元器件或元器件之间的连线。

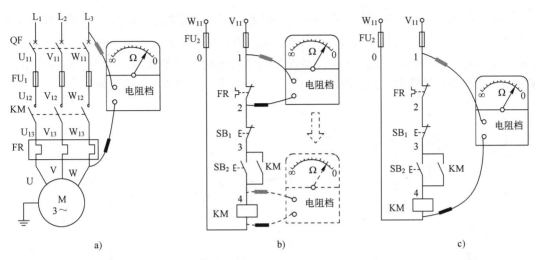

图 2-29　电阻法检查故障

a）检查主电路故障　b）检查控制电路故障 1　c）检查控制电路故障 2

（2）电压测量法

电压测量法又称带电检查法，是在电路通电状态下测量电路中的电压值，根据测得的电压值判断电路的故障点。主电路和控制电路的测量方法有所区别，下面分别予以介绍。

① 主电路故障检查。

用电压测量法在通电检查故障时，为了保护电动机，一般将电动机与 3 个电源引入线 U-V-W 分离，可有效防止因电动机绕组缺相时烧毁电动机。参照图 2-31a 电路操作步骤如下。

a. 万用表中先选择交流电压档且量程合适，并划分测量点，如图 2-31 中标记。

b. 三相电源接入前，分别测量三相电源电压（测试点 1），记录三相电源线电压值和对称性。只有电源正常才能进行后面故障排除步骤。

c. 合上电源开关 QF，保证主电路接入电源，按下接触器主触点的弹簧，强制接触器 KM 主触点保持接通，分别测量图中其他测试点，根据电压值和对称性进行故障检查。

d. 分析故障现象，并排除。

> 说明：主电路中各测试点电压均为三相电源的线电压，且三相对称。如果某两点的电压值不等于线电压，则说明此处有断点或接触不良。后果就是接触点剧烈发热，并伴随着漏电现象，严重时会出现电弧，有可能引起单相接地故障，甚至发生三相短路，造成电器设备不能正常工作，甚至引发火灾。因此，应在断电情况下检查各元器件或接线，避免安全隐患，时刻保持安全防范意识。

② 控制电路故障检查。

控制电路常见故障前面已经介绍，用电压测量法时应先保证控制电路中已引入电源，主电路处于通电状态，按下按钮 SB₂，保持 3-4 节点间为通路。

a. 参照图 2-31b 所示电路测量，逐一测量 V₁₁-1、1-2、2-3、3-4、4-0、0-W₁₁ 节点之

间的电压值。其中 V_{11}-1、1-2、2-3、3-4、0-W_{11} 节点之间的正常电压值接近于 0 V。4-0 节点之间的电压值等于 V_{11}-W_{11} 之间的电压，即线电压。

b. 参照图 2-30c 所示电路测量，逐一测量 1-0、2-0、3-0、4-0 各节点之间的电压值，正常情况各节点电压均为 V_{11}-W_{11} 之间的电压值，即线电压。

> 说明：控制电路中，如果按下起动按钮 SB_2 后，控制回路的电源电压 V_{11}-W_{11} 应该全部加在交流接触器的线圈上；如果其他电位点之间存在电压，说明此处有断点，应在断电状态下逐一检查元器件的装接连线。本例中的交流接触器使用了电源线电压作为线圈工作电压，实际工作中交流接触器也可选择电源相电压、安全电压，甚至使用直流接触器。

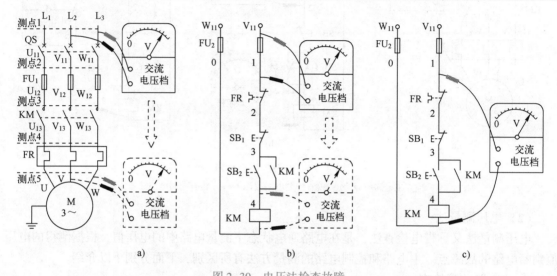

图 2-30　电压法检查故障

a）检查主电路故障　b）检查控制电路故障 1　c）检查控制电路故障 2

9. 通电试验完毕的后续工作

① 通电试验完毕后，先断开电源开关，再拆除三相电源线，然后拆除电动机接线。之后整理工具、试验器材和设备，清理工位，打扫卫生。

② 撰写技能训练报告，对训练项目进行诊断和改进，总结分析训练中存在的问题。

10. 注意事项

1）应将螺旋式熔断器的低端接电源、高端接负载，即"低进高出"。

2）热继电器的接线参照铭牌说明。

3）对电动机的外壳必须可靠接地。

2.8.2　训练项目 2　电动机既能点动又能连续运转控制

1. 目的

1）认真阅读电气原理图，能识别图中的电器元器件并准确描述它们的功能；

2）独立分析电动机点动与连续运转控制的工作过程；

3）能按照安装工艺和规范要求装配控制电路并调试；

4）能分析控制电路的故障现象，准确判断与排除；

5）养成安全的操作意识和规范的操作习惯；

6）认真撰写实训报告，具备基本工程文档书写能力。

2. 仪器与器件

同训练项目 1。

3. 电路图元器件识别

如图 2-31 电动机点动与连续控制电路中，SB$_3$ 为复合按钮，1-2 为其常闭触点，3-4 为其常开触点。图中其他电器元件与电动机连续运转控制电路中的相同，这里不再描述。

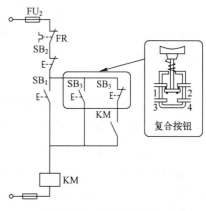

图 2-31 电动机点动与
连续控制元件识别

4. 控制电路连接与检测

按照电动机点动与连续运转控制电气原理图，自行设计其元器件位置图和接线图，根据接线工艺要求完成电路连接，电路连接完成检查无误后方可通电试验运行。若控制电路正常运行，则拉闸断电拆线，工位复位。若不能正常运行，需要进行故障诊断与排除，直至正常运行。

5. 根据要求完成技能训练报告。

2.8.3 训练项目 3 电动机顺序起动、逆序停止控制

实训目的（除工作过程不同）、仪器设备、工艺要求与训练项目 1 相同。

1. 接线图

参照图 2-8c 两台电动机顺序起动、逆序停止的电气原理图，设置控制电路中各节点的数字编号，如图 2-32a 所示。图中两台电动机的分别用一个双联按钮完成自身的起停控制。顺序起动、逆序停止控制电路的接线不是很复杂，关键点为按钮与接触器自锁、互锁触点之间的连接，因此仅提供了它们之间的连接方式，如图 2-32b 所示。

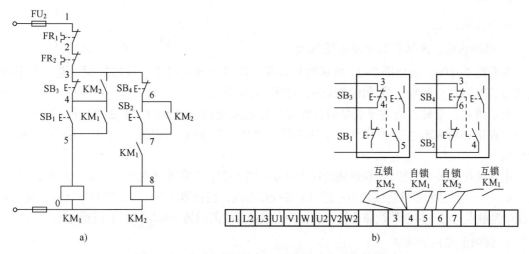

图 2-32 电动机顺序起动、逆序停止电路和接线图

a）控制电路 b）按钮与接触器触点的连接

2. 通电前检查

控制电路通电前要检查是否有短路现象，方法同训练项目 1 的相关内容。此外，为实现顺序起动功能，必须保证控制电路中 5-7 节点之间不能连通，测量 5-7 节点之间的电阻值应为 ∞。为实现逆序停止功能，3-4 节点之间的 KM2 触点强制闭合后，按下按钮 SB3，此时万用表的读数为 0 Ω。

3. 通电测试

通电测试时要按动作过程进行操作，注意观察电动机运行状态是否与电路功能一致。通电测试完毕后断电，整理工具和训练设备，清扫工位，撰写训练报告。

4. 技能拓展训练项目

电动机两地控制电路的安装与调试。请根据电气原理图自行设计接线图，电器元件符号绘制规范、标注准确，认真观察和记录电路运行状况。如有异常，立即断电，停止运行，及时排除故障。

5. 根据要求完成技能训练报告。

2.8.4 训练项目 4 电动机正、反转控制

1. 目的

1) 正确分析电动机正、反转控制的工作过程；
2) 能按照安装工艺和规范要求装配控制电路并调试；
3) 能合理使用自锁、互锁等保护环节。
4) 能根据控制线路的故障现象，准确分析、判断与排除故障；
5) 养成安全的操作意识和规范的操作习惯；
6) 具有与人沟通、准确描述事物的能力；
7) 具有基本控制线路的设计能力；
8) 认真撰写实训报告，具备基本工程文档书写能力。

2. 仪器与器件

同训练项目 1。

3. 电动机正、反转控制电路的接线图

参照图 2-10d，绘出图 2-33 所示的具有双重连锁的电动机正、反转控制电路。根据控制电路及其电路节点编号，设计出接线图，如图 2-34 所示。

电动机正、反转方向的改变是通过改变三相电源的相序实现的。图 2-34 中三相电源相序改变是在接触器 KM₂ 主触点出线端上调换任意两相电源接线实现的，本例中调换了 U 相和 W 相接线。

电动机双重联锁控制中按钮联锁的接法可参照图 2-34，三联按钮内部用导线连接即可，与控制盘（柜）中的其他元器件连接必须通过端子接线排布线。接触器联锁控制接线时要注意，接触器的常闭辅助触点与另一接触器线圈进行串联，两个接触器线圈的另一端短接后返回到电源。

4. 通电前电路的检查

电动机正、反转控制电路通电前和其他控制电路一样需要进行短路检查，方法与训练项目 1 介绍的一样。

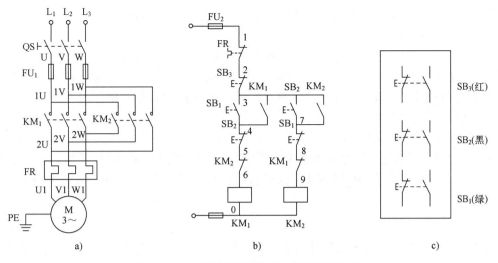

图 2-33　具有双重联锁的正、反转控制电路

a) 主电路　b) 控制电路　c) 三联按钮内部结构

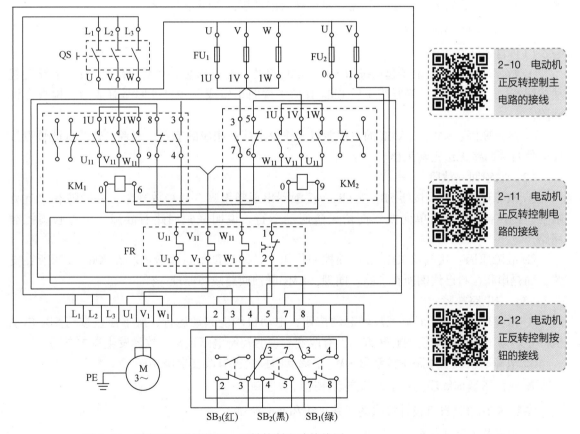

2-10　电动机正反转控制主电路的接线

2-11　电动机正反转控制电路的接线

2-12　电动机正反转控制按钮的接线

图 2-34　具有双重联锁的正、反转控制电路接线图

（1）电源换相通路检查

将万用表电阻档调在 R10 档或 R100 档，两个表笔分别接在主电路 U 和 U_1 端，按下接触器 KM1 的触头支架时，电阻值应趋近于 0Ω。松开 KM_1 按下 KM_2 触头支架，电阻值应为电动

机绕组的电阻值。同样的方法测量 V-V1 和 W-W1 节点之间的通路。

（2）自锁控制回路检查

电动机接线未安装好，熔断器 FU$_2$ 工作正常，控制回路无短路现象。万用表的两个表笔分别接在控制电路的 2（或 3）与 0 点之间，按下接触器 KM$_1$ 的触头支架，如果万用表测得的阻值为 KM$_1$ 线圈阻值，说明自锁回路正常；同理，测量 KM$_2$ 自锁回路。

（3）联锁控制回路检查

万用表的两个表笔分别接在控制电路的 2（或 3）与 0 点之间，按下按钮 SB$_1$（或接触器 KM$_1$ 的触头支架），万用表读数为 KM$_1$ 线圈阻值，同时，按下 KM$_2$ 触头支架，若万用表指针偏转或读数趋近∞，说明 KM$_2$ 对 KM$_1$ 的联锁控制回路正常；同理，测量 KM$_1$ 对 KM$_2$ 联锁控制回路。

5. 通电试验

通电前检查正常后，将电动机接线安装好，检查三相电源，清理试验台杂物，按照操作规范进行通电试验。

合上三相电源后，按照电动机正、反转控制电路的动作过程，分别进行正、反向控制切换，观察电动机旋转方向和运行状况，如果有动作异常，立即停车检查。

6. 常见故障现象及排查

（1）自锁回路故障

① 故障现象：按下正转起动按钮 SB$_1$，KM$_1$ 动作，松开按钮后 KM$_1$ 释放；或按下反转起动按钮 SB$_1$，KM$_2$ 动作，松开按钮后 KM$_2$ 释放。说明正转或反转自锁回路有故障，检查自锁回路。

② 故障原因：KM1 或 KM2 的自锁触点未按要求接在相应的节点，或者二者的自锁触点接反，使自锁回路无法正常工作。

（2）联锁回路故障

① 故障现象：按下按钮 SB$_1$ 或 SB$_2$，接触器出现频繁吸合和释放现象，并伴随有"吡吡啦啦"的声音，电动机单向或双向均无法起动运行。说明联锁回路有故障，检查联锁控制回路。

② 故障原因：接触器 KM$_1$ 起联锁控制作用的常闭辅助触点没有串联在 KM$_2$ 线圈所在支路，而是串联在自己线圈所在支路。同理，KM$_2$ 联锁回路故障原理一样。

（3）主电路故障

① 故障现象：按下正转或反转起动按钮，电动机均能起动运行，按下停止按钮 SB$_3$ 电动机停止转动，但是电动机的旋转方向没有改变。说明控制电路正常，故障发生在主电路。

② 故障原因：主电路中接触器 KM$_2$ 主触点的接线没有改变电源相序。

7. 技能拓展训练项目：电动机自动往返行程控制

参照图 2-11，自行设计接线图，并接线和通电调试。

8. 根据要求完成技能训练报告。

2.8.5　训练项目 5　电动机丫-△减压起动控制

1. 目的

1）正确阅读电气原理图，识别图中的元器件及其功能；

2）正确分析电动机丫-△减压起动控制电路的工作过程，并绘制接线图；

3）能按照安装工艺和规范要求装配控制电路并调试；

4）能根据控制电路的故障现象，准确分析、判断与排除；

5）养成安全的操作意识和规范的操作习惯；

6）具有沟通、准确表述的能力。

7）认真撰写实训报告，具备基本工程文档书写能力。

2. 仪器与器件

元器件中增加了时间继电器，其他同训练项目 1。

3. 电路图识别

识别图 2-35 中的元器件各节点编号，时间继电器为通电延时型，可根据具体情况调整延时时间。

4. 控制电路接线图

参照图 2-35，绘出的接线图如图 2-36 所示。图 2-36a 中接线图除三相电源、电动机和按钮画出连接导线外，其他部分均用节点标号表示。图 2-36b 所示为电动机的丫和△接线示意图。

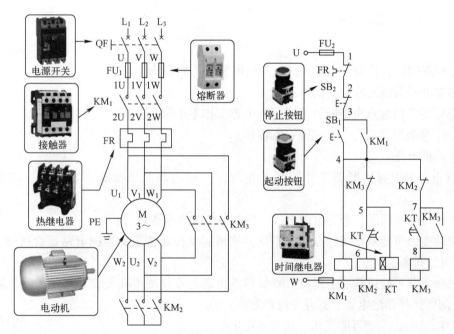

图 2-35　丫-△减压起动控制电路元器件及节点编号

5. 故障诊断

1）按起动按钮，电动机正常丫联接低压起动，时间继电器延时之后电动机没有全压高速运转，转速慢慢下降并停了下来。

控制电路的电源接触器和△联接接触器均吸合，原因为主电路电动机 U_2、V_2、W_2 三者的顺序接错，导致电动机缺相无法正常运行。

2）起动按钮按下后接触器动作，电动机不转。故障现象可能为：

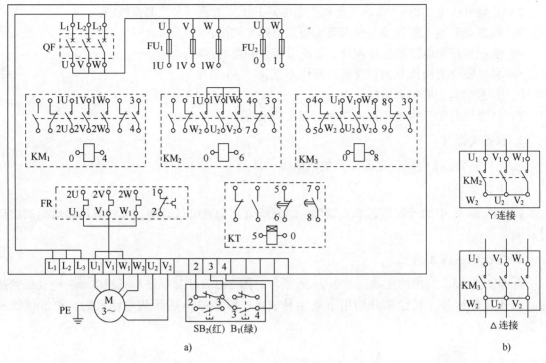

图 2-36　丫-△减压起动控制接线图

① 主回路问题，接触器主触点或电动机电源线可能断开；

② 热继电器的热元器件已损坏；

③ KM₃ 的常闭触点可能断开或时间继电器工作不正常；

④ KM₁ 接触器没吸合，其线圈可能损坏。

⑤ 电动机卡死。

3）在电源开关和熔断器工作正常的情况下，按起动按钮接触器没动作。故障现象可能为：

① 电源可能有问题，查看电源电压，判断电源工作是否正常；

② 起动按钮可能断路或触点接触不良。测量起动按钮按下后检测电路是否接通，更换按钮或拆开并清理触点；

③ 热继电器可能过载后未复位。测量热继电器的常闭触点在复位状态下检测电路是否接通，如有问题换掉热继电器、拆开并清理触点；

④ KM₂ 的电磁线圈可能损坏，如需要可更换。

⑤ 控制回路导线可能有烧断、虚接，元器件触点有机械损坏等。

实际工作中故障现象不止提到的这些，可以根据具体情况判断分析。

6. 根据要求完成技能训练报告

2.9　小结

本章重点介绍了各种电动机的起动、制动、调速等控制线路，这是电气控制的基础，应熟练掌握。

1. 电动机的起动控制

笼型异步电动机起动方法有直接起动、定子串电阻起动、丫-△起动和自耦变压器起动。

绕线转子异步电动机起动方法有转子串电阻起动和转子串频敏变阻器起动。

直流电动机起动方法有电枢串电阻起动和减压起动。

2. 电动机的制动控制

电动机的制动方法有能耗制动、反接制动和再生发电制动。

3. 电动机的控制原则

在电力拖动控制系统中，常用的控制原则有时间原则、速度原则、电流原则、电动势原则、行程原则和频率原则。

4. 电力拖动系统中的保护环节

在控制电路中，常用的联锁保护有电气联锁和机械联锁。常用的有互锁环节、动作顺序联锁环节、电气元器件与机械动作的联锁。

电动机常用的保护环节有短路保护、过电流保护、过载保护、失电压和欠电压保护以及弱磁保护和超速保护等。

2.10　习题

1. 在对图 2-37 所示的各控制电路按正常操作时会出现什么现象？若不能正常工作，则应做哪些改进？

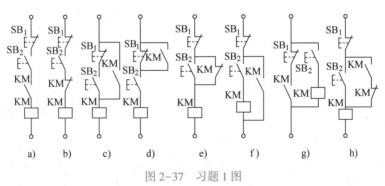

图 2-37　习题 1 图

2. 试设计可从两地对一台电动机实现连续运行和点动控制的电路。

3. 试画出某机床主电动机控制电路图。要求：①可正反转；②可正向点动；③两处起停。

4. 如图 2-38 所示，要求按下起动按钮后能依次完成下列动作：

(1) 运动部件 A 从 1 到 2。

(2) 接着 B 从 3 到 4。

(3) 接着 A 从 2 回到 1。

(4) 接着 B 从 4 回到 3。

试画出电气控制电路图。

5. 要求 3 台电动机 M_1、M_2、M_3 按下列顺序起动：M_1 起动后，M_2 才能起动；M_2 起动后，M_3 才能起动。停止时按逆序停止，试画出控制电路。

6. 什么叫作减压起动？常用的减压起动方法有哪几种？

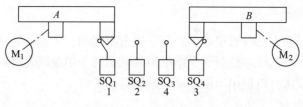

图 2-38 习题 4 图

7. 电动机在什么情况下应采用减压起动？定子绕组为Y接法的三相异步电动机能否用Y-△减压起动？为什么？

8. 试分析图 2-17b 所示的电路中，当 KT 延时时间太短及将延时闭合与延时打开的触点接反后，电路将出现什么现象？

9. 叙述图 2-21 所示电路的工作原理。

10. 一台△-Y接法的双速电动机，按下列要求设计控制电路：①能低速或高速运行；②高速运行时，先低速起动；③能低速点动；④具有必要的保护环节。

11. 根据下列要求画出三相笼型异步电动机的控制电路。①能正、反转；②采用能耗制动；③有短路、过载、失电压和欠电压等保护。

12. 当直流电动机起动时，为什么要限制起动电流？限制起动电流的方法有哪几种？这些方法分别适用于什么场合？

13. 直流电动机的调速方法有哪几种？

14. 直流电动机的制动方法有哪几种？各有什么特点？

第 3 章　机床电气控制系统

我国制造产业发展迅速，工业生产设备的自动化水平较高，但是许多生产设备所需的控制系统仍是通过继电器、接触器等元器件实现动作的。本章通过典型生产机械电气控制电路的实例分析，进一步阐述电气控制系统的分析方法与步骤，使读者掌握分析电气控制图的方法，培养读图能力，并掌握几种典型生产机械控制电路的原理，了解电气控制系统中机械、液压与电气控制的配合，为电气控制的设计、安装、调试、维护打下基础。

3.1　电气控制系统分析基础

在现代工业生产中，电气设备种类繁多，对应的控制系统和控制电路各不相同。但是，电气控制系统分析的方法和步骤基本一样。

1. 电气控制系统分析的内容

分析电气控制系统是通过对各种技术资料的分析来掌握电气控制电路的工作原理、技术指标、使用方法、维护要求等。分析的具体内容和要求主要包括以下方面。

1) 设备说明书。设备说明书由机械（包括液压部分）与电气两部分组成。通过阅读这两部分说明书，可以了解以下内容：

① 设备的结构、主要技术指标、机械传动和液压气动的工作原理。

② 电动机规格型号、安装位置、用途及控制要求。

③ 设备的使用方法，包括各操作手柄、开关、旋钮、位置以及作用。

④ 与机械、液压部分直接关联的电器（行程开关、电磁阀和电磁离合器等）的位置、工作状态及作用。

2) 电气控制原理图。电气控制原理图由主电路、控制电路、辅助电路、保护和联锁环节以及特殊控制电路等部分组成，这是分析控制电路的中心内容。

3) 电气设备的总装配接线图。阅读分析总装接线图，可以了解系统的组成分布状况，各部分的连接方式、主要电气部件的布置和安装要求以及导线和穿线管的规格型号等。

4) 电气元器件布置图与接线图。在电气设备调试、检修中可通过布置图和接线图方便地找到各种电气元器件和测试点，进行必要的调试、检测和维修保养。

2. 电气原理图阅读分析的方法与步骤

3-1　电气原理图阅读分析的方法与步骤

1) 分析主电路。从主电路入手，根据每台电动机和执行电器的控制要求去分析各电动机和执行电器的控制内容，如电动机起动、转向、调速和制动等控制。

2) 分析控制电路。根据主电路中各电动机和执行电器的控制要求，逐一找出控制电器中的控制环节，将控制线路按不同功能划分成若干个局部控制电路来进行分析。分析控制电路最基本的方法是查线读图法。

查线读图法是，先从执行电路——电动机着手，从主电路上看有哪些元器件的触点，根据其组合规律看控制方式；然后在控制电路中由主电路控制元器件主触点的文字符号找到有关的控制环节及环节间的联系；接着从按起动按钮开始，查对电路，观察元器件的触点信号是如何控制其他控制元器件动作的，再查看这些被带动的控制元器件触点是如何控制执行电器或其他控制元器件动作的，并随时注意控制元器件的触点使执行电器有何运动或动作，进而驱动被控机械有何运动。

3）分析辅助电路。辅助电路包括执行元器件的工作状态显示、电源显示、参数测定、照明和故障报警等部分，其中很多部分是由控制电路中的元器件控制的，所以在分析时，还要回过头来对照控制电路进行分析。

4）分析联锁与保护环节。生产机械对于安全性、可靠性有很高的要求，因此，在控制电路中还设置了一系列电气保护和必要的电气联锁。在分析中不能遗漏。

5）分析特殊控制环节。在某些控制电路中，还设置了一些相对独立的特殊环节。如产品计数装置、自动检测系统等。这些部分往往自成一个小系统，可参照上述分析过程，并灵活运用所学过的电子技术、检测与转换等知识逐一分析。

6）总体检查。在逐步分析局部电路的工作原理及控制关系之后，还必须用"集零为整"的方法，检查整个控制电路，看是否有遗漏。特别要从整体角度去检查和理解各控制环节之间的联系，只有这样，才能清楚地理解每个电气元器件的作用、工作过程及主要参数。

3.2　Z3040 型摇臂钻床的电气控制

钻床是孔加工机床，用于钻孔、扩孔、铰孔、攻丝及修刮端面等多种形式的加工。

钻床按用途和结构可分为立式钻床、台式钻床、多轴钻床、摇臂钻床及其他专用钻床等。在各类钻床中，摇臂钻床操作方便、灵活，适用范围广，具有典型性，特别适用于单件或批量生产中带有多孔大型零件的孔加工，是一般机械加工车间常见的机床。下面对 Z3040 型摇臂钻床进行重点分析。

3.2.1　Z3040 型摇臂钻床概述

1. 主要结构及运动形式

摇臂钻床主要由底座、内立柱、外立柱、摇臂、主轴箱及工作台等部分组成，其结构及运动情况示意图如图 3-1 所示。将内立柱固定在底座的一端，外面套有外立柱，外立柱可绕内立柱回转 360°，摇臂的一端为套筒，套装在外立柱上，并借助丝杠的正、反转可沿外立柱作上下移动，由于该丝杠与外立柱连成一体，而升降螺母固定在摇臂上。所以，摇臂不能绕外立柱转动，只能与外立柱一起绕内立柱回转。将主轴箱安装在摇臂的水平导轨上，可以通过手轮操作使其在水平导轨上沿摇臂移动。当进行加工时，由特殊的夹紧装置将主轴箱紧固在摇臂导轨上，外立柱紧固在内立柱上，摇臂紧固在外立柱上，然后进行钻削加工。钻削加工时，钻头一面旋转进行切削，一面进行纵向进给。可见，摇臂钻床的运动方式如下。

1）主运动：主轴的旋转运动。

2）进给运动：主轴的纵向进给。

3）辅助运动：摇臂沿外立柱垂直移动；主轴箱沿摇臂长度方向移动；摇臂与外立柱一起

绕内立柱回转运动。

2. 电力拖动特点及控制要求

1）摇臂钻床运动部件较多，为简化传动装置，采用多电动机拖动。设有主轴电动机、摇臂升降电动机、立柱夹紧放松电动机及冷却泵电动机。

2）摇臂钻床为适应多种形式的加工，要求主轴及进给有较大的调速范围。

3）由一台电动机拖动摇臂钻床的主运动与进给运动，分别经主轴与进给传动机构实现主轴旋转和进给。

4）为加工螺纹，主轴要求正、反转。由机械方法获得，主轴电动机只需单方向旋转。

5）对内/外立柱、主轴箱及摇臂的夹紧放松和其他一些环节，采用先进的液压技术。

6）具有必要的联锁与保护。

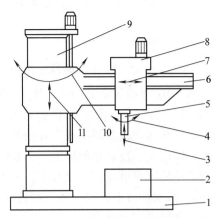

图 3-1　摇臂钻床结构及运动情况示意图
1—底座　2—工作台　3—主轴纵向进给
4—主轴旋转运动　5—主轴　6—摇臂
7—主轴箱沿摇臂径向运动　8—主轴箱
9—内外立柱　10—摇臂回转运动
11—摇臂垂直运动

3. 液压系统简介

该摇臂钻床具有两套液压控制系统，一个是操纵机构液压系统；一个是夹紧机构液压系统。将前者安装在主轴箱内，用以实现主轴正/反转、停车制动、空档、预选及变速；后者安装在摇臂背后的电器盒下部，用以夹紧/松开主轴箱、摇臂及立柱。

（1）操纵机构液压系统

该系统压力油由主轴电动机拖动齿轮泵供给。在主轴电动机转动后，由操作手柄控制，使压力油进行不同的分配，以获得不同的动作。操作手柄有 5 个位置："空档""变速""正转""反转""停车"。

1）"停车"。主轴停转时，将操作手柄扳向"停车"位置，这时主轴电动机拖动齿轮泵旋转，使制动摩擦离合器作用，主轴不能转动实现停车。所以主轴停车时主轴电动机仍在旋转，只是使动力不能传到主轴。

2）"空档"。将操作手柄扳向"空档"位置，这时压力油使主轴传动系统中滑移齿轮脱开，用手可轻便地转动主轴。

3）"变速"。当主轴变速与进给变速时，将操作手柄板向"变速"位置，改变两个变速旋钮，进行变速，主轴转速和进给量的大小由变速装置实现。在变速完成、松开操作手柄后，操作手柄在机械装置的作用下自动由"变速"位置回到主轴"停车"位置。

4）"正转"和"反转"。将操作手柄扳向"正转"或"反转"位置，主轴在机械装置的作用下，可实现主轴的正转或反转。

（2）夹紧机构液压系统

夹紧机构液压系统压力油由液压泵电动机拖动液压泵供给，以实现主轴箱、立柱和摇臂的松开与夹紧。其中，主轴箱和立柱的松开与夹紧由一个油路控制，摇臂的松开与夹紧由另一个油路控制，这两个油路均由电磁阀操纵，主轴箱和立柱的夹紧与松开由液压泵电动机点动就可实现。摇臂的夹紧与松开与摇臂的升降控制有关。

3.3.2　Z3040 型摇臂钻床电气控制分析

1. 主电路分析

图 3-2 所示为 Z3040 型摇臂钻床电气控制电路图。图中，M$_1$ 为主轴电动机，M$_2$ 为摇臂升降电动机，M$_3$ 为液压泵电动机，M$_4$ 为冷却泵电动机。

1）M$_1$ 为单方向旋转，由接触器 KM$_1$ 控制，主轴的正、反转则由机床液压系统操纵机构配合正、反转摩擦离合器实现，并由热继电器 FR$_1$ 作电动机长期过载保护。

2）M$_2$ 由正、反转接触器 KM$_2$、KM$_3$ 控制实现正、反转。控制电路保证在操纵摇臂升降时，首先使液压泵电动机起动旋转，供出压力油，经液压系统将摇臂松开，然后才使电动机 M$_2$ 起动，拖动摇臂上升或下降。在移动到位后，保证 M$_2$ 先停下，再自动通过液压系统将摇臂夹紧，最后液压泵电动机才停下。M$_2$ 为短时工作，不设长期过载保护。

3）M$_3$ 由接触器 KM$_4$、KM$_5$ 实现正、反转控制，并有热继电器 FR$_2$ 作长期过载保护。

4）M$_4$ 电动机容量小，功率为 125 kW，由开关 SA 控制。

2. 控制电路分析

由变压器 T 将 380 V 交流电压降为 110 V，作为控制电源。指示灯电源为 6.3 V。

（1）主轴电动机的控制

按下起动按钮 SB$_2$，接触器 KM$_1$ 吸合并自锁，使主轴电动机 M$_1$ 起动并运转。按下停止按钮 SB$_1$，接触器 KM$_1$ 释放，使主轴电动机 M$_1$ 停转。

（2）摇臂升降电动机的控制

控制电路要保证在摇臂升降时，先使液压泵电动机起动运转，供出压力油，经液压系统将摇臂松开，然后才使摇臂升降电动机 M$_2$ 起动，拖动摇臂上升或下降。在移动到位后，又要保证 M$_2$ 先停下，再通过液压系统将摇臂夹紧，最后使液压泵电动机 M$_3$ 停转。

按上升按钮 SB$_3$，时间继电器 KT 线圈通电，其瞬动常开触点（13-14）闭合，接触器 KM$_4$ 线圈通电，使 M$_3$ 正转，液压泵供出正向压力油。同时，KT 断电延时断开常开触点闭合（1-17），接通电磁阀 YV 线圈，使压力油进入摇臂，松开油腔，推动松开机构，使摇臂松开并压下行程开关 SQ$_2$，其常闭触点断开，使接触器 KM$_4$ 线圈断电，M$_3$ 停止转动。同时，SQ$_2$ 常开触点（6-7）闭合，使接触器 KM$_2$ 线圈通电，摇臂升降电动机 M$_2$ 正转，拖动摇臂上升。

当摇臂上升到所需位置时，松开按钮 SB$_3$，接触器 KM$_2$ 线圈和时间继电器 KT 线圈均断电，摇臂升降电动机 M$_2$ 脱离电源，但还在惯性运转，经 1~3 s 延时后，摇臂完全停止上升，KT 的断电延时闭合常闭触点（17-18）闭合，KM$_5$ 线圈通电，M$_3$ 反转，供给反向压力油。因 SQ$_3$ 的常闭触点（1-17）是闭合的，YV 线圈仍通电，故使压力油进入摇臂夹紧油腔，推动夹紧机构使摇臂夹紧。夹紧后，压下 SQ$_3$，其触点（1-17）断开，KM$_5$ 和电磁阀 YV 因线圈断电而使液压泵电动机 M$_3$ 停转，摇臂上升完毕。

摇臂下降，只需按下 SB$_4$ 即可，KM$_3$ 线圈得电，M$_2$ 反转，其控制过程与上升类似。

时间继电器 KT 是为保证夹紧动作在摇臂升降电动机完全停转后而设的，KT 延时时间的长短依摇臂升降电机切断电源到停止惯性运转的时间而定。

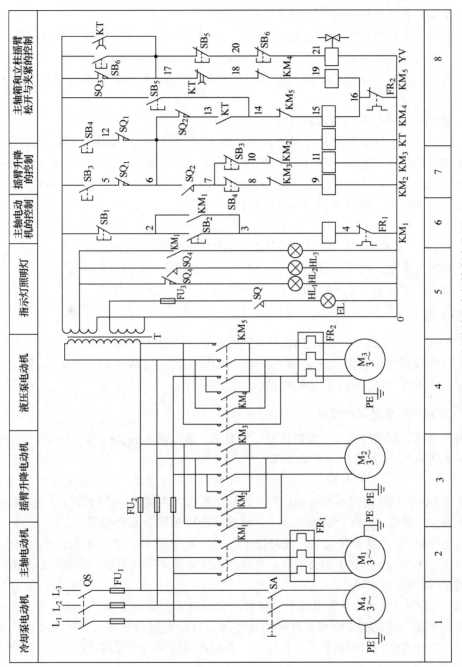

图3-2　Z3040型摇臂钻床电气控制电路图

摇臂升降的极限保护由组合开关 SQ$_1$ 来实现。SQ$_1$ 有两对常闭触点，当摇臂上升或下降到极限位置时，相应触点动作，切断对应上升或下降接触器 KM$_2$ 与 KM$_3$，使 M$_2$ 停止旋转，摇臂停止移动，实现极限位置保护，平时应将 SQ$_1$ 开关两对触点调整在同时接通的位置上；一旦动作，就应使一对触点断开，而另一对触点仍保持闭合。

行程开关 SQ$_2$ 保证摇臂完全松开后才能升降。

摇臂夹紧后，由行程开关 SQ$_3$ 常闭触点（1-17）的断开实现液压泵电动机 M$_3$ 的停转。如果液压系统出现故障使摇臂不能夹紧，或 SQ$_3$ 调整不当，都会使 SQ$_3$ 常闭触点不能断开而使液压泵电动机 M$_3$ 过载。因此，液压泵电动机虽是短时运转，但仍需要热继电器 FR$_2$ 作过载保护。

（3）主轴箱和立柱松开与夹紧的控制

主轴箱和立柱的松开或夹紧是同时进行的。按松开按钮 SB$_5$，接触器 KM$_4$ 线圈通电，液压泵电动机 M$_3$ 正转。与摇臂松开不同，这时电磁阀 YV 并不通电，压力油进入主轴箱松开油缸和立柱松开油缸中，推动松紧机构使主轴箱和立柱松开。行程开关 SQ$_4$ 不受压，其常闭触点闭合，指示灯 HL$_1$ 亮，表示主轴箱和立柱松开。

若要使主轴箱和立柱夹紧，则可按夹紧按钮 SB$_6$，使接触器 KM$_5$ 线圈通电，液压泵电动机 M$_3$ 反转。这时，电磁阀 YV 仍不通电，压力油进入主轴箱和立柱夹紧油缸中，推动松紧机构使主轴箱和立柱夹紧。同时行程开关 SQ$_4$ 被压，其常闭触点断开，指示灯 HL$_1$ 灭，其常开触点闭合，指示灯 HL$_2$ 亮，表示主轴箱和立柱已夹紧，可以进行工作。

3. 辅助电路

变压器 T 的另一组二次绕组提供 AC 36V 照明电源。照明灯 EL 由开关 SQ 控制。照明电路由熔断器 FU$_3$ 作短路保护。指示灯也由 T 供电，工作电压为 6.3V。HL$_1$、HL$_2$ 分别为主轴箱和立柱松开、夹紧指示灯，HL$_3$ 为主轴电动机运转指示灯。

4. 电气控制电路常见故障分析

摇臂钻床电气控制的特点是摇臂的控制，它是机、电、液的联合控制。下面仅以摇臂移动的常见故障为例进行分析。

1）摇臂不能上升。常见故障为 SQ$_2$ 安装位置不当或发生移动。这样摇臂虽已松开，但活塞杆仍压不上 SQ$_2$，致使摇臂不能移动；也许因液压系统发生故障，使摇臂没有完全松开，活塞杆压不上 SQ$_2$。为此，应配合机械、液压，调整好 SQ$_2$ 位置并安装牢固。

有时将电动机 M$_3$ 电源相序接反，此时按下摇臂上升按钮 SB$_3$ 时，电动机 M$_3$ 反转，使摇臂夹紧，更压不上 SQ$_2$，摇臂也不会上升。所以，机床大修或安装完毕，必须认真检查电源相序及电动机正/反转是否正确。

2）摇臂移动后夹不紧。摇臂升降后，摇臂应自动夹紧，而夹紧动作的结束由开关 SQ$_3$ 控制。若摇臂夹不紧，则说明摇臂控制电路能够动作，只是夹紧力不够。这往往是由于 SQ$_3$ 安装位置不当或松动移位，过早地被活塞杆压上，其结果是致使液压泵电动机 M$_3$ 在摇臂还未充分夹紧时就停止旋转。

3）液压系统的故障。有时电气控制系统工作正常，而电磁阀芯被卡住或油路堵塞，造成液压控制系统失灵，也会造成摇臂无法移动。

3.3　T68 型卧式镗床的电气控制

镗床是冷加工中使用比较普遍的设备，除镗孔外，在万能镗床上还可以进行钻孔、铰孔、扩孔；用镗轴或平旋盘铣削平面；加上车螺纹附件后，还可以车削螺纹；装上平旋盘刀架可加工大的孔径、端面和外圆。因此，镗床工艺范围广、调速范围大、运动多。

按用途不同，可将镗床分为卧式镗床、立式镗床、坐标镗床、金刚镗床和专门化镗床等。其中以卧式镗床应用最为广泛。下面介绍常用的卧式镗床。

3.3.1　T68 型卧式镗床概述

1. 主要结构和运动形式

T68 型卧式镗床的结构示意图如图 3-3 所示。它主要由床身、前立柱、镗头架、工作台、后立柱和尾架等部分组成。床身是个整体的铸件。前立柱被固定在床身上，镗头架装在前立柱的导轨上，并可在导轨上作上下移动。镗头架里装有主轴、变速箱、进给箱和操纵机构等。切削刀具被装在镗轴前端或花盘的刀具溜板上，在切削过程中，镗轴一面旋转，一面沿轴向作进给运动。花盘也可单独旋转，装在花盘上的刀具可作径向的进给运动。后立柱在床身的另一端，后立柱上的尾架用来支持镗杆的末端，尾架与镗头架可同时升降，前后立柱可随镗杆的长短来调整它们之间的距离，可将工作台安装在床身中部导轨上，可借助于溜板作纵向或径向运动，并可绕中心作垂直运动。由以上可知，T68 镗床的运动如下。

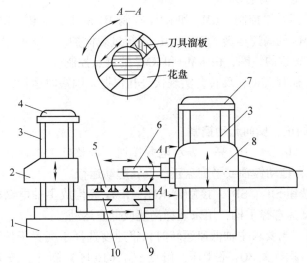

图 3-3　T68 型卧式镗床的结构示意图

1—床身　2—尾架　3—导轨　4—后立柱　5—工作台
6—镗轴　7—前立柱　8—镗头架　9—下溜板　10—上溜板

1）主运动：镗轴和花盘的旋转运动。

2）进给运动：镗轴的轴向运动，花盘刀具溜板的径向运动，工作台的横向运动，工作台的纵向运动和镗头架的垂直运动。

3）辅助运动：工作台的旋转运动、后立柱的水平移动和尾架的垂直运动及各部分的快速移动。

2. 电力拖动特点及控制要求

镗床加工范围广，运动部件多，调速范围广，对电力拖动及控制提出了如下要求：

1）为了扩大调速范围和简化机床的传动装置，采用双速笼型异步电动机作为主拖动电动机，低速时将定子绕组接成三角形，高速时将定子绕组接成双星形。

2）进给运动和主轴及花盘旋转采用同一台电动机拖动，为适应调整的需要，要求主拖动电动机应能正、反向点动，并有准确的制动。此镗床采用电磁铁带动的机械制动装置。

3）主拖动电动机在低速时可以直接起动，在高速时控制电路要保证先接通低速，经延时再接通高速，以减小起动电流。

4）为保证变速后齿轮进入良好的啮合状态，在主轴变速和进给变速时，应设有变速低速冲动环节。

5）为缩短辅助时间，机床各运动部件应能实现快速移动，采用快速电动机拖动。

6）在工作台或镗头架的自动进给与主轴或花盘刀架的自动进给之间应有联锁，两者不能同时进行。

3.3.2 T68 型卧式镗床电气控制分析

1. 主电路分析

T68 型卧式镗床的电气原理示意图如图 3-4 所示。

主电路中有两台电动机，M_1 为主轴与进给电动机，是一台 4/2 极的双速电动机，绕组接法为 $\triangle/\curlyvee\curlyvee$。$M_2$ 为快速移动电动机。

电动机 M_1 由 5 只接触器控制，KM_1 和 KM_2 控制 M_1 的正、反转，KM_3 控制 M_1 的低速运转，KM_4、KM_5 控制 M_1 的高速运转。FR 对 M_1 进行过载保护。

YB 为主轴制动电磁铁的线圈，由 KM_3 和 KM_5 的触点控制。

M_2 由 KM_6、KM_7 控制其正、反转，实现快进和快退。因短时运行，故不需过载保护。

2. 控制电路分析

（1）主轴电动机的正、反向起动控制

合上电源开关 QS，信号灯 HL 亮，表示电源接通。调整好工作台和镗头架的位置后，便可开动主轴电动机 M_1，拖动镗轴或平旋盘正、反转起动运行。

由正、反转起动按钮 SB_2、SB_3，接触器 $KM_1 \sim KM_5$ 等构成主轴电动机正、反转起动的控制环节。另设有高、低速选择手柄，用来选择高速或低速运动。

1）低速起动控制。当要求主轴低速运转时，将速度选择手柄置于低速档，此时与速度选择手柄有联动关系的行程开关 SQ_1 不受压，触点 SQ_1（16 区）断开。按下正转起动按钮 SB_3，KM_1 线圈通电自锁，其常开触点（13 区）闭合，KM_3 线圈通电，电动机 M_1 在 $\triangle$ 接法下全压起动并低速运行。其控制过程为

$$SB_3^+ \rightarrow KM_1^+（自锁）\rightarrow KM_3^+ \rightarrow YB^+ \rightarrow M_1\ 低速起动$$

2）高速起动控制。若将速度选择手柄置于高速档，经联动机构将行程开关 SQ_1 压下，触点 SQ_1（16 区）闭合，同样按下正转起动按钮 SB_3，在 KM_3 线圈通电的同时，时间继电器 KT 线圈也被通电。于是，电动机 M_1 低速 $\triangle$ 接法起动并经一定时间后，KT 通电延时断开触点（13 区）被断开，使 KM_3 线圈断电；KT 延时闭合触点（14 区）闭合，使 KM_4、KM_5 线圈通电，从而使电动机 M_1 由低速 $\triangle$ 接法自动换接成高速 $\curlyvee\curlyvee$ 接法。这就构成了双速电动机高速运转起动时的加速

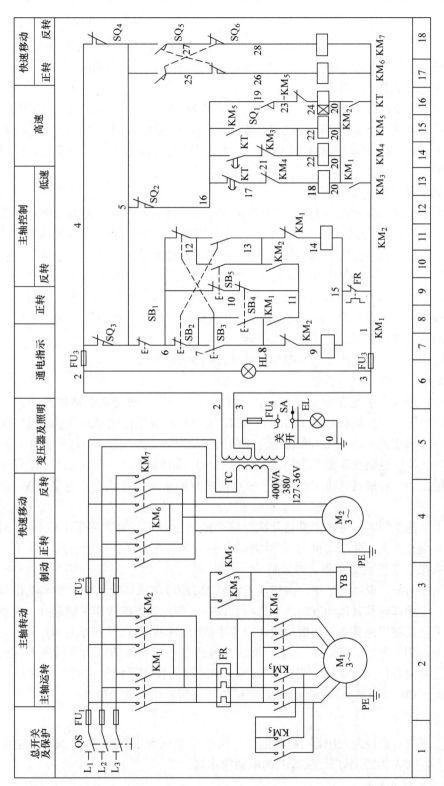

图3-4　T68型卧式镗床的电气原理示意图

控制环节，即电动机按低速档起动再自动换接成高速档运转的自动控制，控制过程为

$$SB_3^+ \to KM_1^+（自锁）\xrightarrow{KT^+ \quad YB^+} KM_3^+ \to M_1 \text{低速起动} \xrightarrow{\text{KT 延时到}} \xrightarrow{KM_4^+ \quad KT^-} KM_3^+ \to KM_5^+ \to M_1 \text{高速起动}$$

反转的低速、高速起动控制只需按 SB_2 即可，其控制过程与正转相同。

（2）主轴电动机的点动控制

主轴电动机由正/反转点动按钮 SB_4、SB_5，接触器 KM_1、KM_2 和低速接触器 KM_3 实现低速正、反转点动调整。点动控制时，按 SB_4 或 SB_5，其常闭触点切断 KM_1 和 KM_2 线圈的自锁回路，KM_1 或 KM_2 线圈通电使 KM_3 线圈得电，M_1 低速正转或反转，在松开点动按钮后，电动机自然停车。

（3）主轴电动机的停车与制动

在主轴电动机 M_1 运行中，可按下停止按钮 SB_1 来实现主轴电动机的制动停止。主轴旋转时，按下停止按钮 SB_1，便切断了 KM_1 或 KM_2 线圈回路，接触器 KM_1 线圈或 KM_2 线圈断电，主触点断开电动机 M_1 的电源，在此同时，电动机进行机械制动。

T68 型卧式镗床采用电磁操作的机械制动装置，主电路中的 YB 为制动电磁铁的线圈，不论 M_1 正转或反转，YB 线圈均通电吸合，松开电机轴上的制动轮，电动机即自由起动。当按下停止按钮 SB_1 时，电动机 M_1 和制动电磁铁 YB 线圈同时断电，在弹簧作用下，杠杆将制动带紧箍在制动轮上进行制动，电动机迅速停转。

还有些卧式镗床采用由速度继电器控制的反接制动控制电路。

（4）主轴变速和进给变速控制

主轴变速和进给变速是在电动机 M_1 运转时进行的。当主轴变速手柄拉出时，限位开关 SQ_2（12 区）被压下，接触器 KM_3 或 KM_4、KM_5 线圈都断电而使电动机 M_1 停转。在选择好主轴转速后，推回变速手柄，SQ_2 恢复到变速前的接通状态，M_1 便自动起动工作。同理，当需进给变速时，拉出进给变速操纵手柄，限位开关 SQ_2 受压而断开，使电动机 M_1 停车，选好合适的进给量之后，将进给变速手柄推回，SQ_2 便恢复原来的接通状态，电动机 M_1 便自动起动工作。

当推不上变速手柄时，可来回推动几次，使手柄通过弹簧装置作用于限位开关 SQ_2，SQ_2 便反复断开、接通几次，使电动机 M_1 产生冲动，带动齿轮组冲动，以便于齿轮啮合。

（5）镗头架、工作台快速移动的控制

为缩短辅助时间、提高生产率，由快速电动机 M_2 经传动机构拖动镗头架和工作台进行各种快速移动。运动部件及其运动方向的预选由装设在工作台前方的操作手柄进行，而镗头架上的快速操作手柄控制快速移动。当扳动快速操作手柄时，相应压合行程开关 SQ_5 或 SQ_6，接触器 KM_6 或 KM_7 线圈通电，实现 M_2 的正、反转，再通过相应的传动机构使操纵手柄预选的运动部件按选定方向进行快速移动。当镗头架上的快速移动操作手柄复位时，行程开点 SQ_5 或 SQ_6 不再受压，KM_6 或 KM_7 线圈断电释放，M_2 停止旋转，快速移动结束。

3. 辅助电路分析

控制电路采用一台控制变压器 TC 供电，控制电路电压为 127V，并有 36V 安全电压给局部照明 EL 供电，SA 为照明灯开关，HL 为电源指示灯。

4. 联锁保护环节分析

1）主轴进刀与工作台互锁。T68 型镗床运动部件较多，为防止机床或刀具损坏，保证

主轴进给和工作台进给不能同时进行，为此设置了两个联锁保护行程开关 SQ_3 与 SQ_4。其中 SQ_4 是与工作台和镗头架自动进给手柄联动的行程开关，SQ_3 是与主轴和平旋盘刀架自动进给手柄联动的行程开关。将行程开关 SQ_3、SQ_4 的常闭触点并联后串接在控制电路中，当将以上两个操作手柄中任一个扳到"进给"位置时，SQ_3、SQ_4 中只有一个常闭触点断开，电动机 M_1、M_2 都可以起动，实现自动进给；当两种进给运动同时选择时，SQ_3、SQ_4 都被压下，其常闭触点断开，将控制电路切断，M_1、M_2 无法起动，于是两种进给都不能进行，实现联锁保护。

2）其他联锁环节。对主电动机 M_1 的正、反转控制电路，高、低速控制电路，快速电动机 M_2 正、反转控制电路也设有互锁环节，以防止误操作而造成事故。

3）保护环节。熔断器 FU_1 对主电路进行短路保护，FU_2 对 M_2 及控制变压器进行短路保护，FU_3 对控制电路进行短路保护，FU_4 对局部照明电路进行短路保护。

FR 对主电动机 M_1 进行过载保护，并由按钮和接触器进行失电压保护。

5. T68 卧式镗床常见电气故障分析

T68 卧式镗床采用双速电动机拖动，机械、电气联锁与配合较多，常见电气故障如下：

1）主轴电动机只有高速档或无低速档。产生这一种故障的因素较多，常见的有时间继电器 KT 不动作；或行程开关 SQ_1 因安装位置移动，造成 SQ_1 始终处于通或断的状态，若 SQ_1 常通，则主轴电动机只有高速，否则只有低速。

2）主轴电动机无变速冲动或变速后主轴电动机不能自行起动。主轴的变速冲动由与变速操纵手柄有联动关系的行程开关 SQ_2 控制，而 SQ_2 采用的是 LX1 型行程开关，往往由于安装不牢、位置偏移、触点接触不良，无法完成上述控制。甚至有时因 SQ_2 开关绝缘性能差，造成绝缘击穿，致使触点 SQ_2 发生短路。这时，即使拉出变速操纵手柄，电路仍断不开，主轴仍以原速旋转，根本无法进行变速。

3.4 技能训练　T68 型卧式镗床电气故障检测

1. 目的

1）识读 T68 型卧式镗床电气控制原理图；
2）分析 T68 型卧式镗床电气故障现象，并找出排除故障的方法；
3）分析常用电气控制电路的工程应用价值。

2. 电气原理图

T68 型卧式镗床电气原理图由主电路和控制电路两部分组成，如图 3-5 所示。

3. T68 型卧式镗床模拟盘

T68 镗床模拟教学设备的主轴采用双速电动机驱动。对 M_1 电动机的控制包括正、反转的控制和正、反向的点动控制以及高低速互相转换及制动的控制。

图 3-6 所示为 T68 型卧式镗床教学模拟电路配线图。配线时主电路、控制电路、按钮电路各部分以标注线号代替电路连通的方法显示实际走线电路。

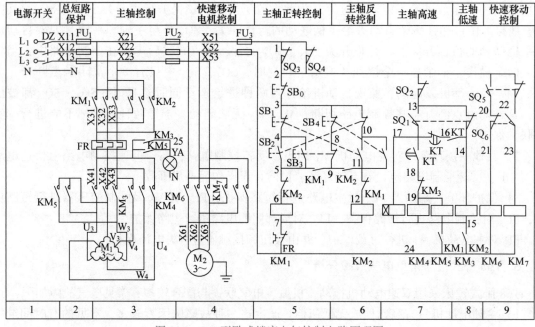

图 3-5　T68 型卧式镗床电气控制电路原理图

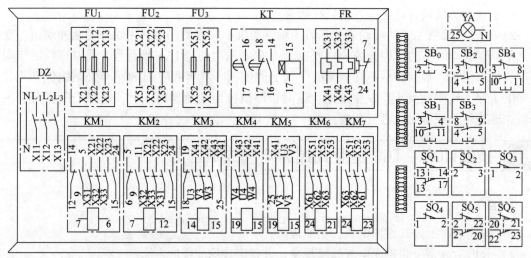

图 3-6　T68 型卧式镗床教学模拟电路配线图

4. 元器件明细表（见表 3-1）

表 3-1　T68 卧式镗床电气控制电路元器件明细表

名称	功　　能	名称	功　　能
M_1	主轴电动机	KM_6	快速（快进）接触器
M_2	快速电动机	KM_7	快速（快退）接触器
KM_1	主轴正转接触器	SB_0	主轴停止按钮
KM_2	主轴反转接触器	SB_1	主轴反转起动按钮
KM_3	主轴低速（△）接触器	SB_2	主轴正转起动按钮
KM_4	主轴高速（双Y）接触器	SB_3	主轴正转点动按钮
KM_5	主轴高速（双Y）接触器	SB_4	主轴反转点动按钮

（续）

名称	功　　能	名称	功　　能
SQ_1	主轴电动机变速行程开关	KT	主轴变速延时时间继电器
SQ_2	变速联锁行程开关	FU_1	电路总保险熔断器
SQ_3	主轴与平旋盘联锁行程开关	FU_2	M_2 线路短路保护熔断器
SQ_4	工作台与主轴箱进给联锁行程开关	FU_3	主电动机过载保护熔断器
SQ_5	快速移动正转控制行程开关	DZ	电源总开关-漏电断路器
SQ_6	快速移动反转控制行程开关	TD	接线端子排
YA	主轴制动电磁铁		

5. 常见故障与检修

（1）主轴电动机不能起动

主轴电动机 M_1 只有一个转向能起动，另一转向不能起动。这类故障通常由于控制正反转的按钮 SB_2、SB_1 及接触器 KM_1、KM_2 的主触点接触不良，线圈断线或联接导线松脱等原因所致。以正转不能起动为例，按 SB_2 时，接触器 KM_1 不动作，检查接触器 KM_1 线圈及按钮 SB_1 的常闭接触情况是否完好。若 KM_1 动作，而 KM_3 不动作，则检查 KM_3 线圈上的 KM_1 常开辅助触点（15-24）是否闭合良好；若接触器 KM_1 和 KM_3 均能动作，则电动机不能起动的原因，一般是由于接触器 KM_1 主触点接触不良所造成的。

（2）正、反转都不能起动

1）主电路中熔断器 FU_1 或 FU_2 熔断（L_3 相），这种故障可造成继电器、接触器都不能动作的故障。

2）控制电路中熔断器 FU_3 熔断、热继电器 FR 的常闭触点断开、停止按钮 SB_0 接触不良等原因，同样造成所有接触器、继电器不能动作的现象。

3）接触器 KM_1、KM_2 均会动作，而接触器 KM_3 不能动作。可检查接触器 KM_3 的线圈和它的联接导线是否有断线和松脱，行程开关 SQ_1、SQ_2、SQ_3 或 SQ_4 的常闭触点接触是否良好。当接触器 KM_3 线圈通电动作，而电动机还不能起动时，应检查它的主触点的接触是否良好。

（3）主轴电动机低档能起动，高速档不能起动

主要是由于时间继电器 KT 的线圈断路或变速行程开关 SQ_1 的常开触点（13-17）接触不良所致。如果时间继电器 KT 的线圈断线或联接线松脱，它就不能动作，其常开触点不能闭合，当将变速行程开关 SQ_1 扳在高速档时，即常开触点（13-17）闭合后，接触器 KM_4、KM_5 等均不能通电动作，因而高速档不能起动。当变速行程开关 SQ_1 的常开触点（13-17）接触不良时，也会发生同样情况。

（4）主轴电动机在低速起动后又自动停止

在正常情况下电动机低速起动后，时间继电器 KT 控制自动换接，使接触器 KM_3 断电释放，KM_4、KM_5 获电闭合而转入高速运转，但由于接触器 KM_4、KM_5 线圈断线，或 KM_3 常闭辅助触点、KM_4 的主触点及时间继电器 KT 的延时闭合常开触点（17-18）接触不良等原因，电动机以低速起动后，虽然时间继电器 KT 已自动换接，若接触器 KM_4、KM_5 等有关触点接触不良，电动机便会停止。

（5）进给部件快速移动控制电路的故障

进给部件快速移动控制电路是正、反转点动控制电路，使用电气元器件较少。它的故障一

般是电动机 M$_2$ 不能起动。如果 M$_2$ 正、反转都不能起动，同时主轴电动机 M$_1$ 也不能起动，这大多是主电路熔断器 FU$_1$、FU$_2$ 或控制电路熔断器 FU$_3$ 熔断。若主轴电动机 M$_1$ 能起动，但只能快速转动，而电动机 M$_2$ 正、反转都不能起动，则应检查熔断器 FU$_2$、接触器 KM$_6$、KM$_7$ 的线圈及主触点接触是否良好；如果 M$_2$ 只是正转或反转不能起动，则分别检查 KM$_6$、KM$_7$ 的线圈，主触点及行程开关 SQ$_5$、SQ$_6$ 的触点接触是否良好。

3.5 小结

本章的主要内容是在掌握常用控制电器及电气控制基本环节的基础上，通过典型机床电路的分析，归纳总结出分析一般生产机械电气控制原理的方法，并在掌握继电器–接触器控制环节基础上，培养分析常用机床电气控制电路的分析能力和排除电路故障的能力，也为设计一般电气控制电路打下牢固的基础。同时在阅读电气原理图的基础上，学会分析电气原理图和诊断故障、排除故障的方法。

Z3040 型摇臂钻床采用机电液密切配合，具有两套液压控制系统及摇臂的松开—移动—夹紧的自动控制。

T68 型卧式镗床采用双速电机控制，具有正、反转机械制动及变速时的低速冲动等。

3.6 习题

1. 在 Z3040 摇臂钻床电路中，时间继电器 KT 与电磁阀 YV 在什么时候动作？YV 动作时间比 KT 长还是短？YV 什么时候不动作？

2. Z3040 摇臂钻床在摇臂升降过程中，液压泵电动机和摇臂升降电动机应如何配合工作？以摇臂上升为例叙述电路工作情况。

3. Z3040 摇臂钻床电路中具有哪些联锁与保护？为什么要有这些联锁与保护？它们是如何实现的？

4. 假设 Z3040 摇臂钻床发生下列故障，请分别分析其故障原因。

1）摇臂上升时能够夹紧，但在摇臂下降时没有夹紧的动作。

2）摇臂能够下降和夹紧，但不能放松和上升。

5. 试叙述 T68 型镗床主轴电动机高速起动时操作过程及电路工作情况。

6. 分析 T68 型镗床主轴变速和进给变速控制过程。

7. 对于 T68 型镗床，为防止两个方向同时进给而出现事故，应采取什么措施？

8. 说明 T68 型镗床快速进给的控制过程。

第 4 章　PLC 的基本知识

4.1　PLC 概述

可编程序控制器（PLC，Programmable Logic Controller）是以微处理器为核心的通用工业控制装置，它综合了现代计算机技术、自动控制技术和通信技术，目前位居工业自动化三大支柱（PLC、机器人、CAD/CAM）之首，已成为工业控制领域中非常重要、应用非常广泛的工业控制装置。

4.1.1　PLC 的产生

美国通用汽车公司为了适应生产工艺不断更新的情况，为了尽可能减少重新设计和安装的工作量，降低成本，在 1968 年提出设想：用一种新的工业控制装置取代传统的继电器接触器控制系统。

4-1　PLC 的产生与应用

1969 年，美国数字设备公司（DEC）研制出了第一台 PLC，即可编程序逻辑控制器，型号为 PDP-14，在美国通用汽车公司的汽车自动装配线上使用，取得了巨大成功。这种新型的工业控制装置以其简单易懂、操作方便、可靠性高、通用灵活、体积小、使用寿命长等一系列优点，很快在美国其他工业领域推广应用。

随着计算机技术、自动控制技术和通信技术的发展，PLC 大致经历了四次更新换代。已经渗透到工业控制的各个领域。本书以 FX$_{3U}$ 系列 PLC 为载体机，介绍 PLC 的原理及应用。

4.1.2　PLC 的定义

随着 PLC 应用领域的不断拓宽，PLC 的定义也在不断完善中。国际电工委员会（IEC）在 1987 年 2 月颁布的可编程序控制器标准草案的第三稿中将 PLC 定义为：可编程序控制器是一种数字运算操作的电子系统，专为在工业环境下应用而设计。它采用可编程序的存储器，用来在其内部存储执行逻辑运算、顺序控制、定时、计数和算术运算等操作的指令，并通过数字式、模拟式的输入和输出，控制各种类型的机械或生产过程。可编程序控制器及其有关设备，都应按易于与工业控制器系统连成一个整体、易于扩充其功能的原则设计。

4.1.3　PLC 的特点

可编程控制器为了适应在工业环境中使用，有如下的特点。

1. 可靠性高，抗干扰能力强

4-2　PLC 的特点与发展趋势

工业生产一般对控制设备的可靠性提出很高的要求，应具有很强的抗干扰能力。PLC 在制造过程中对硬件采用屏蔽、滤波、电源

调整与保护、隔离、模块化结构等抗干扰措施；对软件采取故障检测、信息保护与恢复、设置时钟 WDT（看门狗）、程序的检查和检验、对程序及动态数据进行电池后备等多种抗干扰措施。

2. 编程简单，使用方便

目前大多数 PLC 均采用继电控制形式的梯形图编程方式。梯形图编程语言中元件的符号和表达方式，与继电器接触器控制电路原理图很接近，既继承了传统控制电路的清晰直观，又接近大多数工矿企业电气技术人员的读图习惯和微机应用水平，易于接受和掌握。并且，通过短期培训或阅读 PLC 用户手册，学习者就能很快学会用梯形图设计控制程序。

3. 通用性强、灵活性好、功能完善

现代 PLC 产品种类丰富，综合运用了计算机、电子技术和最新的集成电路工艺技术，在硬件和软件上不断发展，具备很强的信息处理和输出控制能力。具备各种功能的智能 I/O 模块，可以方便地适应不同输入/输出方式的控制系统。

现代 PLC 不仅具有数字量和模拟量输入/输出、逻辑和算术运算、定时、计数、顺序控制、功率驱动、通信、人机对话、自检、记录和显示等功能，PLC 与 PLC、PLC 与上位机的通信和联网功能不断提高，大大提高设备控制水平。

4. 控制程序可变，具有很好的柔性

在生产工艺流程改变或生产线设备更新的情况下，不必改变 PLC 的硬件设备，只需改编程序就可以满足要求。PLC 不仅可以取代传统的继电器控制，而且具有继电器控制无可比拟的优点。因此，PLC 除应用于单机控制外，在柔性制造单元（FMC）、柔性制造系统（FMS），以至工厂自动化（FA）中也被大量采用。

5. 设计和安装简单，调试维护方便

PLC 采用软件编程来实现控制功能，而不同于继电器控制采用硬接线来实现控制功能，因此，减少了设计及施工工作量。同时，用户程序可先进行模拟调试，更减少了现场的调试工作量。并且，PLC 具备的低故障率、强监视功能、结构模块化等，也大大减少了维修量。

6. 体积小、重量轻、低功耗

PLC 将微机技术与继电器控制技术有机地融合在一起，其结构紧密、坚固、体积小巧，并具备很强的抗干扰能力，使之易于装入机械设备内部，成为实现"机电一体化"较理想的控制设备。并具有与监控计算机联网的功能，因而它的应用几乎覆盖了所有工业企业。

4.1.4 PLC 的应用

近年来，随着 PLC 的成本下降和功能大大增强，解决复杂的计算和通信问题能力的提升，其应用面也日益增大。目前，PLC 在国内外已广泛应用于钢铁、采矿、水泥、石油、化工、电力、机械制造、汽车、装卸、造纸、纺织、环保、娱乐等各行各业。PLC 的应用范围通常可分为五种类型。

1. 顺序控制

这是 PLC 应用最广泛的领域，它取代了传统的继电器顺序控制，用于单机控制、多机群控制、生产自动线控制。例如：注塑机、印刷机械、订书机械、切纸机械、组合机床、磨床、装配生产线、包装生产线、电镀流水线及电梯控制等等。

2. 运动控制

大多数 PLC，目前已提供了拖动步进电动机或伺服电动机的单轴或多轴位置控制模块。这一功能广泛运用于生产机械，如装配机械、机器人、金属切削、金属成型、电梯等，实现精确的位置移动目标和保持适当的速度和加速度。

3. 过程控制

PLC 能控制大量的物理参数。例如：温度、压力、速度和流量。PID（Proportional – Integral–Derivative）模块使 PLC 具有了闭环控制的功能，即一个具有 PID 控制能力的 PLC 可用于过程控制。

4. 数据处理

现代 PLC 具有数学运算、数据传递、转换、排序、查表、位操作等功能，能完成数据的采集、分析和处理。这些数据可通过通信接口传送到其他智能设备。如在机械加工中，把 PLC 和计算机数值控制（CNC）设备紧密结合，进行数据处理。

5. 通信

为了适应工厂自动化（FA）系统发展的需要，PLC 采用多种通信协议，实现了 CPU、编程设备和 HMI 之间的多种通信需求。可通过网络、分布系统可完成复杂的控制要求，在基本不增加成本的情况下大大提高控制系统的综合控制能力与自动化程度。

4.1.5　PLC 的发展

1. 大型化和小型化

大型化指 PLC 向大容量、智能化、网络化方向发展，已有 I/O 点数达 14336 点的超大型 PLC，它使用 32 位微处理器，多 CPU 并行工作和大容量存储器，使 PLC 的扫描速度高速化。如日本三菱公司的 A3H CPU 的顺序指令执行速度达 $0.2 \sim 0.4 \, \mu s$。

小型 PLC 的整体结构向小型模块结构发展，增加了配置的灵活性。最小配置的 I/O 点数为 8~16 点，可以用来代替最小的继电器控制系统，如三菱公司 FX 系列 PLC。

2. 通信网络化

为了满足柔性制造单元（FMC）、柔性制造系统（FMS）和工厂自动化（FA）的要求，PLC 与 PLC 之间的联网通信、PLC 与上位计算机的联网通信已得到广泛应用，PLC 网络控制是当前控制系统和 PLC 技术发展的方向。

3. 模块化、智能化

为满足工业自动化各种控制系统的需要，近年来 PLC 厂家先后开发了不少新器件和模块，如智能 I/O 模块、温度控制模块和用于检测 PLC 外部故障的专用智能模块等，这些模块的开发和应用不仅增强了功能，扩展了 PLC 的应用范围，还提高了系统的可靠性。

4. 编程工具多样化、编程语言标准化

梯形图、功能图、语句表等常用的编程语言的并存、互补与发展，是 PLC 软件进步的一种趋势。PLC 硬件及编程工具换代频繁、丰富多样、功能提高的同时，日益向 MAP（制造自动化协议）靠拢，使 PLC 的输入/输出模块、通信协议、编程语言和编程工具等方面规范化和标准化。

5. 发展容错技术

一些国外公司为了推出高度或绝对可靠的系统，发展容错技术，采用冗余结构和采用热备用或并行工作、多数表决的工作方式。

4.1.6 常用 PLC 产品

PLC 产品按地域可分成三大类：美系、欧系和日系。欧美产品有明显的差异性；日本 PLC 技术是从美国引进的，对美国的 PLC 产品有一定的继承性。另外，日本的主推产品定位在小型 PLC 上，而欧美以大中型 PLC 为主。

1. 国外产品

美国是 PLC 生产大国，著名的有 A-B 公司、通用电气（GE）公司、莫迪康（MODICON）公司、德州仪器（Ⅱ）公司、西屋公司等。其中 A-B 公司是美国最大的 PLC 制造商，其产品约占美国 PLC 产品市场的一半。

德国的 SIEMENS 公司和 AEC 公司、法国的 TE 公司是欧洲著名的 PLC 制造商。SIEMENS 的 PLC 主要产品是 S7 系列，其中 S7-200 SMART 系列属于微型 PLC、S7-300 系列属于中小型 PLC、S7-400 系列属于中高性能的大型 PLC。在中、大型 PLC 产品领域与美国的 A-B 公司齐名。

日本的小型 PLC 最具特色，在开发较复杂的控制系统方面明显优于欧美的小型机，所以十分受用户欢迎。日本有许多 PLC 制造商，如三菱、欧姆龙、松下、富士、日立、东芝等，在世界小型 PLC 市场上，日本产品约占有 70% 的份额。

2. 我国 PLC 产品

目前，我国从 1973 年开始研制 PLC，1977 年开始应用，20 世纪 80 年代后期，我国 PLC 技术获得快速发展。目前，我国的 PLC 技术已经接近国际水准。我国有许多自主研发的 PLC 设备，如台达、永宏、和利时、信捷、海为等。台达 PLC 以具有快速执行程序运算、丰富指令集、多元扩展功能卡及高性价比等特色，支持多种通信协议，广泛应用于各种工业自动化机械。和利时自动化公司在工厂自动化和机器自动化领域，先后推出自主开发的 LM 小型 PLC、LK 大型 PLC、MC 系列运动控制器，其中 LK 大型 PLC 是国内唯一具有自主知识产权的大型 PLC。信捷公司 PLC 产品有 XC 系列、XD 系列，每系列产品都覆盖了标准型、经济型、增强型、基本型、运动控制型、高性能型等，主要应用在纺织、机械、暖通、橡胶、印刷、汽车制造行业等。

4.2 PLC 的组成与工作原理

PLC 专为工业环境设计，采用了典型的计算机结构，由硬件系统和软件系统两部分构成。

4.2.1 PLC 的组成

PLC 由中央处理单元（CPU）、存储器、输入单元、输出单元、通信单元、电源、扩展单元有机结合而成，如图 4-1 所示。根据结构形式不同，可以分为整体式和模块式两类。整体式 PLC 又称为单元式或箱体式，体积小、价格低、结构紧凑。FX₃U 为整体式小型 PLC，它

4-3 PLC 的组成

将 CPU 模块、I/O 模块和电源装在一个箱体内构成主机，需要时还提供许多数字量、模拟量 I/O 扩展模块供用户选用，另外配备许多专用的特殊功能模块，使 PLC 的功能得到扩展。

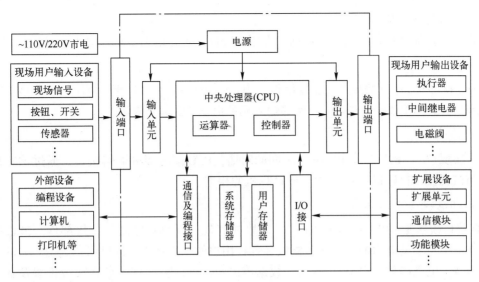

图 4-1　PLC 基本结构

1. CPU（Central Process Unit）

它是 PLC 的核心组成部分，与通用微机的 CPU 一样，它在 PLC 系统中的作用类似于人体的神经中枢，故俗称为"电脑"。其功能是：

1）PLC 中系统程序赋予的功能，接收并存储从编程器输入的用户程序和数据。

2）用扫描方式接收现场输入装置的状态，并存入输入映象寄存器。

3）诊断电源、PLC 内部电路工作状态和编程过程中的语法错误。

4）在 PLC 进入运行状态后，从存储器中逐条读取用户程序，按指令规定的任务，产生相应的控制信号，去启闭有关控制电路。分时分渠道地去执行数据的存取、传送、组合、比较和变换等动作，完成用户程序中规定的逻辑或算术运算等任务。根据运算结果，更新有关标志位的状态和输出映象寄存器的内容，再由输出映象寄存器的位状态或数据寄存器的有关内容，实现输出控制、制表、打印或数据通信等。

2. 存储器

PLC 的存储器可以分为系统程序存储器、用户程序存储器和工作数据存储器三种。

（1）系统程序存储器

它用来存放由 PLC 生产厂家编写的系统程序，并固化在 ROM 内，用户不能直接更改。它可以使 PLC 具有基本智能，系统程序质量的好坏，很大程度上决定了 PLC 的性能。

（2）用户程序存储器

用以存放用户程序。通常 PLC 产品资料中所指的存储方式及容量，是指用户程序存储器而言的。常用的存储方式有 CMOS RAM、EPROM 和 EEPROM。信息外存常用盒式磁带和磁盘。

1）CMOS RAM 存储器是一种中高密度、低功耗、价格便宜的半导体存储器，可用锂电池作备用电源。一旦交流电源停电，用锂电池来维持供电，可保存 RAM 内停电前的数据。锂电池寿命一般为 1~5 年左右。

2）EPROM 存储器是一种常用的只读存储器，写入时加高电平，擦除时用紫外线照射。

3）EEPROM 存储器是一种可用电改写的只读存储器。

（3）工作数据存储器

工作数据存储器用来存储工作数据，即用户程序中使用的 ON/OFF 状态、数值数据等。

3. 电源

小型 PLC 内部有一个开关式稳压电源。电源一方面可为 CPU 板、I/O 板及扩展单元提供工作电源（DC 5 V），另一方面可为外部输入元件提供 DC 24 V 电源。

4. 通信接口

为了实现"人-机"或"机-机"之间的对话，PLC 配有多种通信接口。通过这些接口可以实现与监视器、打印机、其他 PLC 或计算机的相连。

5. I/O 接口

I/O 接口模块是 CPU 与现场 I/O 接口装置或其他外部设备之间的连接部件。PLC 提供了各种操作电平与驱动能力的 I/O 接口模块和各种用途的 I/O 接口元件供用户选用。如输入/输出电平转换、电气隔离、串/并行转换、数据传送、误码校验、A/D 或 D/A 变换以及其他功能模块等等。I/O 接口模块将外部输入信号变换成 CPU 能接受的信号，或将 CPU 的输出信号变换成需要的控制信号去驱动控制对象，以确保整个系统正常工作。

6. 编程设备

编程设备适用于用户程序的编制、编辑、调试检查和监视，还可以通过其键盘去调用和显示 PLC 的一些内部状态和系统参数。它通过通讯端口与 CPU 联系，完成人机对话连接。编程器上有供编程用的各种功能键和显示灯，以及编程/监控转换开关。编程器的键盘采用梯形图语言键符或命令语言助记键符，也可以采用软件指定的功能键符，通过屏幕对话方式进行编程。

7. 外部设备

一般 PLC 都配有盒式录音机、打印机、EPROM 写入器、高分辨率的彩色图形监控系统等外部设备。

4.2.2 PLC 的工作原理

PLC 是一种工业控制计算机，其工作原理与普通计算机有很多相似之处，二者都是在系统程序的管理下，通过运行应用程序完成用户任务。但是 PLC 在操作使用方法、编程语言甚至工作原理与普通计算机又有所不同。另外，作为继电器接触器控制装置的替代物，与继电器控制系统的工作原理也有很大区别。

4-4 PLC 的工作原理

图 4-2 是一个指示灯的控制电路。图中，X1、X2是按钮，Y1、Y2 是继电器，T1 是时间继电器。它的工作过程是：当 X1 或 X2 任何一个按钮按下后，继电器 Y1 线圈通电，时间继电器 T1 线圈同时通电。Y1 的常开触点闭合，点亮指示灯红灯。此时，T1 开始计时，时间继电器的整定值是 20 s。当时间继电器线圈通电 20 s 后，继电器 Y2 线圈通电，Y2 的常开触点闭合，点亮指示灯绿灯。

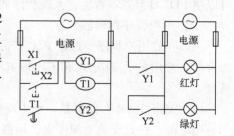

图 4-2 指示灯控制电路

PLC 的工作过程：先读入 X1、X2 触点信息，然后对 X1、X2 状态进行逻辑运算，若逻辑条件满足，Y1 和 T1 线圈接通，此时外触点 Y1 接通，外电路形成回路，红灯亮；在定时时间未到时，T1 触点接通的条件不满足，因此 Y2 线圈不通电，绿灯不亮。T1 的定时时间到时，Y2 线圈才接通，Y2 触点动作，绿灯亮。

动画 PLC 的工作过程

由此可见，整个工作过程需要执行读入开关状态、逻辑运算、输出运算结果这 3 步。输入的是给定量或反馈量，输出的是被控量。因为计算机每一瞬间只能做一件事，因此工作的次序是输入→第一步运算→第二步运算……最后一步运算→输出。这种工作方式称为周期循环扫描工作方式。从输入到输出的整个执行时间称为扫描周期。

PLC 的工作过程如图 4-3 所示，分以下三个阶段：

1. 输入处理

程序执行前，可编程控制器的全部输入端子的通/断状态读入输入映像寄存器。在程序执行中，即使输入状态变化，输入映像寄存器的内容也不变。直到下一扫描周期的输入处理阶段才读入这变化。另外，输入触点从通（ON）→断（OFF）或从断（OFF）→通（ON）变化到处于确定状态止，输入滤波器还有一响应延迟时间。

2. 程序处理

对应用户程序存储器所存的指令，从输入映像寄存器和其他软元件的映像寄存器中将有关软元件的通/断状态读出，从 0 步开始顺序运算，每次结果都写入有关的映像寄存器，因此，各软元件（X 除外）的映像寄存器的内容随着程序的执行在不断变

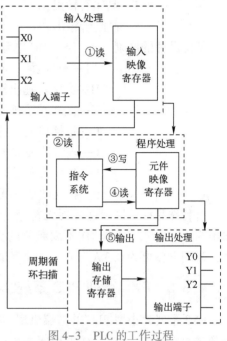

图 4-3 PLC 的工作过程

化。输出继电器的内部触点的动作由输出映像寄存器的内容决定。

3. 输出处理

全部指令执行完毕，将输出映象寄存器的通/断状态向输出锁存寄存器传送，成为可编程控制器的实际输出。可编程控制器的外部输出触点对输出软元件的动作有一个响应时间，即要有一个延迟才动作。

4.3 三菱 FX₃ᵤ 系列 PLC 的系统结构

现以下面 FX₃ᵤ 系列介绍 PLC 的系统结构相关知识。

4.3.1 FX 系列型号及意义

FX 系列 PLC 的格式及含义。

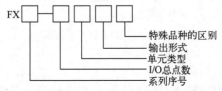

系列序号：ON、1S、1N、2N、3U，即 FX_{0N}、FX_{1N}、FX_{2N}、FX_{3U}。

I/O 总点数：8~256 点。

单元类型：M—基本单元；

          E—输入输出混合扩展单元及扩展模块；

          EX—输入专用扩展模块；

          EY—输出专用扩展模块；

输出形式：R—继电器输出；

          T—晶体管输出；

          S—晶闸管输出。

特殊品种的区别：D、DS—DC 电源，DC 输入；

              A1—AC 电源，AC 输入；

              H—大电流输出扩展模块（1 A/1 点）；

              V—立式端子排的扩展模块；

              C—接插口输入/输出方式；

              F—输入滤波器 1 ms 的扩展模块；

              L—TTL 输入型扩展模块；

              S—独立端子（无公共端）扩展模块。

若特殊品种的区别这一项无符号，说明通指：AC 电源，DC 输入，横式端子排；继电器输出为 2A/1 点，驱动动作不太频繁的交/直流负载；晶体管输出为 0.5 A/1 点，驱动直流负载；晶闸管输出为 0.3 A/1 点，驱动频繁动作的交/直流负载。

4.3.2　FX_{3U} 系列 PLC 系统结构

FX3 系列为小型 PLC 的高端机型，有 FX_{3U} 和 FX_{3UC} 两个系列。FX_{3UC} 是较早期的产品，基本单元只有 32 点一种，且为晶体管输出，内置有显示。FX_{3U} 的基本单元没有内置显示单元，有 16~128 点多种规格，最多可以扩展 384 个 I/O 点（包括 CC-Link 扩展的远程 I/O 点）输入/输出有多种选择。本书以 FX_{3U} 为主进行介绍。

图 4-4 所示为由 FX_{3U} PLC 的基本单元和多种扩展设备（功能扩展板、特殊适配器、特殊功能单元/模块）组成的系统结构，可以实现多种控制。

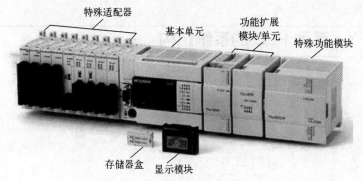

图 4-4　FX_{3U} 系列 PLC 系统结构

1. 基本单元

基本单元内有电源、CPU、输入/输出电路、通信端口、扩展端口等。CPU 是 PLC 的核心，它不断采集输入信号，执行用户程序，刷新系统输出。所有基本单元都有一个 RS422 通信端口和 RUN/STOP 开关。

存储器主要用来存储程序和数据。分为系统程序存储器、用户程序存储器和系统 RAM 存储区。

2. 功能扩展模块

功能扩展模块安装在基本单元内，不需要外部安装空间，主要用于增加输入和输出的点数，增加模拟量模块和各种功能模块。有以下几种：4 点开关量输入板，2 点扩展量输出板，2 路模拟量输入板，1 路模拟量输出板，8 点模拟量电位器板。RS-232C、RS-485、RS-422 通信板和 FX_{3U} 的 USB 通信板。

3. 扩展单元/扩展模块

它们安装在基本单元的右侧。扩展单元用于扩展 I/O 点数，内置 DC 24 V 电源，可以对其以后扩展的扩展模块供电。扩展模块用于增加 I/O 点数和改变 I/O 点数的比例，内部无电源，由基本单元和扩展单元供给。扩展单元和扩展模块内均无 CPU，必须与基本单元一起使用。

4. 显示模块

显示模块可以显示实时时钟的当前时间和错误信息，可以对定时器、计数器和数据寄存器进行监视，并能通过用户程序修改 PLC 的状态元件值和禁止按键的操作。显示模块 FX_{3U}-7DM，可以直接安装在基本单元上，或通过使用显示模块支架 FX3U-7DM-HLD 安装在控制柜上。

5. 特殊适配器

特殊适配器安装在基本单元的左侧，有模拟量输入、模拟量输出、热电阻/热电偶温度传感输入、脉冲输入（高速计数器用）、脉冲输出（定位）、数据收集、MODBUS 通信、以太网通信等特殊适配器。

6. 特殊功能模块

特殊功能模块有模拟量输入模块、模拟量输出模块、过程控制模块、脉冲输出模块、高速计数器模块、可编程凸轮控制器模块。

7. 电源

FX_{3U} PLC 系列使用 220 V 交流电源或者 24 V 直流电源，还可以为输入电路和外部的传感器提供 24 V 直流电源，但驱动 PLC 的负载的直流电源一般由用户提供。

4.3.3 FX_{3U} 系列 PLC 的面板

FX_{3U} 系列 PLC 采用叠装式的结构形式，图 4-5 所示为 FX3$_{3U}$-48MR 基本单元外形结构。

4-5 三菱 FX_{3U} 系列 PLC 的面板

图 4-6 所示为 FX_{3U} 系列 PLC 的面板，主要包含上盖板、电池盖板、连接特殊适配器用的卡扣、功能扩展板部分的空盖板、RUN/STOP 开关、连接外围设备接口、安装 DIN 导轨的卡扣、型号显示、输入/输出用的 LED 灯、运行状态显示用 LED 灯、端子排盖板、连接扩展设备用的连接器盖板灯。

存储器盒安装在上盖板的下方。如需使用显示模块，只需将上盖板换成 FX_{3U}-7DM 附带的盖板即可。进行端子接线时，需打开端子排盖板。

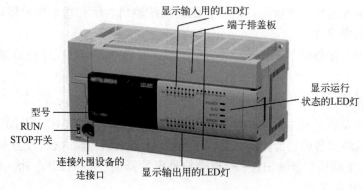

图 4-5   FX_{3U} PLC 外形结构

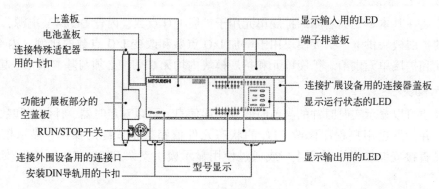

图 4-6   三菱 FX_{3U} 系列 PLC 面板

PLC 提供四盏 LED 指示灯显示当前 PLC 运行状态，LED 呈现灯亮 、闪烁、灯灭三种情况，其含义如表 4-1 所示。

表 4-1   PLC 的状态指示灯含义

LED 名称	显示颜色	含 义
POWER	绿色	通电状态下灯亮
RUN	绿色	运行中灯亮
BATT	红色	电池电压降低时灯亮
ERROR	红色	程序错误时闪烁
	红色	CPU 错误时灯亮

4.3.4   FX_{3U} 系列 PLC 输入/输出电路

1. 基本单元端子分布

图 4-7 所示为 FX_{3U}-32MR 基本单元端子分布图。外部端子是 PLC 与外部输入/输出设备连接的桥梁，主要完成输入/输出（I/O）的信号连接。外部端子包括 PLC 电源端子（L、N 和接地），供外部传感器用的 DC 24 V 电源端子（24 V、0 V），输入端子（X）和输出端子（Y）等。

FX_{3U} 系列 PLC 有交流电源型和直流电源型（128 点的只有交流电源型），输入端有 AC 输入型和 DC 漏型/源型输入型，基本单元的输入（X）为内部供电 DC 24 V 的漏型输入和源型输入的通用型产品。

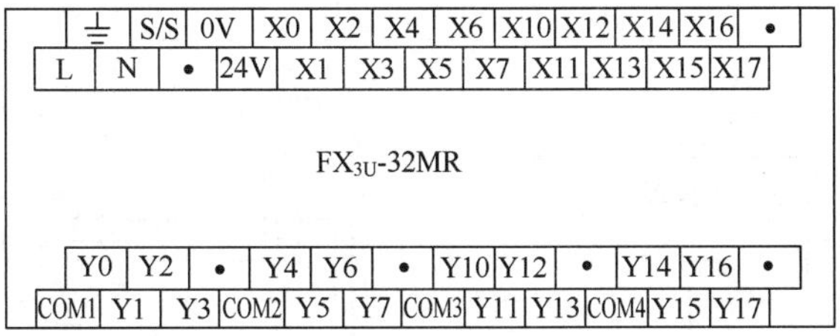

⏚	S/S	0V	X0	X2	X4	X6	X10	X12	X14	X16	•
L	N	•	24V	X1	X3	X5	X7	X11	X13	X15	X17

FX₃U-32MR

Y0	Y2	•	Y4	Y6	•	Y10	Y12	•	Y14	Y16	•
COM1	Y1	Y3	COM2	Y5	Y7	COM3	Y11	Y13	COM4	Y15	Y17

图 4-7　FX₃U-32MR 基本单元端子分布图

2. 开关量输入电路

输入（Input）和输出（Output）简称为 I/O，基本单元、扩展单元、部分扩展模块、功能扩展板和特殊适配器均有开关量 I/O 电路。

输入电路用来接收和采集输入信号。开关量输入电路用来接收按钮、接近开关、限位开关、转换开关等提供开关量的输入信号。

CPU 内部的工作电压一般是 5 V，而 PLC 的输入/输出信号电压较高，例如 DC 24 V 和 AC 220 V，从外部引入的尖峰电压和干扰可能使 PLC 无法正常工作，甚至损坏其中的元器件，所以在 I/O 电路中，用耦合器、光敏晶闸管和小型继电器等器件来隔离 PLC 内部电路和外部电路，I/O 电路除了传递信号外，还有电平转换与隔离的作用

（1）漏型输入

DC 输入信号从输入（X）端子流出电流，为漏型输入，外接触点和 NPN 型传感器（接近开关）提供输入信号。对于 AC 电源型的 PLC，外接输入信号时，连接 [24 V] 端子和 [S/S] 端子，对于 DC 电源型的 PLC，连接 [+] 端子和 [S/S] 端子。图 4-8a 所示为 AC 漏型 PLC 输入电路。当外接触点或 NPN 型晶体管饱和导通时，电流经内部 DC24 V 电源的正极、发光二极管、电阻、X0 等输入端子、外部的触点或传感器的输出端，从 0 V 端子流回直流电源负极。光电耦合器反并联的发光二极管中的任一个发光，光电晶体管饱和导通，CPU 在输入阶段读入一个二进制数 1；外接触点或 NPN 型晶体管处于截止状态时，发光二极管熄灭，光电晶体管截至，CPU 读入一个二进制数 0。

（2）源型输入

DC 输入信号从输入（X）端子输入电流，为源型输入，外接触点和 PNP 型传感器（接近开关）提供输入信号。对于 AC 源型的 PLC，外接输入信号时，连接 [0 V] 端子和 [S/S] 端子；对于 DC 电源型的 PLC，连接 [-] 端子和 [S/S] 端子。图 4-8b 所示为 AC 源型 PLC 输入电路，工作过程与漏型相似，不再分析。

 注意：各基本单元和输入输出扩展单元的所有输入（X）均可设置为漏型输入或是源型输入，但是不能混合使用。

3. 开关量输出电路

开关量输出电路用来控制接触器、电磁阀、电磁铁、继电器、指示灯等输出设备。模拟量输出电路用来控制调节阀、变送器、变频器等执行机构。FX₃U 系列 PLC 的开关量输出有继电器输出型、晶体管源型输出型、晶体管漏型输出型和双向晶体管输出型。输出触点分为若干组，每一组各输出点的公共端名称为 COM，仅下标不同。某些组可能只有一个输出点。各组

可以分别使用各自不同类型的电源，如果机组公用同一个电源，应将它们的公共端两届在一起。

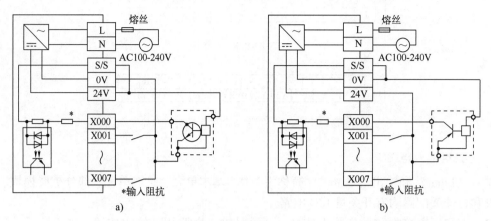

图 4-8 输入电路

a）漏型 b）源型

图 4-9a 所示为继电器输出电路，可用于交流和直流两种电源，梯形图的某输出继电器线圈"通电"时，内部电路使对应的物理继电器线圈通电，其常开触点闭合，使外部负载得电工作。每路只提供一对常开触点，当连接电阻负载时，每个输出点最大负载电流为 2 A，则输出 1 个点配合 1 个公共端时，应保证公共端 COM 最大负载电流为 2 A 以下；输出 4/8 个点配合 1 个公共端时，应保证公共端 COM 最大负载电流为 8 A 以下。

FX$_{3U}$ 系列基本单元、输入/输出扩展单元（模块）中的晶体管输出，包括漏型输出和源型输出，适用于直流电源，开关速度快，但过载能力差，每个输出点最大负载电流为 0.5 A。

图 4-9b 为晶体管漏型输出电路，负载电流流入输出端子，各点输出电路的 COM 端连接到直流电源的负极。输出信号送给内部电路的锁存器，再经光电耦合器输出给晶体管。图 4-9c 所示的晶体管源型输出电路的负载电流流出输出端子，其他与漏型相似，不再叙述。

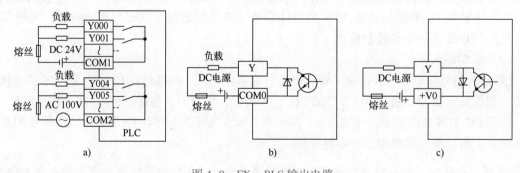

图 4-9 FX$_{3U}$ PLC 输出电路

a）继电器输出电路 b）晶体管漏型输出电路 c）晶体管源型输出电路

4.4 FX 系列 PLC 逻辑元件

PLC 中的逻辑元件也称为软元件，它只是在编程中用到的符号而不是真实的物理元件。不同厂家、不同系列的 PLC、其编程元件的功能和编号也不同，因此，用户在编程时，必须熟悉选用 PLC 涉及的编程元件的功能和编号。

下面介绍 FX$_{3U}$ 系列 PLC 部分元件的功能。

4-6　输入继电器

1. 输入继电器（X0～X367）

PLC 的输入端子是从外部的输入开关接收信号的窗口，软元件的符号是"X"。与输入端子连接的输入继电器（X）是光电隔离的电子继电器，其常开触点和常闭触点（输入输出继电器等效电路见图 4-10）使用次数不限。输入继电器必须由外部信号驱动，不能用程序驱动，所以在程序中不能出现其线圈。FX$_{3U}$ 的输入继电器最多可达 248 点，采用八进制编号。

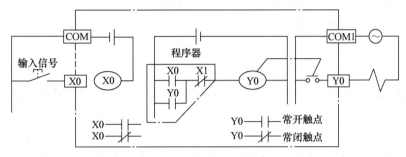

图 4-10　输入/输出继电器等效电路

2. 输出继电器（Y0～Y367）

4-7　输出继电器

PLC 的输出继电器用来将 PLC 内部信号输出传送给外部负载（用户输出设备）。输出继电器线圈是由 PLC 内部程序驱动的，其线圈状态传送给给输出单元，再由输出单元对应的硬触点来驱动外部负载。

输出继电器的电子常开和常闭触点使用次数不限，在 PLC 中可自由使用。

FX$_{3U}$ 的输出继电器最多可达 248 点，且编号为八进制。

扩展单元和扩展模块的输入/输出元件号与基本单元连接也采用八进制编号。

3. 辅助继电器（M）

辅助继电器相当于继电器接触器系统中的中间继电器，不对外输入和输出。辅助继电器的线圈与输出继电器一样，由 PLC 内各软元件的触点驱动。辅助继电器的电子常开和常闭触点使用次数不限，但是，这些触点不能直接驱动外部负载。外部负载的驱动必须由输出继电器实行。

在逻辑运算中经常需要一些中间继电器作为辅助运算用。这些元件经常用做状态暂存、移动运算等。它的数量常比 X、Y 多。另外，在辅助继电器中还有一类特殊辅助继电器，它有各种特殊的功能，如定时时钟、进/借位标志、启动/停止、单步运行、通信状态和出错标志等。这类元件数量的多少，在某种程度上反映了可编程序控制器功能的强弱，能对编程提供许多方便。

1）通用辅助继电器 M0～M499（500 点）。在 PLC 运行时，如果电源突然断电，则全部线圈均处于 OFF 状态。

注：除输入/输出继电器 X/Y 外，其他所有的软元件号均按十进制编号。

2）断电保持辅助继电器 M500～M1023、M1024～M7679（7180 点）。PLC 在运行中若发生停电，断电保持辅助继电器具有的断电保护功能将被启用，即能记忆电源中断瞬时的状态，并在重新启动后再现其状态。停电保持由 PLC 内装的后备电池支持。

3）特殊辅助器 M8000～M8511（512 点）。PLC 内有很多特殊辅助继电器。这些特殊辅助继电器各自具有特定的功能，可以分成以下两大类。

① 触点型。其线圈由 PLC 自动驱动，用户只可以利用其触点。

M8000：运行（RUN）监控（PLC 运行时接通）。

M8002：初始脉冲（仅在运行开始瞬间接通）。

M8012：100 ms 时钟脉冲。

② 线圈型。用户驱动线圈后，PLC 作特定动作。

M8030：使 BATT LED（锂电池欠压指示灯）熄灭。

M8033：PLC 停止时输出保持。

M8034：禁止全部输出。

4. 状态元件（S）

在步进顺控系统的编程中状态元件 S 是重要的软元件。它与后述的步进顺控指令 STL 组合使用，有以下几种类型。

初始状态：S0～S9（10 点）。   通用：S10～S499（480 点）。

断电保持：S500～S899、S1000～S4095（3496 点）。报警器：S900～S999（100 点）。

图 4-11 所示为顺序步进型控制状态转移图。

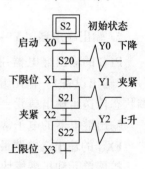

启动信号 X0 接通，S20 就置位（ON）。同时，下降电磁阀 Y0 动作。随后，下限位开关 X1 变为 ON，状态 S21 置位（ON），夹紧电磁阀 Y1 动作。夹紧确认限位开关 X2 变为 ON，状态 S22 置位（ON）。随着状态动作的转移，原来的状态自动复位（OFF）。各状态元件的常开和常闭触点在 PLC 内可以自由使用，使用次数不限。不用步进顺控指令时，状态元件（S）可作为辅助继电器（M）在程序中使用。

图 4-11 顺序步进型
控制状态转移图

5. 指针（P/I）

（1）分支指令用指针 P0～P63、P64～P4095（4096 点）

分支指令用指针如图 4-12 所示。CJ、CALL 等分支指令是为了指定跳转目标，用指针 P0～P63 作为标号。而 P63 表示跳转至 FEND 指令步的意思。

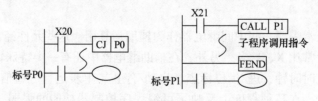

图 4-12 分支指令用指针

X20—接通（ON），程序就向标号 P0 的步序跳转。

X21—接通（ON），就执行在 FEND 指令后标号为的 P1 子程序，并根据 SRET 指令返回。在编程时，编号不能重复使用。

（2）中断用指针（15 点）

中断用指针包括输入中断、定时器中断和计数器中断。

I00□输入中断（6 点）
└──→ 输入号（0~6）
　　　每个输入只能用 1 次

例如，I001 为输入 X0 从 OFF→
ON 变化时，执行由该指针作为标号的后
面的中断程序，并根据 IRET 指令返回。

I0□0 计数器中断（6 点）
└──→ 计数器中断号（1~6）
　　　每个计数器只能用一次

I□□□定时器中断（3 点）
└──→ 10~99 ms
└──→ 定时器中断号（6~8）
　　　每个定时器只能用一次

例如，I610 即为每隔 10 ms 就执行标号
I610 后面的中断程序，并根据 IRET 指令
返回。

注意：①中断指针必须在 FEND 指令后面作为标号。②断点数不能多于 9 点。③中断嵌套级不多于 2 级。④中断指针中百位数上的数字不可重复使用。如用了 I100 就不能用 I101，用了 I610 就不能用 I620。

6. 定时器（T）（字、bit）

4-8　定时器（T）

我国古人发明了圭表、漏壶和沙漏、水运浑天仪等计时仪器，尤其是水运浑天仪集天文观测、天文演示和报时为一体。PLC 中的定时器相当于一个时间继电器，它有一个 16 位的当前值字，最高位（第 15 位）为符号位，正数的符号位为 0，负数的符号位为 1，最大正数 32768，还有一个二进制的位，表示定时器定时的状态，可以提供无数对常开、常闭延时触点。通常一个可编程序控制器中有几十至数百个定时器用于定时操作。

在 PLC 内，定时器是根据时钟脉冲累积计时的，时钟脉冲有 1 ms、10 ms、100 ms，当所计时间到达设定值时，其输出触点动作。

定时器可以用常数 K 或数据寄存器（D）的内容用做设定值。在后一种情况下，一般使用有停电保持功能的数据寄存器。即便如此，若锂电池电压降低，定时器、计数器也均可能发生误动作，需加注意。定时器编号与设定时间范围如表 4-2 所示。

（1）通用定时器的工作方式

4-9　通用定时器的工作方式

通用型定时器如图 4-13a 所示。当定时器线圈 T200 的驱动输入 X0 被接通时，T200 的当前值计数器以 10 ms 的时钟脉冲进行累积计数，当该值与设定值 K123 相等时，定时器的输出触点就接通，即输出触点是在驱动线圈后的 1.23 s 时动作。

当驱动输入 X0 断开或发生停电时，计数器就复位，输出触点也复位。

表 4-2　定时器编号与设定时间范围

定时器编号	时间/ms	K 的设定范围	设定时间范围/s
T0~T199（通用型）	100	1~32767	0.1~3276.7
T200~T245（通用型）	10	1~32767	0.01~327.67
T246~T249（积算型）	1	1~32767	0.001~32.767
T250~T255（积算型）	100	1~32767	0.1~32767.7

（2）积算型定时器的工作方式

积算型定时器如图4-13b所示。当定时器T250线圈的驱动输入X1接通时，当前值计数器开始累积100 ms的时钟脉冲的个数，当该值与设定值K345相等时，定时器的输出触点接通。计数过程中，即使输入X1断开或发生停电，当前值仍保持。当输入X1再接通或复电时，计数继续进行，其累积时间为34.5 s时的触点动作。

当复位输入X2接通时，定时器复位，输出触点也复位。

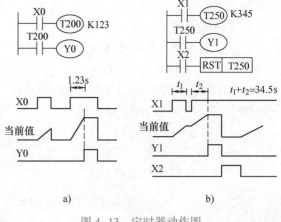

图4-13 定时器动作图

a）通用型定时器 b）积算型定时器

7. 计数器（C）（字、bit）

计数器的编号与设定值范围如表4-3所示。

表4-3 计数器的编号与设定时间范围

4-10 计数器（16位增计数）

计数器编号	K的设定范围	功能
C0~C99	1~32767	16位通用型增计数器
C100~C199	1~32767	16位停电保持型计数器
C200~C219	−2147483648~+2147483647	32位通用型增/减计数器
C220~C234	−2147483648~+2147483647	32位停电保持型增/减计数器
C235~C255	−2147483648~+2147483647	32位高速计数器

（1）内部信号计数器

内部信号计数器是在执行扫描操作时对内部元件（如X、Y、M、S、T和C）的信号进行计数的计数器。因此，其接通（ON）时间和断开（OFF）时间大于PLC的扫描周期。

1）16位增计数。这类计数器为递加计数，应用前先对其设置一设定值，当输入信号的个数累加到设定值时，计数器动作，其常开触点闭合、常闭触点断开。计数器的设定值除了可由常数K设定外，还可通过数据寄存器的来设定，如指定D10，而D10的内容为123，则与设定K123等效。

例如，图4-14所示的梯形图和动作时序图。图中X11为计数输入，每次X11接通时，计数器当前值增1。当计数器的当前值为10时，即计数输入达到第10次时，计数器C0的输出触点接通，之后即使输入X11再接通，计数器的当前值仍保持不变。当复位输入X10接通（ON）时，执行RST指令，计数器当前值复位为0，输出触点也断开（OFF）。

如果将大于设定值的数置入当前值寄存器（例如用MOV指令）中，则当计数输入端为ON时，计数器继续计数。其他计数器也是如此。

2）32bit的增/减计数器。计数的方向由特殊辅助继电器M8200~M8234决定。当特殊辅助继电器接通（置1）时为减计数，否则为增计数。

双向计数器如图4-15所示。图用X14作为计数输入，驱动C200线圈进行加计数或减计数。

当计数器的当前值由−6→−5（增加）时，其触点接通（置1）；由−5→−6（减少）时，其触点断开（置0）。

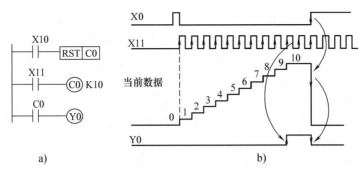

图 4-14　梯形图和动作时序图

a) 梯形图　b) 动作时序图

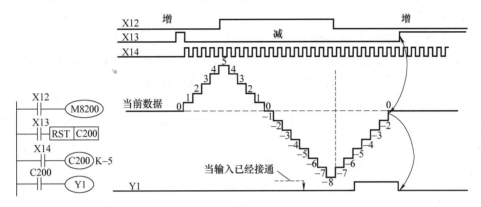

图 4-15　双向计数器

当前值的增减虽与输出触点的动作无关，但从 +2147483647 起再进行加计数，当前值就成为 -2147483648。同样从 -2147483648 起进行减计数，当前值就成了 +2147483647（这种动作称为循环计数）。当复位输入 X13 接通（ON）时，计数器的当前值就为 0，输出触点也复位。

使用停电保持的计数器，其当前值和输出触点状态均能停电保持。

（2）高速计数器（C235~C255）

高速计数器均为 32 位加/减计数器，按中断原则运行，因而它独立于扫描周期。21 点的高速计数器 C235~C255 共用 PLC 的 8 个高速计数器输入端 X0~X7，某一输入端同时只能提供 1 个高速计数器使用。高速计数器如图 4-16 所示。当 X20 接通时，选中高速计数器 C235，C235 对应计数输入 X0，因此，计数输入脉冲应从 X0，而不是 X20 输入。当 X20 断开时，线圈 C235 断开；同时，C236 接通，因此，选中计数器 C236，其计数输入为 X1 端。

PLC 中高速计数器的输入端口为 X0~X7，其中 X0~X5 的最高频率为 100 kHz，X6、X7 最高频率为 10 kHz。

警告：不要用计数输入端作计数线圈的驱动触点。

8. 数据寄存器（D）（字）

可编程序控制器用于模拟量控制、位置量控制、数据 I/O 控制时，需要许多数据寄存器存储参数及工作数据。数据寄存器为 16 位，最高位为符号位。可用两个数据寄存器来存储 32 位数据，最高位仍为符号位。

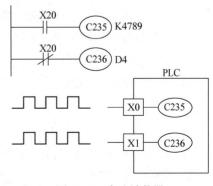

图 4-16　高速计数器

（1）通用数据寄存器 D0~D199（200 点）

只要不写入其他数据，已写入的数据就不会变化。当 M8033 为 ON 时，D0~D199 有断电保护功能；当 M8033 为 OFF 时，则无断电保护功能，当 PLC 状态由运行（RUN）→停止（STOP）时，全部数据均清零。

（2）停电保持数据寄存器 D200~D7999（7800 点）

D200~D511：有断电保持功能，可以利用外部设备的参数设定改变通用数据寄存器与有断电保持功能数据寄存器的分配。

D490~D509：在两台 PLC 作点对点的通信时可供通信用。

D512~D7999：断电保持功能不能用软件改变。根据参数设定可以将 D1000 以上作为文件寄存器。在 PLC 运行中，用 BMOV 指令可以将文件寄存器中的数据读到通用数据寄存器中，但不能用指令将数据写入文件寄存器。

（3）特殊数据寄存器 D8000~D8511（512 点）

这些数据寄存器用来监控 PLC 中各种元件的运行方式，其内容在电源接通（ON）时，写入初始化值（全部先清零，然后由系统 ROM 安排写入初始化值）。

例如，D8000 所存放警戒监视时钟（Watchdog Timer）的时间是由系统 ROM 制定的。要改变时，用传送指令将目的时间送入 D8000 中，该值在由运行（RUN）→停止（STOP）时，保持不变。

注：未定义的特殊数据寄存器用户不要使用。

9. 变址寄存器（V/Z）（字）

FX₃ᵤ 系列 PLC 有 16 个变址寄存器，分别为 V_0~V_7，Z_0~Z_7，通常用于修改软元件的元件号。V 与 Z 都是 16bit 数据寄存器，可像其他的数据寄存器一样进行数据的读、写。进行 32bit 操作时，将 V、Z 合并使用，指定 Z 为低位。用 V、Z 的内容改变软元件的元件号，称为软元件的变址。例如 V = 8，K 20 V 就意味着 K 28（20+8＝28）。可以用变址寄存器进行变址的软元件有 X、Y、M、S、P、T、C、D、K、H、KnX。

对于用于指定十进制元件号的 Kn 进行修改是不允许的。例如：K4 M0Z 允许；K0 ZM0 不允许。

4.5　技能训练　PLC 的外部接线

1. 目的

4-11 PLC 的外部接线

1）观察和熟悉 PLC 工作电源，输入/输出端子分布及排列情况；

2）分析被控对象的功能，正确选择 PLC 机型并分配 I/O 地址；

3）根据接线工艺和规范，完成 PLC 的硬件接线，理解 PLC 系统的低能耗特点；

4）正确测试 PLC 接线电路，进行故障诊断与排除；

5）养成安全生产、严谨细致的工作习惯。

2. 仪器与器件

1）工具：尖嘴钳、验电笔、剥线钳、电工刀、螺钉旋具等。

2）仪器：万用表。

3）设备：① FX₃ᵤ-32MR PLC（或任意型号）。

② 线路控制盘。

③ 导线：主电路采用 BV1.5 mm² 和 BVR1.5 mm²；PLC 接线采用 BV0.75 mm²；导线颜色和数量根据实际情况而定。

④ 元器件：三相异步电动机（一台）、电源开关、熔断器、交流接触器、按钮、继电器、端子排等。

3. I/O 地址分配

参照图 2-10 电动机正、反转双重联锁控制线路，分析其功能和工作原理，统计 I/O 点数。由于 PLC 的驱动能力有限，一般不能直接驱动大电流负载，而是通过中间继电器（线圈电压为直流 24 V、触点电压为交流 380 V）驱动接触器，然后由接触器再驱动大电流负载，这样还可实现 PLC 系统与电气操作回路的电气隔离。根据上述分析选择 FX$_{3U}$-32MR PLC，其 I/O 地址分配见表 4-4。

表 4-4　I/O 地址分配

信　号	符　号	I/O 地址	功　能
输入信号	SB$_1$	X0	正转起动按钮（常开）
	SB$_2$	X1	反转起动按钮（常开）
	SB$_3$	X2	停止按钮（常闭）
	FR	X3	热继电器触点（常闭）
输出信号	KA$_1$	Y0	电动机正转运行继电器
	KA$_2$	Y1	电动机反转运行继电器

4. PLC 端子接线图

根据 I/O 端子分配以及控制线路，设计控制 PLC 端子接线图，如图 4-17a 所示。图中在 PLC 输出端 KM$_1$、KM$_2$ 线圈回路采用了接触器互锁的硬件保护形式，可以解决当接触器硬件发生故障时，也能保证两个接触器不能同时接通，可以弥补只有软件联锁保护的不足。接触器控制原理图如图 4-17b 所示，其中 KA$_1$ 为电动机正转中间继电器的线圈及触点，KA$_2$ 为电动机反转中间继电器的线圈及触点，SB$_1$ 为正转常开型的启动按钮，SB$_2$ 为反转常开型的启动按钮；SB$_3$ 为常闭型的停止按钮，FR 是主回路中热继电器的常闭触点。

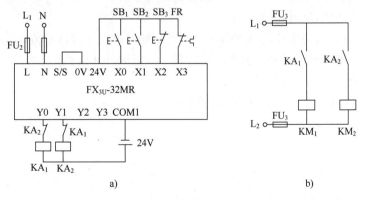

a)　　　　　　　　　　　　　　b)

图 4-17　PLC 端子接线与接触器原理图

a) PLC 端子接线图　b) 接触器接线图

5. 输入端的接线和调试

本项目 PLC 输入端子选用源型输入。在确定所有接线完成后，接通 PLC 电源，若输入端子有信号输入时，输入（X）为 ON 状态，此时显示输入的 LED 灯亮。如按下按钮 SB₁（连接在 PLC 的 X0 端口），则 PLC 面板上的 X0 指示灯被点亮；释放 SB₁ 按钮，X0 指示灯熄灭。说明按钮 SB 的接线正确，动作可靠。按此方法依次检查其他输入信号，记录各信号调试情况。

如果发现有异常情况，根据信号动作和显示情况分析判断故障原因，然后断开电源重新接线。

6. 输出端的接线和调试

PLC 置为"RUN"状态，进行相应的操作。如按下按钮，观察 PLC 面板上输出端指示灯的点亮情况。如果动作结果符合要求则说明接线正确，否则查找原因并处理。

7. 调试完毕的后续工作

① 调试完毕后，先断开电源开关，然后再拆除相应连接导线，整理工具、器材和设备，清理工位，打扫卫生。

② 撰写技能训练报告，对训练项目进行诊断和改进，总结分析训练中存在的问题。

4.6 小结

PLC 为周期循环扫描的工作方式，工作过程分输入处理、程序处理和输出处理 3 个阶段，这 3 个阶段的处理时间为一个扫描周期。

PLC 的逻辑元件有 X、Y、M、S、T、C、D、V、Z、P、I。各元件均有自身固定的编号，其中 X、Y 以八进制为编号，其他元件以十进制为编号。有些元件有电池后备为掉电保护元件。这些元件有些为位元件，有些为字元件，还有些为字位混合元件。

4.7 习题

1. 目前 PLC 有哪些主要品牌？
2. FX₃ᵤ 系列 PLC 中有哪些逻辑元件？它们的编号和作用是什么？
3. 为什么可编程序控制器中的触点可以使用无穷多次？
4. 警戒时钟的功能是如何实现的？
5. FX₃ᵤ 系列 PLC 的高速计数器有哪几种类型？如何设定计数器 C200~C234 的计数方向？
6. 如果要提高可编程序控制器输出电流容量，应采取什么措施？
7. PLC 的特点及工作方式是什么？
8. 三菱 PLC 逻辑元件的地址编号是几进制？

第5章　基本逻辑指令

PLC 是专为工业自动化控制而开发的装置，其主要使用对象是电气技术人员及操作人员。PLC 的生产厂家很多，所采用的指令也不尽相同。本章以三菱公司生产的 FX_{3U} 系列可编程序控制器的基本逻辑指令为例，说明指令的含义、梯形图的编制方法以及对应的指令表程序。

5.1　PLC 的编程语言与程序结构

PLC 是专为工业控制而开发的控制器，其主要使用者是生产一线的电气技术员，为了适应他们的传统习惯和应用能力，PLC 不采用微机编程语言，而采用面向过程、面向问题的专用语言编程。

5-1 PLC 的编程语言与程序结构

5.1.1　PLC 的编程语言

PLC 标准编程语言（IEC 61131-3）中有梯形图、指令表、逻辑功能图、顺序功能图、结构文本。FX_{3U} 系列 PLC 支持梯形图、指令表、顺序功能图编程语言。

1. 梯形图（LD，Ladder Diagram）

梯形图编程语言简称梯形图，与继电器控制电路图很相似，直观易懂，很容易被电气人员掌握，特别适合数字量逻辑控制系统。

如图 5-1a 所示，梯形图由触点、线圈或指令框组成。触点代表逻辑输入条件，如外部的开关、按钮、传感器和内部条件等。线圈代表逻辑运算的结果，用来控制外部的指示灯、交流接触器、电磁阀和内部的标志位等。指令框用来表示定时器、计数器和数学运算等功能指令。

图 5-1　几种编程语言

a）梯形图　b）指令表　c）功能块图

借用继电器电气原理图的表示方法，梯形图左、右的垂直线称为左右母线，梯形图从左母线开始，经过触点和线圈，终止于右母线，梯形图省略了右侧的垂直母线。图 5-1a 中，X0 和 X2 触点接通时，或 Y5 和 X2 触点接通时，有一个假想的能流从左母线流过 Y5 的线圈到右母线。利用能流这一概念可以帮助我们理解和分析梯形图，能流只能从左向右流动。

2. 指令表（IL，Instruction List）

指令表编程语言是一种类似计算机汇编语言中指令的助记符表达式，由操作码和操作数两部分组成。不同 PLC 厂家语句表所使用的指令助记符并不相同。

如图 5-1b 所示，指令表程序由若干条指令组成，指令是程序的最小独立单元。操作码用指令助记符表示，用来说明要执行的功能。操作数一般由标识符和参数组成。标识符表示操纵数的类别，如表明输入继电器、输出继电器、定时器、计数器、数据寄存器等。参数表明操作数的地址或一个预先设定值。

3. 逻辑功能块图（FBD，Function Block Diagram）

逻辑功能块图采用类似于数字逻辑门电路中"与""或""非"等图形符号的编程语言，如图 5-1c 所示。方框左侧为逻辑输入变量，右侧为输出变量，方框被导线连接在一起，信号自左向右流动。这种编程语言逻辑功能直观，逻辑关系一目了然。

4. 顺序功能图（SFC，Sequential Function Chart）

对于一个复杂的顺序控制系统，用顺序功能图编写程序较为方便。顺序功能图包含步、动作和转换三个要素。先把一个复杂的控制过程分解为一些小的工作状态，即划分为若干个顺序出现的步，步中包含控制输出的动作，根据步与步的转换条件，再依照一定的顺序控制要求连接成整体的控制程序。

5. 结构文本（ST，Structured text）

结构文本是一种基于"BASIC"或"C"高级语音的文本语言，针对大型、高档的 PLC 具有很强的运算与数据处理功能。为便于用户编程，增加程序的可移植性，用结构文本来描述功能、功能块和程序。

5.1.2　PLC 的程序结构

PLC 软件由系统程序和用户程序两大部分组成。

1. 系统程序

1）检测程序：PLC 上电后，先由检测程序检查 PLC 各种部件是否正常。

2）翻译程序：将用户输入的程序变换成由微机指令组成的程序，然后执行，还可以对用户程序进行语法检查。

3）监控程序：根据需要调用相应的内部程序。

2. 用户程序

由 PLC 的使用者编制的，用于控制被控装置的运行。PLC 的编程语言多种多样，不同厂家、不同系列 PLC 采用的编程语言也不尽相同。

5.2　基本逻辑指令概述

FX₃ᵤ 系列 PLC 基本逻辑指令有 29 条。

5.2.1　触点起始/输出线圈指令（LD / LDI / OUT）

LD（取）：常开触点起始指令。操作元件为 X、Y、M、S、T、C，程序步为 1。

5-2　触点起始/输出线圈指令

LDI（取反）：常闭触点起始指令。操作元件为 X、Y、M、S、T、C，程序步为 1。

OUT（输出）：线圈驱动指令。操作元件为 Y、M、S、T、C，程序步 Y、M 为 1，特殊辅助继电器 M 为 2，T 为 3，C 为 3~5。

【例 5-1】　触点起始/输出线圈指令的使用如图 5-2 所示。

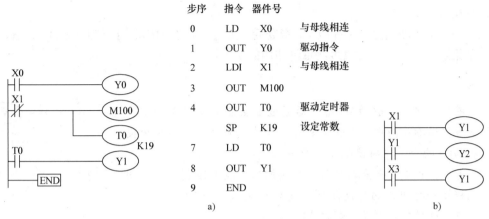

图 5-2　触点与线圈指令

a) 触点起始/输出线圈指令的使用　b) 输出线圈重复使用的示例

说明：

1) LD 、LDI 指令用于将触点接到母线上。在后述的 ANB 指令和 DRB 指令中，可定义块的起始触点。

2) OUT 指令是对输出继电器、辅助继电器、状态继电器、定时器和计数器的线圈的驱动指令，对于输入继电器不能使用。

3) OUT 指令可以连续使用多次（上例中 OUT M100 和 OUT T0）。

4) 双线圈输出时，后面的线圈输出有效。

【例 5-2】　图 5-2b 所示为输出线圈重复（双线圈）使用的示例。设 X1 = ON，X3 = OFF。因为 X1 为 ON，Y1 的映像寄存器为 ON，输出 Y2 也为 ON。而后面因 X3 = OFF，故 Y1 的映像寄存器改写为 OFF，因此，实际最终的输出为 Y1 = OFF，Y2 = ON，即输出线圈重复使用，后面线圈的动作状态有效。

5.2.2　触点串联/并联指令

1. 触点串联指令（AND/ANI）

AND（与）：常开触点串联指令。操作元件为 X、Y、M、S、T、C，程序步为 1。

ANI（与非）：常闭触点串联指令。操作元件为 X、Y、M、S、T、C，程序步为 1。

【例 5-3】　触点串联指令的使用如图 5-3 所示。

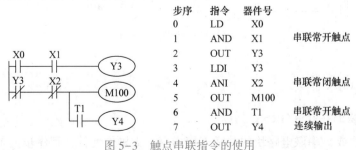

图 5-3　触点串联指令的使用

说明：

1）AND 和 ANI 指令是用于串联单个触点的指令，串联触点的数量不限，该指令可以多次重复使用。

2）"连续输出"是指在执行 OUT 指令后，通过与触点的串联可驱动其他线圈执行 OUT 指令。如果顺序不错，就可以多次重复使用。

💡 **注意：**

图 5-3 可以在驱动 M100 之后通过触点 T1 驱动 Y4。但是，如果将驱动顺序换成如图 5-4 所示的形式，则必须用后文中提到的 MPS 指令，这将使程序步增多。

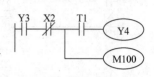

图 5-4 不推荐电路

另外，虽然对触点的数目和纵接的次数没有限制，但受图形编程器和打印机的功能限制，建议尽量做到一行不超过 10 个触点，连续输出总共不超过 24 行。

2. 触点并联指令（OR/ORI）

OR（或）：常开触点并联指令。操作元件为 X、Y、M、S、T、C，程序步为 1。

ORI（或非）：常闭触点并联指令。操作元件为 X、Y、M、S、T、C，程序步为 1。

说明：

1）OR 和 ORI 用于并联连接单个触点，并联多个串联的触点不能用此指令。

2）OR 和 ORI 指令是从该指令的当前步开始，对前面的 LD、LDI 指令并联连接。并联连接的次数无限制，但是由于图形编程器和打印机的功能对此有限制，所以并联连接的次数实际上是有限制的（一般在 24 行以下）。

【例 5-4】 触点并联指令的使用如图 5-5 所示。

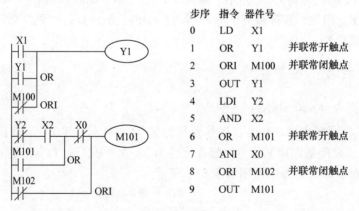

步序	指令	器件号	
0	LD	X1	
1	OR	Y1	并联常开触点
2	ORI	M100	并联常闭触点
3	OUT	Y1	
4	LDI	Y2	
5	AND	X2	
6	OR	M101	并联常开触点
7	ANI	X0	
8	ORI	M102	并联常闭触点
9	OUT	M101	

图 5-5 触点并联指令的使用

5.2.3 电路块指令

1. 串联电路块的并联（ORB）指令

ORB（电路块或）串联电路块的并联连接指令，无操作元件，程序步为 1。

【例 5-5】 串联电路块并联指令的使用如图 5-6 所示。

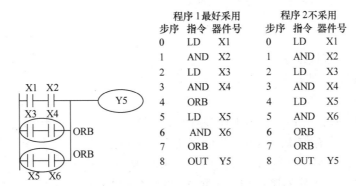

	程序1最好采用			程序2不采用	
步序	指令	器件号	步序	指令	器件号
0	LD	X1	0	LD	X1
1	AND	X2	1	AND	X2
2	LD	X3	2	LD	X3
3	AND	X4	3	AND	X4
4	ORB		4	LD	X5
5	LD	X5	5	AND	X6
6	AND	X6	6	ORB	
7	ORB		7	ORB	
8	OUT	Y5	8	OUT	Y5

图 5-6　串联电路块并联指令的使用

说明：

1）两个以上触点串联连接的电路称为串联电路块。当将串联电路块并联连接时，分支的开始用 LD 和 LDI 指令，分支的结束用 ORB 指令。

2）ORB 指令与后述的 ANB 指令等均为无操作元件的指令。

3）程序 1 是并联每一个串联电路块后加 ORB 指令，对并联电路块的个数没有限制。程序 2 是将 ORB 指令集中起来使用，这种并联电路块的个数不能超过 8 个，最好采用程序 1，而不采用程序 2。

2. 并联电路块的串联（ANB）指令

ANB（电路块与）并联电路块之间串联连接指令，无操作元件，程序步为 1。

说明：

1）两个或两个以上触点并联连接的电路称为并联电路块。将并联电路块与前面电路串联时用 ANB 指令。并联电路块起点用 LD 或 LDI 指令。

2）若将多个并联电路块顺次用 ANB 指令与前面电路串联连接，则对 ANB 的使用次数没有限制。

3）ANB 指令可以连续使用，但与 ORB 指令一样，使用次数限制在 8 次以下。

【例 5-6】 并联电路块串联指令的使用如图 5-7 所示。

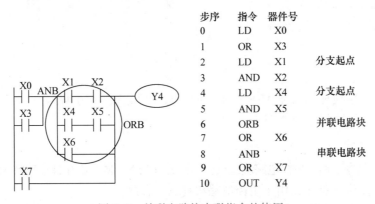

步序	指令	器件号	
0	LD	X0	
1	OR	X3	
2	LD	X1	分支起点
3	AND	X2	
4	LD	X4	分支起点
5	AND	X5	
6	ORB		并联电路块
7	OR	X6	
8	ANB		串联电路块
9	OR	X7	
10	OUT	Y4	

图 5-7　并联电路块串联指令的使用

5.2.4 多重输出电路/主控触点指令

1. 多重输出指令

1）MPS（push）进栈指令。

2）MRD（read）读栈指令。

3）MPP（POP）出栈指令。

这组指令可将连接点先存储，用于连接后面的电路。在 FX 系列 PLC 中有 11 个存储中间运算结果的存储器，这些存储器称为栈存储器，如图 5-8 所示。每使用一次 MPS 指令，该时刻的运算结果就推入栈的第一层。当再次使用 MPS 指令时，就得当前的运算结果推入栈的第一层，先推入的数据依次向栈的下一层推移。

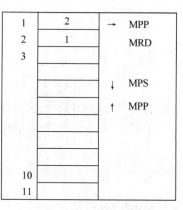

图 5-8 栈存储器

使用 MPP 指令，将各数据依次向上层压移。最上层的数据在读出后就从栈内消失。MRD 是最上层所存在的最新数据的读出专用指令。栈内的数据不发生下压或上托。这些指令都是没有操作元件的指令。

【例 5-7】 一层栈梯形图如图 5-9 所示。

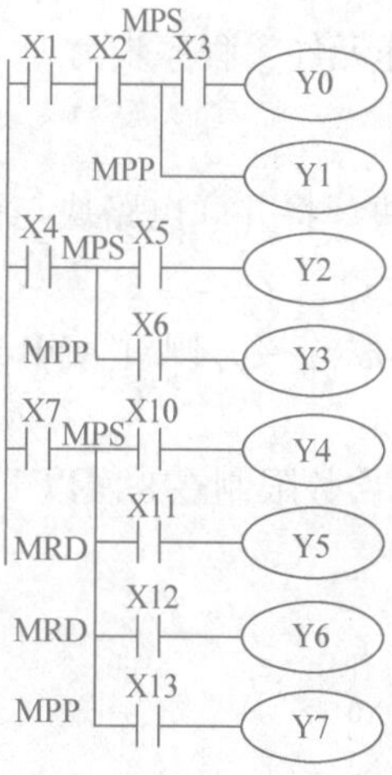

步序	指令	器件号	步序	指令	器件号
0	LD	X1	14	LD	X7
1	AND	X2	15	MPS	
2	MPS		16	AND	X10
3	AND	X3	17	OUT	Y4
4	OUT	Y0	18	MRD	
5	MPP		19	AND	X11
6	OUT	Y1	20	OUT	Y5
7	LD	X4	21	MRD	
8	MPS		22	AND	X12
9	AND	X5	23	OUT	Y6
10	OUT	Y2	24	MPP	
11	MPP		25	AND	X13
12	AND	X6	26	OUT	Y7
13	OUT	Y3			

图 5-9 一层栈梯形图

【例 5-8】 一层栈梯形图和 ANB、ORB 指令的应用如图 5-10 所示。

【例 5-9】 二层栈梯形图如图 5-11 所示。

2. 主控触点指令

MC（主控）指令，用于主控电路块起点，操作元件为 Y、M（不允许使用特 M），程序步为 3。

MCR（主控复位）指令，用于主控电路块终点，程序步为 2。

在编程时，遇到许多线圈同时受控于一个触点的情况，为节省存储单元，可用主控指令建立一个主控触点，此触点为与母线相连的垂直触点，相当于受控电路的总开关。

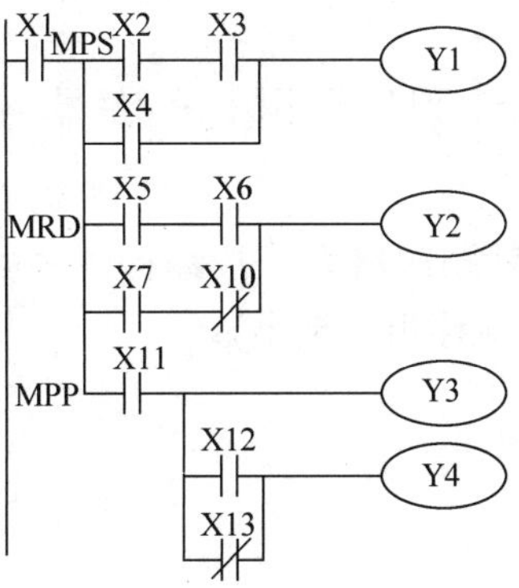

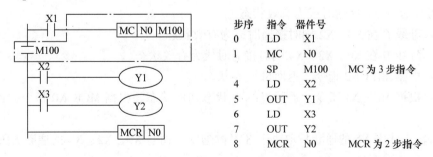

步序	指令	器件号	步序	指令	器件号
0	LD	X1	11	ANI	X10
1	MPS		12	ORB	
2	LD	X2	13	ANB	
3	AND	X3	14	OUT	Y2
4	OR	X4	15	MPP	
5	ANB		16	AND	X11
6	OUT	Y1	17	OUT	Y3
7	MRD		18	LD	X12
8	LD	X5	19	ORI	X13
9	AND	X6	20	ANB	
10	LD	X7	21	OUT	Y4

图 5-10　一层栈梯形图和 ANB、ORB 指令的应用

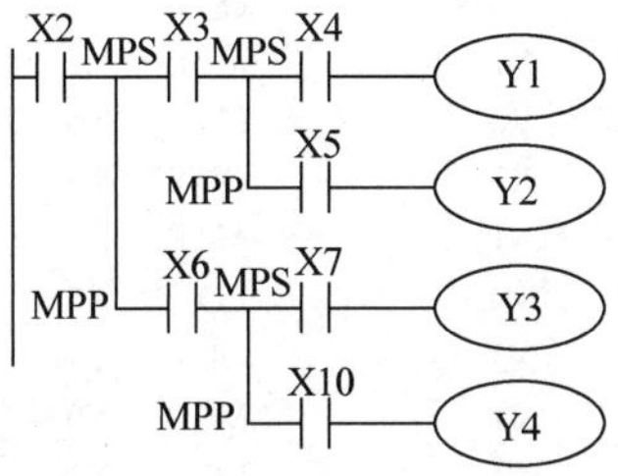

步序	指令	器件号	步序	指令	器件号
0	LD	X2	9	MPP	
1	MPS		10	AND	X6
2	AND	X3	11	MPS	
3	MPS		12	AND	X7
4	AND	X4	13	OUT	Y3
5	OUT	Y1	14	MPP	
6	MPP		15	AND	X10
7	AND	X5	16	OUT	Y4
8	OUT	Y2			

图 5-11　二层栈梯形图

【例 5-10】　主控触点指令的应用如图 5-12 所示。

步序	指令	器件号	
0	LD	X1	
1	MC	N0	
	SP	M100	MC 为 3 步指令
4	LD	X2	
5	OUT	Y1	
6	LD	X3	
7	OUT	Y2	
8	MCR	N0	MCR 为 2 步指令

图 5-12　主控触点指令的应用

注：N 的嵌套层数从 0~7，SP 是编程器上的空格键，特殊辅助继电器不能用做 MC 的操作元件。

说明：

1）X1 接通时，执行 MC 与 MCR 之间的指令；X1 断开时，成为如下形式。

保持当前状态的元件：积算定时器、计数器及用 SET/RST 指令驱动的元件。

变成断开的元件：非积算定时器及用 OUT 指令驱动的元件。

2）MC 指令后，母线（LD、LDI 点）移至 MC 触点之后，返回原来母线的指令是 MCR。MC 指令使用后必定要用 MCR 指令。

3）使用不同的 Y、M 元件号，可多次使用 MC 指令。但是若用同一元件号，就与 OUT 指令一样成为双线圈输出。

在 MC 指令内再使用 MC 指令时，嵌套级 N 的编号就顺次增大（按编程顺序由小到大）。返回时用 MCR 指令，就从大的嵌套级开始解除（按程序顺序由大至小）。

【例 5-11】 图 5-13 所示为多级嵌套的应用实例。

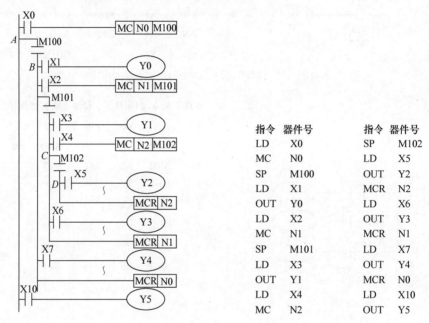

指令	器件号	指令	器件号
LD	X0	SP	M102
MC	N0	LD	X5
SP	M100	OUT	Y2
LD	X1	MCR	N2
OUT	Y0	LD	X6
LD	X2	OUT	Y3
MC	N1	MCR	N1
SP	M101	LD	X7
LD	X3	OUT	Y4
OUT	Y1	MCR	N0
LD	X4	LD	X10
MC	N2	OUT	Y5

图 5-13 多级嵌套的应用实例

N0：母线 B 在 X0 接通时成为有效状态。

级 N1：母线 C 在 X0、X2 同时接通时成为有效状态。

级 N2：母线 D 在 X0、X2、X4 同时接通时成为有效状态。

级 N1：根据 MCR N2 指令，返回母线 C 状态。

级 N0：根据 MCR N1 指令，返回母线 B 状态初始状态。根据 MCR N0 指令，返回母线 A 初始状态。

因此，输出线圈 Y5 的通断只取决于 X10 的通断，而与 X0、X2、X4 的通断无关。

5.2.5 置位/复位指令（SET/RST）

SET（置位）指令，使元件保持 ON，操作元件为 Y、M、S。程序步 Y、M 为 1，S、特 M 为 2。

RST（复位）指令，使元件保持 OFF、清数据寄存器，操作元件为 Y、M、S、D、V、Z。程序步 Y、M 为 1，S、C、T 为 2，D、V、Z、特 D 为 3。

说明：

1）X0 一旦接通，即使再断开 Y0 也保持接通。X1 接通后，即使再断开，Y0 也保持断开。对于 M、S 也是同样如此。

2）对于同一元件可以多次使用 SET、RST 指令，顺序可任意，但在最后执行的指令有效。

3）要对数据寄存器 D，变址寄存器 V、Z 的内容清零，也可用 RST 指令。

【例 5-12】　置位/复位指令的使用及时序图如图 5-14 和图 5-15 所示。

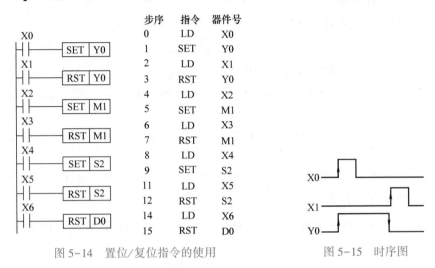

图 5-14　置位/复位指令的使用　　　　图 5-15　时序图

【例 5-13】　图 5-16 所示为 RST 指令在定时器中的应用。

【例 5-14】　图 5-17~图 5-19 分别为 RST 指令在计数器中的应用。

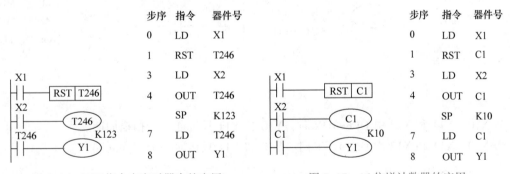

图 5-16　RST 指令在定时器中的应用　　　　图 5-17　16 位增计数器的应用

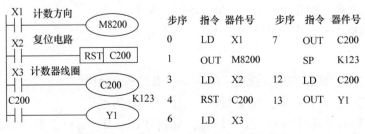

图 5-18　32 位双向计数器的应用

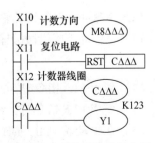

图 5-19　高速计数器的应用

5.2.6 脉冲上升沿、下降沿检出的触点指令

LDP：取脉冲上升沿指令。

LDF：取脉冲下降沿指令。

ANDP：与脉冲上升沿指令。

ANDF：与脉冲下降沿指令。

ORP：或脉冲上升沿指令。

ORF：或脉冲下降沿指令。

以上 6 条指令的操作元件均为 X、Y、M、S、T、C，程序步均为 1。

说明：

1）LDP 是上升沿检出运算开始，LDF 是下降沿检出运算开始，ANDP 是上升沿检出串联连接，ANDF 是下降沿检出串联连接，ORP 是上升沿检出并联连接，ORF 是下降沿检出并联连接。

2）LDP、ANDP、ORP 指令仅在指定位软元件的上升沿（OFF→ON）时接通一个扫描周期，是进行上升沿检出的触点指令。

3）LDF、ANDF、ORF 指令仅在指定位软元件的下降沿（ON→OFF）时接通一个扫描周期，是进行下降沿检出的触点指令。

【例 5-15】 上升沿和下降沿检出指令的应用分别如图 5-20 和图 5-21 所示。

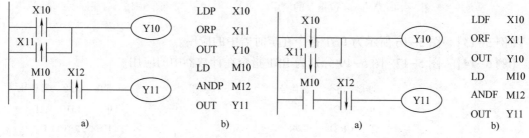

图 5-20 上升沿检出指令的应用　　　图 5-21 下降沿检出指令的应用

　a）梯形图　b）指令表　　　　　　　　a）梯形图　b）指令表

当 X10、X11 和 X12 由 OFF→ON 时，Y10 和 Y11 只接通一个扫描周期。

当 X10、X11 和 X12 由 ON→OFF 时，Y10 和 Y11 只接通一个扫描周期。

5.2.7 脉冲输出指令（PLS/PLF）

PLS 是脉冲上升沿微分输出指令，操作元件为 Y、M，程序步为 2。

PLF 是脉冲下降沿微分输出指令，操作元件为 Y、M。程序步为 2。

说明：

1）使用 PLS 指令时，元件 Y、M 仅在输入接通后的一个扫描周期内动作。

2）使用 PLF 指令时，元件 Y、M 仅在输入断开后的一个扫描周期内动作。

3）在驱动输入接通时，PLC 由运行→停机→运行，此时 PLS、M1 动作，但 PLS、M600（断电时由电池后备的辅助继电器）不动作。M600 是保持继电器，即使断电停机时其

动作也能保持。

4）特殊辅助继电器不能用做 PLS 或 PLF 的操作元件。

【例 5-16】 脉冲输出指令的使用和时序图分别如图 5-22 和图 5-23 所示。

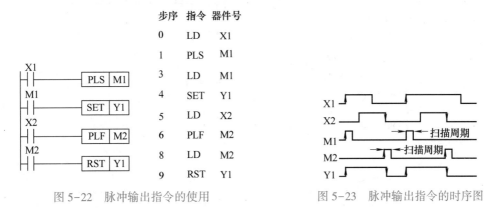

图 5-22 脉冲输出指令的使用　　　图 5-23 脉冲输出指令的时序图

5.2.8 取反/空操作/程序结束指令

1. 取反指令（INV）

INV：取反指令。在程序中只占一个步序，无操作元件，程序步为 1。

INV 指令是将执行 INV 指令前的运算结果取反。换句话说，如果执行 INV 指令前的运算结果为 OFF，执行 INV 指令后的运算结果就为 ON。

说明：

1）INV 指令不能像指令 LD、LDP、LDI 和 LDF 那样直接与母线相连，也不能像指令 OR、ORP、ORI 和 ORF 指令那样单独使用。

2）在能输入 AND、ANI、ANDP 和 ANDF 指令的相同位置处，可以编写 INV 指令。

3）INV 指令的功能是将执行 LD、LDI、LDP、LDF 指令以后的运算结果取反，指令的位置应该在 LD、LDI、LDP、LDF 指令之后，把指令后面的程序作为 INV 运算的对象并取反。

INV 指令的应用如图 5-24 所示。当 X10 接通时，Y10 断开；当 X10 断开时，则 Y10 接通。

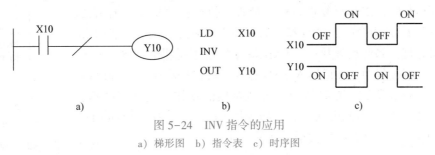

图 5-24 INV 指令的应用
a）梯形图　b）指令表　c）时序图

2. 空操作指令（NOP）

NOP：空操作指令。在程序中只占一个步序，无操作元件，程序步为 1。

NOP 指令通常用于以下几个方面：指定某些步序内容为空，留空待用；短路某些接点或电路，如图 5-25a、b 所示；切断某些电路，如图 5-25c、d 所示；变换先前的电路，如图 5-25e 所示。

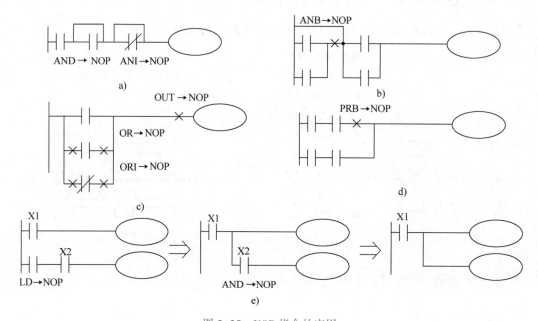

图 5-25 NOP 指令的应用

a）、b）短路某些接点或电路　c）、d）切断某些电路　e）变换先前的电路

说明：

1）当在程序中加入 NOP 指令、改动或追加程序时，可以减少步序号的改变。另外，用 NOP 指令替换已写入的指令，可改变电路。

2）若将 LD、LDI、ANB、ORB 等指令换成 NOP 指令，电路的构成将有较大的变化，必须注意。

3）执行程序全清操作后，全部指令都变成 NOP。

3. 程序结束（END）指令

END：程序结束指令。该指令用于程序的结束，无操作元件，程序步为 1。

PLC 在运行时，CPU 反复进行输入处理、执行程序指令、输出处理。当执行到 END 指令时，END 指令后面的程序跳过不执行，然后直接进行输出处理，如此反复执行，END 指令的使用说明如图 5-26 所示。在程序调试过程中，按段插入 END 指令，可以按顺序对各程序段的动作进行检查和调试，在确认前面各电路段的动作正确无误之后，依次删去 END 指令。由此可见，END 指令执行时，不必扫描全部 PLC 内的步序内容，从而具有缩短扫描时间的功能。

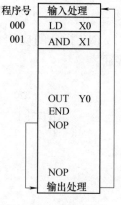

图 5-26 END 指令的使用说明

5.2.9 边沿检测指令

边沿检测指令包括 MEP（运算结果是上升沿时为 ON）和 MEF（运算结果是下降沿时为 ON）两种。

1）MEP 指令用水平电源线向上垂直箭头来表示，如图 5-27 所示，仅在该指令左边触点电路的逻辑运算结果从 OFF→ON 的一个扫描周期，有能流流过它。

2）MEF 指令用水平电源线上向下垂直箭头来表示，仅在该指令左边触点电路的逻辑运算结果从 OFF→ON 的一个扫描周期，有能流流过它。

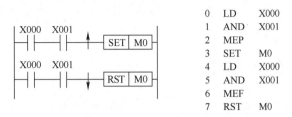

```
0   LD    X000
1   AND   X001
2   MEP
3   SET   M0
4   LD    X000
5   AND   X001
6   MEF
7   RST   M0
```

图 5-27　MEP 和 MEF 指令的应用

5.3　编程的基本规则和技巧

5-3　编程的基本规则与技巧

读者学习了 PLC 的基本指令后，就可以根据控制系统的基本要求编制出程序。为此，必须掌握编程的基本规则和编程技巧。

5.3.1　编程的基本规则

1）X、Y、M、T、C 等器件的触点可多次重复使用，无需用复杂的程序结构来减少触点的使用次数。

2）梯形图每一行都是从左边母线开始，将线圈接在最右边。不能将触点放在线圈的右边，即左母线只能与触点相连，右母线只能与线圈相连，但右母线可以省略不画，如图 5-28 所示。

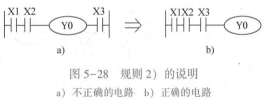

图 5-28　规则 2）的说明
a）不正确的电路　b）正确的电路

3）不能将线圈直接与左边的母线相连。如果需要，可以通过一个没有使用的内部辅助继电器的常闭触点来连接，如图 5-29 所示。

4）同一编号的线圈在一个程序中使用两次称为双线圈输出。双线圈输出容易引起误操作，应避免线圈重复使用。

5）梯形图必须符合顺序执行的原则，即从左到右、从上到下地执行。对不符合顺序执行的电路不能直接编程。对图 5-30 所示的桥式电路梯形图就不能直接编程。

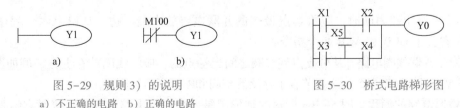

图 5-29　规则 3）的说明　　　　　　　　　　图 5-30　桥式电路梯形图
a）不正确的电路　b）正确的电路

6）对梯形图中串联触点和并联触点使用的次数没有限制，但由于梯形图编程器和打印机的限制，所以建议串联触点一行不超过 10 个，并联触点的个数不超过 24 行，如图 5-31 所示。

7）两个或两个以上的线圈可以并联输出，但连续输出总共不超过 24 行，如图 5-32 所示。

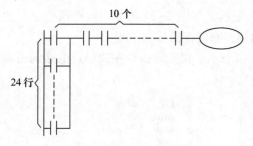
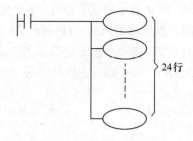

图 5-31 规则 6）的说明   图 5-32 规则 7）的说明

5.3.2 编程技巧

1）将串联触点较多的电路画在梯形图的上方，如图 5-33 所示。

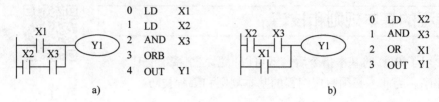

图 5-33 可重新排列的电路 1

a）安排不当的电路 b）安排得当的电路

2）应将并联电路放在左边，如图 5-34 所示。

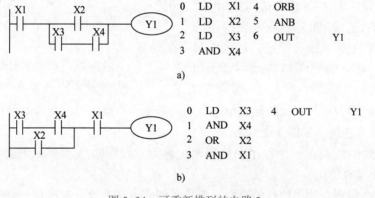

图 5-34 可重新排列的电路 2

a）安排不当的电路 b）安排得当的电路

当多个并联电路串联时，应将触点最多的并联电路放在最左边。从以上两个程序来看，图 5-34b 省去了 ORB 和 ANB 两个指令。

3）对于并联线圈电路，从分支点到线圈之间无触点的，应将线圈放在上方。例如图 5-35b 所示节省 MPS 和 MPP 指令。这就节省了存储器空间和缩短了运算周期。

4）桥形电路的编程。图 5-36a 所示的梯形图是一个桥形电路，不能直接对它编程，必须将其等效为图 5-36b 所示的电路才能编程。等效的原则是，逻辑关系不变。

 注意：等效电路不是唯一的。

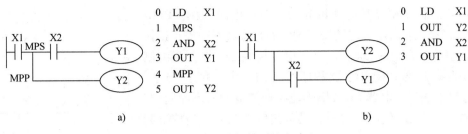

图 5-35　可重新排列的电路 3

a) 安排不当的电路　b) 安排得当的电路

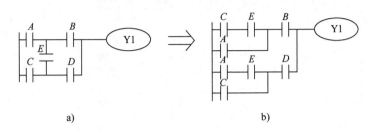

图 5-36　可重新排列的电路 4

a) 桥形电路梯形图　b) 等效电路梯形图

5）复杂电路的处理。如果电路的结构比较复杂，用 ANB 或者 ORB 等指令难以解决，可重复使用一些触点画出它们的等效电路，然后再进行编程就比较容易了，电路梯形图如图 5-37 所示。

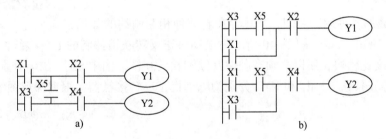

图 5-37　可重新排列的电路 5

a) 复杂电路梯形图　b) 等效电路梯形图

5.4　基本逻辑指令应用实例

5.4.1　电动机控制实例

1. 常闭触点的输入处理

在电气控制中常闭触点由闭合到断开的时间要比常开触点由打开到闭合的时间要短得多。选用常开触点作为停止信号，电路停止时故障不易发现。一般推荐停止按钮和保护用开关元件选用常闭触点。这样，当发生危险或故障需要急停时，常闭触点能快速切断电路，保护设备和人员安全。在 PLC 编程时应注意对常闭触点的输入处理。

5-4　常闭触点的输入处理

以 PLC 控制三相异步电动机起动、停止电路为例。PLC
I/O 接线如图 5-38 所示。起动按钮 SB$_1$ 为常开触点，停止按钮
SB$_2$ 为常闭触点。图 5-39a 所示是继电器控制原理图。当编制
的梯形图为图 5-39b 所示时，将程序送入 PLC 中，并运行这一
程序，会发现输出继电器 Y0 线圈不能接通，电动机不能起动。
因为 PLC 一通电 X1 线圈就得电，其常闭触点断开，当按下起
动按钮 SB$_1$ 时，X0 线圈得电，X0 常开触点闭合，但 Y0 线圈
无法接通，必须将 X1 改为图 5-39c 所示的常开触点才能满足
起动、停止的要求（或者停止按钮 SB$_2$ 采用常开触点，就可采
用图 5-39b 所示的梯形图了）。

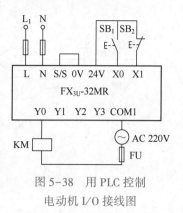

图 5-38　用 PLC 控制
电动机 I/O 接线图

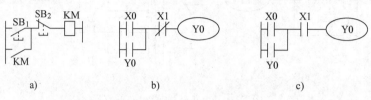

图 5-39　输入为常闭触点的编程

a）继电器控制原理图　b）梯形图　c）将 X1 改为常开触点

由此可见，如果输入为常开触点，编制的梯形图就与继电器原理
图一致；如果输入为常闭触点，编制的梯形图就与继电器原理图相反。

5-5　联锁控
制的处理

2. 联锁控制

在生产机械的各种运动之间，往往存在着某种相互制约的关系，
一般采用联锁控制来实现。图 5-40 所示为电动机正反转联锁控制的 I/O 接线图和梯形图。由
于 PLC 运算速度比较快，所以必须有硬件互锁和软件互锁。图中 SB$_1$、SB$_2$ 分别为正反转起动
按钮，SB$_3$ 为停止按钮，KM$_1$ 和 KM$_2$ 分别为电动机正反转接触器，根据梯形图编写程序如下。

步序	指令	器件号
0	LD	X1
1	OR	Y1
2	ANI	X3
3	ANI	Y2
4	OUT	Y1
5	LD	X2
6	OR	Y2
7	ANI	X3
8	ANI	Y1
9	OUT	Y2
10	END	

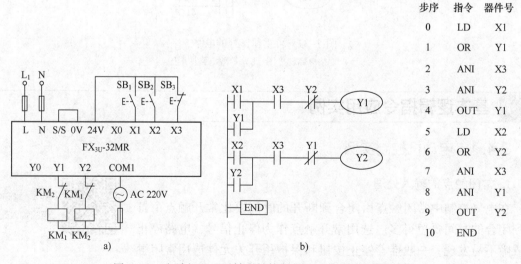

图 5-40　电动机正、反转联锁控制的 I/O 接线图和梯形图

a）I/O 接线图　b）梯形图

3. 顺序起动控制电路

图 5-41 所示为顺序起动控制电路梯形图，Y1 控制电动机 M_1，Y2 控制电动机 M_2，Y3 控制电动机 M_3。当前级电动机不起动时，后级电动机无法起动，即 Y1 不得电，Y2 无法得电。同理，当前级电动机停止时，后级电动机也停止，如 Y2 断电时，Y3 也断电。

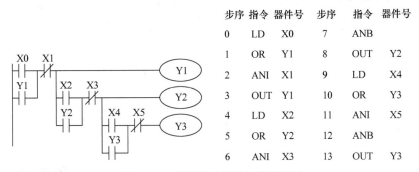

步序	指令	器件号	步序	指令	器件号
0	LD	X0	7	ANB	
1	OR	Y1	8	OUT	Y2
2	ANI	X1	9	LD	X4
3	OUT	Y1	10	OR	Y3
4	LD	X2	11	ANI	X5
5	OR	Y2	12	ANB	
6	ANI	X3	13	OUT	Y3

图 5-41　顺序起动控制电路梯形图

5.4.2　定时器的应用

1. 断开延时定时器

PLC 提供的内部定时器均为接通延时定时器，通过程序也可以实现延时断定时器的功能。图 5-42 所示为断开延时定时器的梯形图和时序图。控制要求是：当输入信号 X1 = ON 时，输出继电器 Y1 得电（ON），当输入信号 X1 由 ON→OFF 时，输出继电器 Y1 经延时一定时间后才断开 OFF。

2. 长延时定时器

PLC 中定时器的最大设定值为 32767，最

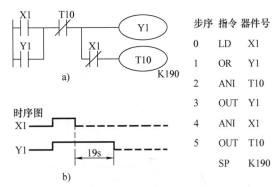

步序	指令	器件号
0	LD	X1
1	OR	Y1
2	ANI	T10
3	OUT	Y1
4	ANI	X1
5	OUT	T10
	SP	K190

图 5-42　断开延时定时器的梯形图和时序图
a) 梯形图　b) 时序图

长延时时间为 3276.7 s。可以通过程序实现长延时功能。图 5-43 所示为通过定时器串联实现长延时的方法一，图中延时时间为

$$T_总 = T0 + T1 = (100×0.1 + 500×0.1)s = 60s$$

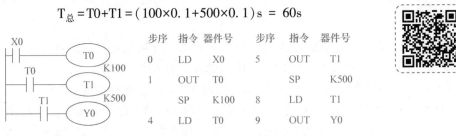

步序	指令	器件号	步序	指令	器件号
0	LD	X0	5	OUT	T1
1	OUT	T0		SP	K500
	SP	K100	8	LD	T1
4	LD	T0	9	OUT	Y0

5-6　长延时的应用

图 5-43　长延时定时器方法一

图 5-44 所示为实现长延时的方法二，是由定时器 T0 和计数器 C0 组合而成的电路。当 X0 接通时，T0 形成设定值为 10 s 脉冲，该脉冲作为计数器 C0 的输入脉冲，即 C0 对 T0 的脉冲个数进行计数，当计到 200 次时，计数器动作，C0 常开触点闭合，Y0 线圈得电。从 X0 接通到

Y0 得电，延时时间为定时器延时时间和计数器设定值的乘积。

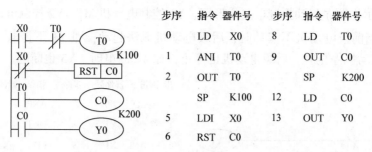

步序	指令	器件号	步序	指令	器件号
0	LD	X0	8	LD	T0
1	ANI	T0	9	OUT	C0
2	OUT	T0		SP	K200
	SP	K100	12	LD	C0
5	LDI	X0	13	OUT	Y0
6	RST	C0			

图 5-44　长延时定时器方法二

5.4.3　振荡与分频电路

1. 振荡电路

图 5-45 所示为振荡电路的梯形图和时序图。当输入接通 X1 闭合时，输出继电器 Y1 闪烁，即接通和断开交替进行。接通时间为 1 s，由定时器 T11 设定；断开时间为 2 s，由定时器 T10 设定。

5-7　振荡电路的设计

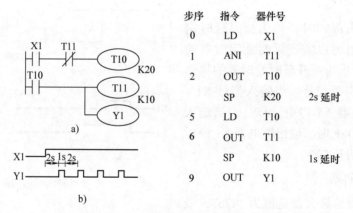

步序	指令	器件号	
0	LD	X1	
1	ANI	T11	
2	OUT	T10	
	SP	K20	2s 延时
5	LD	T10	
6	OUT	T11	
	SP	K10	1s 延时
9	OUT	Y1	

图 5-45　振荡电路的梯形图和时序图

a）梯形图　b）时序图

2. 分频电路

在许多控制场合中，需要对控制信号进行分频。下面以二分频电路为例说明 PLC 是如何实现分频的。输入 X1 引入信号脉冲，要求 Y1 的输出脉冲是前者的二分频。

图 5-46 所示是二分频电路的梯形图和时序图。当输入 X1 在 t_1 时刻接通（ON）时，在内部辅助继电器 M100 上产生单脉冲。在此之前 Y1 线圈并未得电，Y1 常开未闭合，当程序扫描至第 3 行时，M102 线圈不能得电，M102 常闭触点仍处于闭合状态，当扫描至第 4 行，Y1 线圈得电并自锁。等到 t_2 时刻，输入 X1 再次接通（ON），M100 再次产生单脉冲。当扫描第 3 行时，M102 线圈得电常闭触点断开，Y1 线圈断电。在 t_3 时刻，输入 X1 第三次接通，M100 又产生单脉冲，Y1 再次接通。t_4 时刻，Y1 再次断电，循环往复。输出正好是输入信号的二分频。

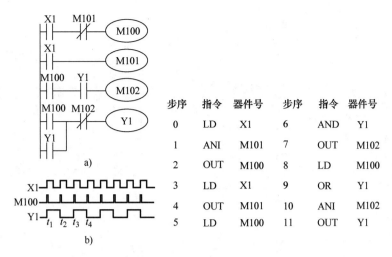

图 5-46　二分频电路的梯形图和时序图

a）梯形图　b）时序图

5.5　技能训练

5.5.1　训练项目 1　电动机正、反转控制

1. 目的

5-8　基本控制程序的设计方法

1）根据接线工艺和规范要求完成 PLC 的 I/O 端子接线，并校验；

2）熟练操作 PLC 编程软件或编程器，安全、规范地操作仪器与元器件；

3）设计、编写电动机正、反转 PLC 控制程序并调试；

4）进行程序的优化，对不同设计方案进行比较、分析；

5）分析硬件联锁与软件联锁的适用性；

6）搜集并整理电动机正、反转控制程序的应用，树立正确工程伦理观；

7）自觉整理实训设备和工具，保持实训工位干净整洁，具备工程技术人员基本职业素养。

2. 仪器与器件

1）FX_{3U} PLC 主机。

2）控制盘（含交流接触器、熔断器和端子排等）。

3）三相交流电动机。

4）三联按钮。

动画　小车自动往返

5）计算机与编程软件。

6）编程器。

3. 要求

设计用 PLC 进行具有双重互锁控制的电动机正、反转控制程序，要求既有软件互锁又有硬件互锁，有热继电器进行过载保护，画出主电路、端子分配表、端子接线图、梯形图和指令表。图 5-47 所示为电动机正、反转控制的电气原理图、I/O 接线图、梯形图和 I/O 分配表。建议停止按钮用常闭触点接入 PLC。

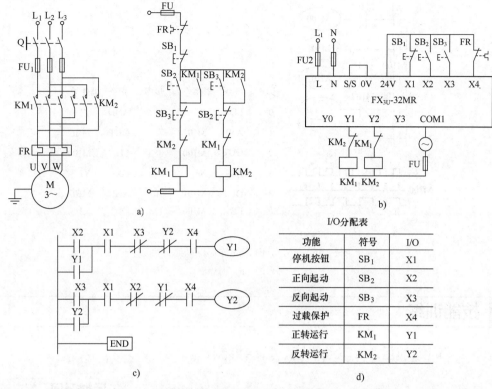

图 5-47 电动机正、反转控制的电气原理图、I/O 接线图、梯形图和 I/O 分配表

a）电气原理图 b）I/O 接线图 c）梯形图 d）I/O 分配表

4. 内容

1）编制电动机正、反转控制程序，下载到 PLC 主机中。

2）按照设计的 I/O 接线图接线，注意必须接入正、反转接触器的硬件互锁触点和电源熔断器进行短路保护。

3）先不接输出端电源进行模拟调试。把 PLC 主机上的开关扳向"RUN"，分别按下正、反转控制按钮，观察对应的输出显示灯是否按控制要求发光。如有误，把 PLC 主机上的开关扳向"STOP"，检查程序和接线，修改后重复上述步骤，直至正常为止。

4）模拟调试无误后，接通输出端电源，按下正向起动按钮，电动机正转，再按下反向起动按钮，将电动机直接切换到反转，运行成功，按下停机按钮，使电动机停止运转。

5）把接线图中的停止按钮换成常闭按钮，程序做相应的改变，然后重新调试，观察控制过程，总结出规律。

5. 拓展训练（参考附录 B-1）

5.5.2 训练项目 2 电动机丫-△减压起动控制

1. 目的

1）根据接线工艺和规范要求完成 PLC 的 I/O 端子接线，并校验；

2）熟练操作 PLC 编程软件或编程器，安全规范操作仪器与器件；

3）结合 PLC 设计方法与技巧，设计电动机丫-△减压起动控制程序，并调试、优化；

4）分析总结定时器时间设置的方法；

5）搜集整理电动机丫-△减压起动控制程序的工程应用。

6）认真整理实训工具，保持实训工位干净整洁。

2. 仪器与器件

1）FX 系列 PLC 主机。

2）控制盘（含交流接触器、熔断器和端子排等）。

3）三相交流电动机。

4）双联按钮。

5）计算机与编程软件。

6）编程器。

3. 要求

设计用 PLC 进行丫-△减压起动控制程序，要求按下起动按钮，电动机丫联结减压起动，3 s 后自动转换成△联结全压运行，同时丫起动和△运行要有软件互锁和硬件互锁，画出主电路、端子接线图、梯形图和指令表。

4. 内容

1）编制电动机丫-△减压起动控制程序，下载到 PLC 主机中。图 5-48 所示为电动机丫-△减压起动控制的电气原理图、I/O 接线图、梯形图和 I/O 分配表。

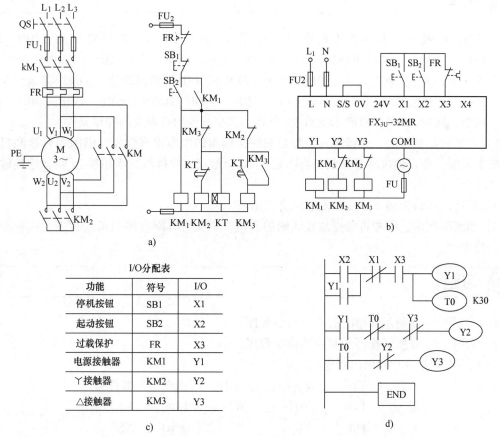

I/O分配表

功能	符号	I/O
停机按钮	SB1	X1
起动按钮	SB2	X2
过载保护	FR	X3
电源接触器	KM1	Y1
丫接触器	KM2	Y2
△接触器	KM3	Y3

图 5-48 电动机丫-△减压起动控制的电气原理图、I/O 接线图、梯形图和 I/O 分配表
a）电气原理图 b）I/O 接线图 c）I/O 分配表 d）梯形图

2）按照设计的 I/O 接线图接线，注意必须接入丫-△接触器的硬件互锁触点和电源熔断器进行短路保护。

3）先不接输出端电源进行模拟调试。把 PLC 主机上的开关扳向"RUN"，按下起动按钮，观察对应的输出显示灯是否按控制要求发光，3 s 后能否正常切换成△运行。如有误，把 PLC 主机上的开关扳向"STOP"，检查程序和接线，修改后重复上述步骤，直至正常为止。

4）模拟调试无误后，接通输出端电源，按下起动按钮，电动机星形联结减压起动，3 s 后切换成△运行，运行成功，按下停机按钮，电动机停止运转。

5）修改切换时间为 5 s，然后重新调试，观察控制过程，总结出规律。

5.5.3 其他训练项目

1）3 台电动机顺序起动、逆序停止控制程序。

2）电动机两地控制程序。

3）小车自动往返行程控制程序。

4）按电动机转子串电阻时间原则分级起动控制程序。

以上题目要求自行设计程序，画出主电路、端子接线图、梯形图和指令表，然后按照规则传入 PLC 进行模拟调试和修改，直至成功为止。

5.6 小结

1）FX$_{3U}$ 系列 PLC 共有基本指令 29 条，其中 LD、LDI、AND、ANI、OR、ORI、LDP、LDF、ANDP、ANDF、ORP 和 ORF 为触点指令共 12 条，ANB、ORB、MPS、MRD 和 MPP 为联接指令共 5 条，OUT、SET、RST、PLS、PLF、MEP 和 MEF 为输出指令共 7 条，其他指令 MC、MCR、INV、NOP 和 END 共 5 条。除 LDP、LDF、ANDP、ANDF、ORP、ORF、ORB、ANB、MPS、MRD、MPP、INV、NOP 和 END 指令外，其余指令均有对应的操作元件。

2）虽然对串接触点、并接触点的数目和纵接输出的次数没有限制，但因编程器和打印机的功能有限制，所以建议尽量做到一行不超过 10 个触点，并接触点不超过 24 行，连续输出不超过 24 行。

3）程序应按自上而下、从左至右的方式编程。

4）画梯形图时，不能将触点放在线圈的右边。不能将线圈直接与母线相连。应避免线圈的重复使用。

5.7 习题

1. 写出图 5-49 所示梯形图对应的指令程序。

2. 写出图 5-50 所示梯形图对应的指令程序。

3. 根据下列指令程序画出对应的梯形图。

步序	指令	器件号	步序	指令	器件号
0	LD	X0	6	LDI	X4
1	OR	Y0	7	AND	X5
2	ANI	X1	8	ORB	
3	OR	M10	9	ANB	

| 4 | LD | X2 | 10 | OUT | Y0 |
| 5 | AND | X3 | 11 | END | |

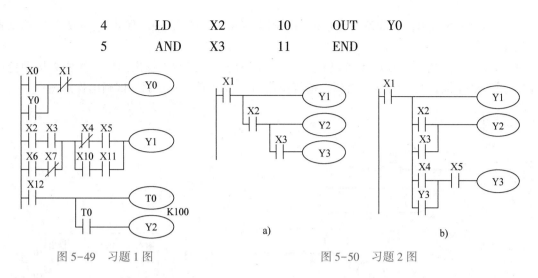

图 5-49　习题 1 图　　　　　　　　　　　图 5-50　习题 2 图

4. 写出图 5-51 所示的梯形图对应的指令程序。

5. 对图 5-52 所示的梯形图是否可以直接编程? 绘出改进后的等效梯形图, 并写出指令程序。

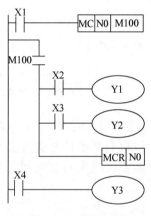

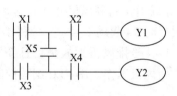

图 5-51　习题 4 图　　　　　　　图 5-52　习题 5 图

6. 简化图 5-53 所示的梯形图。

7. 如图 5-54 所示, 要求按下起动按钮后能依次完成下列动作:

1) 运动部件 A 从 1 到 2。

2) 接着 B 从 3 到 4。

3) 接着 A 从 2 回到 1。

4) 接着 B 从 4 回到 3。

试画出 I/O 分配图和梯形图并写出程序。

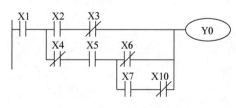

图 5-53　习题 6 图

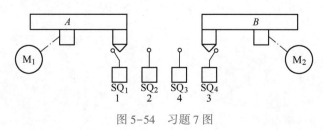

图 5-54　习题 7 图

8. 如图 5-55 所示，有 3 条传送带按顺序起动（A→B→C），逆序停止（C→B→A），试画出梯形图，写出程序。

9. 设计一个抢答器，如图 5-56 所示，有 4 个答题人。出题人提出问题，答题人按动抢答按钮，只有最先抢答的人输出。出题人按复位按钮，引出下一个问题。试画出梯形图。

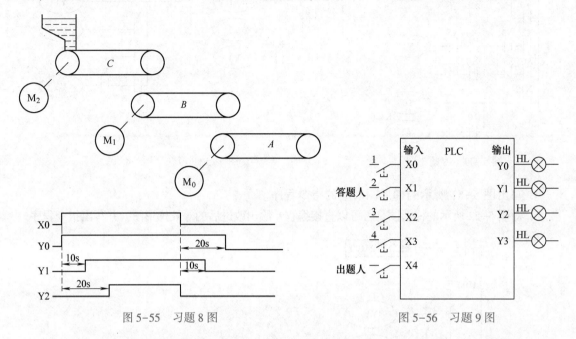

图 5-55　习题 8 图　　　　　图 5-56　习题 9 图

10. 新风系统有 1 台新风机和 4 台排风机。当新风机起动后延时 30 s，1 号排风机才能起动，然后依次延时 5 s 起动 2 号、3 号和 4 号排风机。新风机起动条件是送风机无故障，防火阀信号正常，1~4 号排风机无故障，且新风机处于自动状态。当所有排风机停机，延时 30 s 后，才能停止新风机工作。用 PLC 编写控制程序。

第6章　步进指令

　　用梯形图或指令表方式编程固然广为电气技术人员接受，但对于复杂的控制系统，尤其是顺序控制系统，其内部的联锁、互动关系极其复杂，其梯形图往往长达数百行，通常要由熟练的电气工程师才能编制出这样的程序。另外，如果在梯形图上不加上注释，则这种梯形图的可读性也会大大降低。

　　近年来，在许多新生产的 PLC 在梯形图语言之外加上了采用 IEC 标准的 SFC（Sequential Function Chart）语言，用于编制复杂的顺控程序。利用这种先进的编程方法，初学者也很容易编出复杂的顺序控制程序。即便是熟练的电气工程师，用这种方法后也能大大提高工作效率。另外，这种方法也为调试、试运行带来许多难以言传的方便。

　　三菱的小型 PLC 在基本逻辑指令之外增加了两条简单的步进顺序控制指令，同时辅之以大量状态元件，用类似于 SFC 语言的状态转移图方式编程。

6.1　状态转移图

　　状态转移图又叫作顺序（SFC）功能图，它是用状态元件描述工步状态的工艺流程图。它通常由初始状态、一系列一般状态、转移线和转移条件组成。每个状态提供 3 个功能，即驱动有关负载、指定转移条件和指定转移目标。

6-1　状态元件与状态转移图

　　FX$_{3U}$ 系列 PLC 提供许多状态元件：

　　1）S0~S9（10 点）用于初始状态。

　　2）S10~S499（490 点）为通用状态继电器，用于状态转移。

　　3）S500~S899（400 点）为锁存状态继电器，具有掉电保持功能。

　　4）S900~S999（100 点）供信号报警器用。

　　5）S1000~S4095（3096 点）掉电保持专用，不能做他用。

　　图 6-1 是一个状态转移图的例子。顺序功能图开始运行时，初始状态必须用其他方法预先驱动，使之处于工件状态（即 S1 先置 1）。图中，初始状态是由 PLC 从 STOP→RUN 切换瞬间特殊辅助继电器 M8002 驱动，使 S1 置 1。除初始状态之外一般状态元件必须在初始状态后用 STL 指令驱动，即驱动状态软元件时不能脱离上一个状态，否则无法驱动。

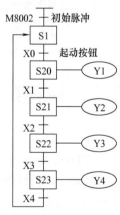

图 6-1　状态转移图的例子

　注意， 编程时必须将初始状态编在其他状态之前。

6.2 步进指令和步进梯形图

步进指令是专为顺序控制而设计的指令。FX₃ᵤ有两条步进指令，步进开始指令（STL）和步进返回指令（RET）。使用步进指令可以方便地根据顺序功能图写出步进梯形图程序。

1. 步进指令

1）STL：步进开始指令。只能与状态元件配合使用，表示状态元件的常开触点（只有常开触点，无常闭触点）与主母线相连。然后在副母线上直接连接线圈或通过触点驱动线圈。与 STL 相连的起始触点要使用 LD、LDI 指令。

2）RET：步进返回指令。用于步进操作结束时返回主母线，即 RET 指令使 LD 点返回母线。

在一系列 STL 指令的最后，必须写入 RET 指令，表明步进梯形指令的结束。STL 指令只对状态器 S 有效，而状态器 S 具有线圈和触点的功能，也可以是 LD、LDI、AND 等指令的目标元件。当状态器不作步进指令的目标元件时，具有一般辅助继电器的功能。

2. 步进梯形图

可以将图 6-1 所示给出的状态转移图转换成图 6-2 所示的步进梯形图，再写出语句表。

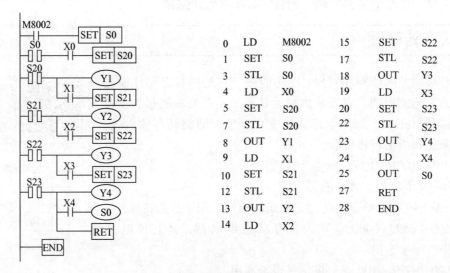

0	LD	M8002	15	SET	S22
1	SET	S0	17	STL	S22
3	STL	S0	18	OUT	Y3
4	LD	X0	19	LD	X3
5	SET	S20	20	SET	S23
7	STL	S20	22	STL	S23
8	OUT	Y1	23	OUT	Y4
9	LD	X1	24	LD	X4
10	SET	S21	25	OUT	S0
12	STL	S21	27	RET	
13	OUT	Y2	28	END	
14	LD	X2			

图 6-2　步进梯形图

在图 6-2 中，当 M8002 接通时，状态元件 S0 置位，其常开触点 S0 接通。当转移条件 X0 接通时，S20 置位，同时 S0 自动复位，S20 的常开触点接通，执行 Y1 输出。当转移条件 X1 接通时，自动转移到下一状态，依次类推。步进梯形指令具有以下特点。

6-2　步进指令的应用

（1）转移源自动复位功能

当用 STL 指令进入初始状态 S0 时，如果转移条件 X0 接通，状态器 S20 将接通，同时转移源状态器 S0 自动复位。

6-3　状态转移图的主要类型

（2）允许双重输出

在步进梯形图中，由 STL 驱动的不同状态器可以驱动同一输出，使得双线圈输出成为可能。

（3）主控功能

当使用 STL 指令时，相当于建立一个子母线，要用 LD 指令从子母线开始编程；使用 RET 指令之后，返回到总母线，用 LD 指令从总母线开始编程。

6-4　状态转移图的结构

6.3　状态转移图的主要类型

状态转移图有 3 种基本类型。

1. 单流程

图 6-1 和图 6-2 所示分别为单流程的状态转移图、步进梯形图和对应的指令表，图 6-3 所示为单流程的应用示例，是机械手将工件从 A 点送到 B 点的动作图和状态转移图。其上升/下降、左行/右行分别使用了双线圈电磁阀（某方向驱动线圈失电时，能保持在原位置。当反方向线圈驱动时，才能向反向运动）。夹钳使用单线圈电磁阀（只有线圈驱动时才能夹紧）。有下列两种控制方式。

（1）手动操作

这是初次运行时将机械复归左上原点位置的程序。状态 S5 是在 PLC 从停机转为运行的瞬间，用特殊辅助继电器 M8002 置位的。

（2）半自动单循环运行

1）用手动操作将机械移至原点位置，然后按动起动按钮 X26，动作状态从 S5 向 S20 转移，下降电磁阀的输出 Y0 动作，接着下限位开关 X1 接通。

2）动作状态 S20 向 S21 转移，下降输出 Y0 切断，夹钳输出 Y1 保持接通状态。

3）1s 后定时器 T0 的触点动作，转至状态 S22，上升输出 Y2 动作，不久到达上限位，X2 接通，状态转移。

4）状态 S23 为右行，输出 Y3 动作，到达右限位置，X3 接通，转为 S24 状态。

5）转至状态 S24，下降输出 Y0 再次动作，到达下限位置，X1 立即接通，接着动作状态由 S24 向 S25 转移。

6）在 S25 状态，先将保持夹钳输出 Y1 复位，并启动定时器 T1。

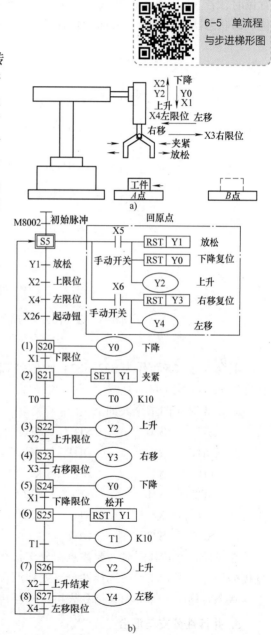

图 6-3　单流程的应用示例

a）机械手动作示意图　b）状态转移图

7）夹钳输出复位 1 s 后状态转移到 S26，上升输出 Y2 动作。

8）到达上限位置 X2 接通，动作状态向 S27 转移，左行输出 Y4 动作。一旦到达左限位置，X4 就接通，动作状态返回 S5，成为等待再起动的状态。

2. 选择性分支与汇合

6-6 选择性分支与步进梯形图

对从多个分支流程中选择某一个单支流程，称为选择性分支。

图 6-4 所示为选择性分支与汇合的状态转移图和步进梯形图。图中转移条件 X1 和 X4 在同一时刻只能有一个为接通状态。当 S20 置位时，若 X1 接通，状态就向 S21 转移，S20 自动复位。以后即使 X4 接通，S23 也不会置位。即状态器 S20 的转移方向由转移条件 X1 和 X4 的状态决定。

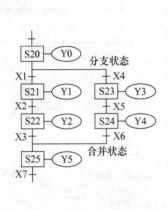
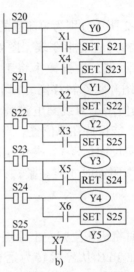

图 6-4　选择性分支与汇合的状态转移图和步进梯形图
a）状态转移图　b）步进梯形图

汇合状态 S25 可作为 S22、S24 中任一状态的转移目标，由 S22 或 S24 置位，同时前一个状态器 S22 或 S24 自动复位。

图 6-4 对应的指令表如下。

STL	S20	STL	S21	LD	X3	STL	S24
OUT	Y0	OUT	Y1	SET	S25	OUT	Y4
LD	X1	LD	X2	STL	S23	LD	X6
SET	S21	SET	S22	OUT	Y3	SET	S25
LD	X4	STL	S22	LD	X5	STL	S25
SET	S23	OUT	Y2	SET	S24	OUT	Y5

在设计状态转移图时，要注意在分支状态和汇合状态的转移条件，如不满足条件，就不能直接编程。编程时注意在选择性分支处和汇合处的编程方法。

状态转移图、梯形图和指令表可以相互转换。

3. 并行性分支与汇合

6-7 并行性分支与步进梯形图

对同时并行处理多个分支流程称之为并行性分支与汇合。

图 6-5 所示为并行性分支与汇合的状态转移图和步进梯形图。图中水平双线表示并行工作。当 S20 置位时，若转换条件 X1 接通，则从状态器 S20 分两路同时进入状态器 S21 和 S23，使之同时置位，各分支流程同时动作，而状态器 S20 被复位。待各分支流程全部处理完毕时后，S22 和 S24 同时接通，此时，若转移条件 X5 接通，则汇合状态 S25 置位，S22、S24 全部自动复位。多条支路汇合在一起，实际为 STL 指令的连续使用，即在梯形图中是 STL 触点串联。规定 STL 指令最多可以连续使用 8 次。

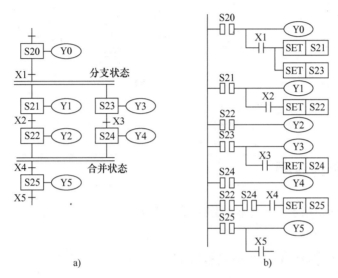

图 6-5 并行性分支与汇合的状态转移图和步进梯形图

a）状态转移图 b）步进梯形图

注意图中分支处和汇合处的状态转移条件，如不满足条件，就不能直接编程。根据状态转移图和步进梯形图写出指令表。编程时，需注意在并行分支处和汇合处的编程方法。

图 6-5 对应的指令表如下。

STL	S20	OUT	Y1	OUT	Y3	STL	S24
OUT	Y0	LD	X2	LD	X3	LD	X4
LD	X1	SET	S22	SET	S24	SET	S25
SET	S21	STL	S22	STL	S24	STL	S25
SET	S23	OUT	Y2	OUT	Y4	OUT	Y5
STL	S21	STL	S23	STL	S22	LD	X5

4. 跳转和重复的处理

对于状态转移图，除上述的几种类型外，还有其他非连续的状态转移类型，如图 6-6 所示。图 6-6a 所示为重复（由下向上转移）处理，图 6-6b 所示为跳转（由上向下转移）处理，图 6-6c 所示为向程序外跳转处理，图 6-6d 所示为复位处理。编程时，对前 3 种类型用 OUT 指令，复位处理时用 RST 指令。另外，图中应尽量避免线条交叉。

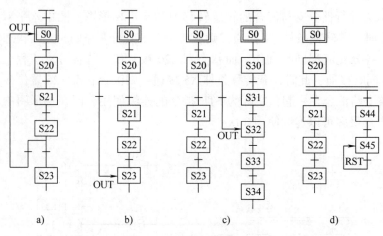

图 6-6　跳转和重复的处理

a）重复处理　b）跳转处理　c）向程序外跳转处理　d）复位处理

6.4　步进指令的应用

现通过几个实例介绍步进指令梯形图的编写方法。

1. 小球分类传送系统

图 6-7 所示为小球分类传送系统示意图。

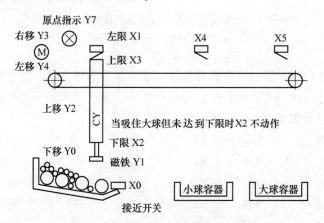

图 6-7　小球分类传送系统示意图

左上为原点，动作顺序为：

下降→吸收→上升→右行→下降→释放→上升→左行。当机械臂下降时，若电磁铁吸住大球，则下限位开关 LS2 断开；若吸住小球，则 LS2 接通。

小球分类处理的状态转移图如图 6-8 所示。本例中，用手动使机械达到初始位置。

根据球的大小选择程序流向，当为小球时，（X2＝ON）左侧流程有效；当为大球时，右侧流程有效（X2＝OFF）。

若运送小球时 X4 动作，若运送大球时 X5 动作，向汇合状态 S30 转移。

驱动特殊辅助继电器 M8040 将禁止所有状态的转移。在状态 S24、S27、S33 时，右行输出 Y3、左行输出 Y4 中用有关触点串联，可作连锁保护。

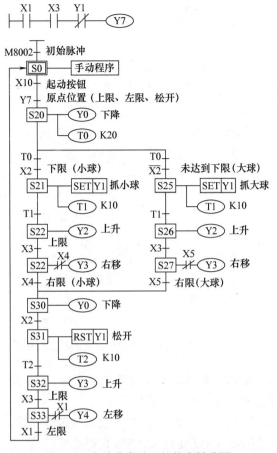

图 6-8 小球分类处理的状态转移图

此例是按一下起动按钮 X10, 实现单个循环半自动运行的流程。

2. 按钮式人行横道控制系统

图 6-9 为按钮式人行横道控制系统示意图。图 6-10 为按钮式人行横道控制系统的状态转移图。PLC 在停机转入运行时, 初始状态 S0 动作, 通常为车道灯变绿, 人行道灯变红 (通过 M8002)。

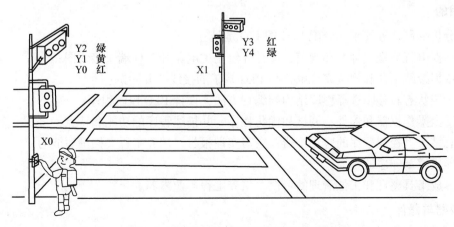

图 6-9 按钮式人行横道控制系统示意图

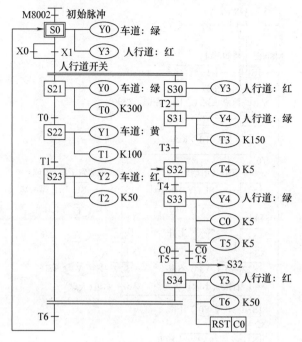

图 6-10　按钮式人行横道控制系统的状态转移图

若按人行横道按钮 X0 或 X1，则状态 S21 使车道灯变绿，S30 使人行道灯变红，红绿灯状态不变化。30 s 后车道灯变黄，再过 10 s 车道灯变绿。

然后定时器 T2（5 s）启动，5 s 后 T2 触点接通使人行道灯变绿。

15 s 后人行道绿灯开始闪烁（S32 使灯灭，S33 使灯亮）。

闪烁中 S32、S33 的动作反复进行，计数器 C0（设定值为 5 次）触点一接通，状态向 S34 转移，人行道灯变红，5 s 后，返回初始状态。状态转移过程中，即使按 X0 或 X1 也无效。

6.5　技能训练

6.5.1　训练项目 1　电动机顺序起动控制（选择性分支流程）

1. 目的

1）分析控制任务要求，分配 PLC 的 I/O 地址；

2）依据电气原理图标准和规范，设计并绘制主电路和 I/O 端子接线图；

3）依据接线工艺和规范完成电路与 PLC 端子的接线，并测试；

4）参照状态转移图选择程序结构和编程方法，设计 PLC 控制程序；

5）安全操作仪器和器件，调试和优化程序，并描述程序的功能和特点；

6）总结典型控制程序的应用价值，撰写实训报告，培养工程文档撰写能力；

7）养成遵章守序的习惯；

8）养成工具整理和工位清理的习惯，培养工程职业素养。

2. 仪器与器件

1）FX₃ᵤ 系列 PLC 主机。

2）控制盘（含交流接触器、熔断器和端子排等）。

3）三相交流电动机。

4）三联按钮。

5）计算机与编程软件。

6）编程器。

3. 要求

设计用 PLC 步进指令控制电动机顺序起动逆序停止的程序。要求 4 台电动机，按下起动按钮时，M_1 先起动，运行 2 s 后 M_2 起动，再运行 3 s 后 M_3 起动，再运行 4 s 后 M_4 起动；按下停止按钮时，M_4 先停止，4 s 后 M_3 停止，3 s 后 M_2 停止，2 s 后 M_1 停止。在起动过程中也应能完成逆序停止，例如在 M_2 起动后和 M_3 起动前按下停止按钮，M_2 停止，2 s 后 M_1 停止。画出主电路、端子接线图、状态转移图、步进梯形图和指令表。图 6-11 所示为电动机顺序起动控制程序的状态转移图。

4. 内容

1）分析任务要求，设计电动机顺序起动、逆序停止的主电路；认真检查主电路，确认无误后，根据接线工艺和规范完成主电路接线，并检查；

2）确定 PLC 的 I/O 地址，并设计和绘制 I/O 端子接线图；

3）I/O 端子接线图检查无误后，根据接线工艺和规范要求，完成 PLC 的 I/O 端子接线，并测试；

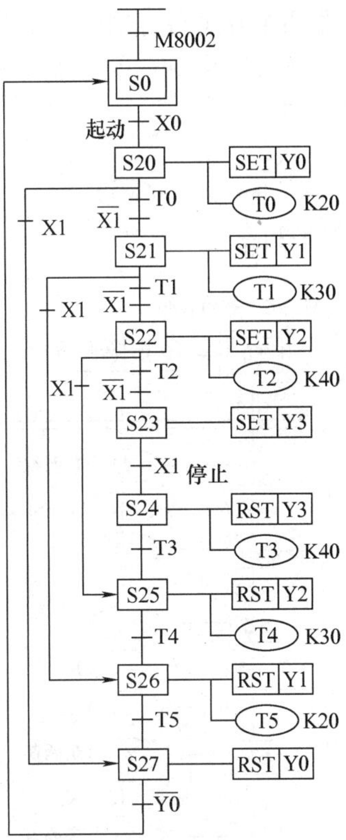

图 6-11　电动机顺序起动
控制程序的状态转移图

4）参照电动机顺序起动、逆序停止的状态转移图，选择程序结构和编程指令（如顺控指令），设计控制程序；

5）运用编程软件或编程器，编写控制程序并下载和调试；

6）模拟调试。不接输出端电源，把 PLC 主机上的开关扳向 "RUN"，按下起动按钮，观察对应的输出显示灯是否按顺序起动、逆序停止的要求发光。如有误，把 PLC 主机上的开关扳向 "STOP"，检查程序和接线，修改后重复上述步骤，直至正常。

7）在线模拟。模拟调试无误后，接通输出端电源，按下起动按钮，电动机顺序起动，按下停机按钮，电动机逆序停止运转；

8）选择其他编程指令，重新设计和编写程序并调试；

9）比较不同编程指令应用时的特点；

10）实训结束后，关闭电源，整理工具、设备、仪器等，打扫实训室卫生，撰写实训报告。

6.5.2　训练项目 2　十字路口交通灯控制（并行性分支流程）

目的、仪器与器件同训练项目 1。

1. 要求

用 PLC 步进指令设计十字路口交通信号灯的程序，要求如下：南北方向红灯亮 55 s，同时东西方向绿灯先亮 50 s，然后绿灯闪烁 3 次（亮 0.5 s，灭 0.5 s），最后黄灯再亮 2 s，此时东西南北两个方向同时翻转，东西方向变为红灯，南北方向变为绿灯，如此循环。画出端子接线图、状态转移图、步进梯形图和指令表。图 6-12 所示为十字路口交通信号灯控制程序的状态转移图。

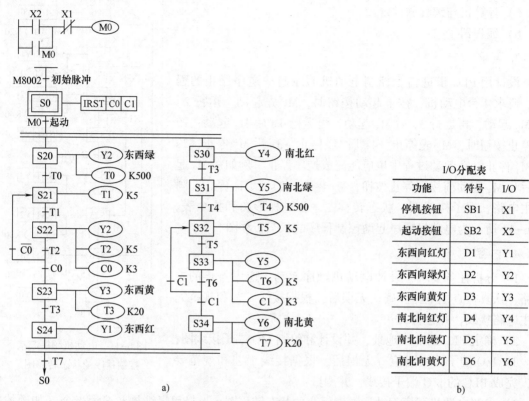

图 6-12　十字路口交通信号灯控制程序的状态转移图和 I/O 分配表
a）状态转移图　b）I/O 分配表

2. 内容

同 6.5.1 小节相关内容。

3. 其他训练项目

1）小球分类控制系统程序设计（参照图 6-8）

2）按钮式人行道控制系统程序设计（参照图 6-10）

3）小车自动往返装卸货系统控制程序设计（参见习题 6）

6.6 小结

状态转移图是一种顺序功能图，将状态器（S）作为一个控制工序，使每道工序中设备所起的作用在整个控制流程中一目了然，从而将输入条件和输出控制按顺序编程。状态转移图的最大特点是，在工序进行时与前一工序不接通，使各道工序的控制变得简单，从而使复杂的编程工作简单化。同时也有利于维护程序和排除故障。

步进梯形指令可以用数据图表示在步进梯形图中，两者可以按一定的规则相互转换，其实质内容相同，只是表现形式不同。

编程时要根据功能图的类型和规则进行。

6.7 习题

1. STL 指令与 LD 指令有什么区别？试举例说明。

2. 试写出图 6-8 的程序。

3. 试写出图 6-10 的程序。

4. 设计一个顺序控制系统，要求如下：3 台电动机，按下起动按钮时，M_1 先起动，运行 2 s 后 M_2 起动，再运行 3 s 后 M_3 起动；按下停止按钮时，M_3 先停止，3 s 后 M_2 停止，2 s 后 M_1 停止。在起动过程中也应能完成逆序停止，例如在 M_2 起动后和 M_3 起动前按下停止按钮，M_2 停止，2 s 后 M_1 停止。画出端子接线图和状态转移图，写出指令表。

5. 设计十字路口交通信号灯的程序，要求如下：南北方向红灯亮 55 s，同时东西方向绿灯先亮 50 s，然后绿灯闪烁 3 次（亮 0.5 s，灭 0.5 s），最后黄灯再亮 2 s，此时东西南北两个方向同时翻转，东西方向变为红灯，南北方向变为绿灯，如此循环。写出状态转移图和指令表。

6. 设计小车自动往返装卸货系统的程序，要求如下：按下起动按钮，小车从原位向前，行至料斗处（前限位开关处）自动停止，料斗底门打开 7 s，小车装货，7 s 后小车向后运行，行至原位时小车停止，小车侧门打开 5 s 进行卸货，如此往返，直至按下停止按钮为止，以上每个动作都有手动操纵。

第7章 应用指令

FX$_{3U}$系列 PLC 除了有逻辑指令和步进指令外，还有许多应用指令，可以实现工业自动化控制中的数学运算和处理、闭环控制与定位控制等，能提高控制精度，稳定运行状态，减少排故时间，提高工作效率，使 PLC 的应用范围更加广泛。

三菱 FX$_{3U}$系列小型 PLC 的应用指令数量较多，按照编号 FNC00~FNC299 进行编排，根据其应用类别可划分为以下几个大类别：程序流控制、传送和比较控制、算术和逻辑运算控制、移位和循环控制、数据处理指令、高速处理指令、方便指令、外部输入输出处理指令、外部设备通信指令、浮点数应用指令、定位指令、脉冲运算指令。

由于篇幅有限，本章只介绍部分常用的应用指令。

7.1 应用指令的表示方法

应用指令的表示与基本指令不同。应用指令用编号（如 FNC00、FNC58）或助记符表示，助记符大多用英语名称或缩写表示，如 FNC00 的助记符是 CJ。大多数应用指令有 1~4 个操作数。应用指令参与运算和操作的数据类型较多，既可以是整数，也可以是浮点数，或由位元件组成的数据。

1. 应用指令的格式

应用指令实质是 PLC 的一个控制应用，即一个子程序。应用指令的指令助记符也叫操作码，表示这条指令要执行的操作，一般采用英文名称或缩写作为助记符。例如 FNC12 的助记符为"MOV"，是数据传送指令。图 7-1 所示为 MOV 指令的梯形图和指令表。

7-1 应用指令的表示

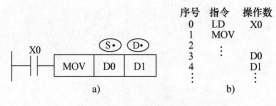

图 7-1 应用指令的格式

a）梯形图 b）指令表

图 7-1 中，D0 和 D1 为操作数，当 X0 = ON 时，执行 MOV 指令，把数据块 D0 中的数据传送到 D1 中。操作数分为下列 3 种。

1）源（source）操作数 Ⓢ：在执行完该应用指令后，其数据不变的操作数称为源操作数，书中用［S·］表示。S 右边的"·"表示可以进行变址修饰。当源操作数超过 1 个时，分别用［S1·］、［S2·］或表示。不同应用指令选用的源操作数种类不同。图 7-1 中 D0 就是源操作数。

2）目标（destination）操作数 Ⓓ·：在执行该应用指令之后，其数据被刷新的操作数称为目标操作数，有用［D·］表示。目标操作数的其他规定与源操作数相同。图 7-1 中 D1 为目标操作数。为了表示方便，本书程序中 S 和 D 的标准仍采用不加 "·" 表示。

3）其他操作数 m 和 n：用来表示常数或作为源操作数和目标操作数的补充说明。当参与该应用指令操作或运算的常数超过 1 个时，分别用 m1、m2 或 n1、n2 表示。

编程时指令助记符占 1 个程序步，16 位操作时每个操作数占 2 个程序步，32 位操作时每个操作数占 4 个程序步。需要注意有些应用指令在整个程序中只能出现一次。

2. 指令运算位数与执行方式

（1）指令运算位数

在应用指令中，参与运算和操作的数据可以是 16 位二进制数，也可以是 32 位二进制数。为了加以区别，在操作码前面加符号（D）（D 为 double 的缩写）表示处理 32 位数据，如（D）MOV、FNC（D）12 或 FNC12（D），这三种表示方法具有相同的意义。如图 7-2 所示，处理 32 位数据时，用相邻编号的两个软元件组成元件对，并且用低位偶数编号作为软元件的首地址在指令中指定。

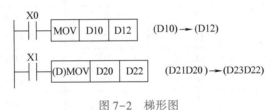

图 7-2　梯形图

（2）指令执行方式

应用指令的执行方式有连续执行和脉冲执行两种。连续执行方式是在每个扫描周期都被重复执行一次，表示为 MOV；脉冲执行方式是在驱动信号由 OFF→ON 时执行一次，表示为 MOV（P）或者 FNC12（P），其中 P 为 pulse 的缩写。图 7-3a 表示连续执行方式，当 X0 = ON 时，每个周期都把 D10 中的数据传送到 D12 中去；图 7-3b 表示脉冲执行方式，当 X0 = ON 时，只在接通的第一个周期进行数据传送。

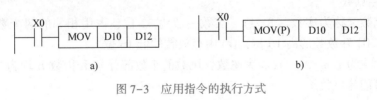

图 7-3　应用指令的执行方式
a）连续执行　b）脉冲执行

对于某些应用指令，如 XCH（交换）、INC（二进制加 1）、DEC（二进制减 1）等指令，若使用连续执行方式要注意：在不需要每个扫描周期都执行时，用脉冲执行方式可以缩短运行周期。

3. 数值

应用指令的数值分为常用数值和浮点数两种。

（1）常用数值

根据用途和目的不同，有 5 种数制可被选用，二进制（Binary，

7-2　数值类型

BIN）、八进制（Octal，OCT）、十进制（Decimal，DEC）、十六进制（Hexadecimal，HEX）、BCD 码（Binary Coded Decimal）等，它们的表示及转换关系见表 7-1。

表 7-1　不同进制数的表示及转换关系

十 进 制 数		八 进 制 数	十六进制数	二 进 制 数	BCD 码
数值	0	0	0	0000	0000 0000
	1	1	1	0001	0000 0001
	2	2	2	0010	0000 0010
	3	3	3	0011	0000 0011
	4	4	4	0100	0000 0100
	5	5	5	0101	0000 0101
	6	6	6	0110	0000 0110
	7	7	7	0111	0000 0111
	8	10	8	1000	0000 1000
	9	11	9	1001	0000 1001
	10	12	A	1010	0001 0000
	11	13	B	1011	0001 0001
	12	14	C	1100	0001 0010
	13	15	D	1101	0001 0011
	14	16	E	1110	0001 0100
	15	17	F	1111	0001 0101
应用	用于常数 K、输入/输出继电器以外的内部软元件编号	用于输入/输出继电器的软元件编号	用于常数 H 等	用于 PLC 内部的数据处理	用 BCD 码数字开关和 7 段码显示

前面介绍的数值主要用于整型数值的表示，对于有小数的表示常采用浮点数。二进制浮点数用于浮点数运算，十进制浮点数用于监控。

（2）浮点数

① 二进制浮点数。

二进制浮点数又称为实数（Real），实数一般为 32 位，占用相邻的两个数据寄存器，如 D1 和 D0 组成，D1 存放数的高 16 位，D0 中存放数的低 16 位。

浮点数表达式为 $1.m \times 2^E$，$1.m$ 为尾数，尾数的小数部分 m 和指数 E 均为二进制数，E 可能是正数，也可能是负数。

PLC 采用 32 位实数表达式 $1.m \times 2^e$，其中指数 $e = E + 127$（$1 \le e \le 254$），e 为 8，为正整数。浮点数的格式如图 7-4 所示，共占 32 位，最高位（第 31 位）为符号位，0 表示正数，1 表示负数；8 位指数位占据第 23~30 位。尾数的整数部总是 1，只保留了尾数的小数部分 m（第 0~22 位），分尾数第 22 位对应于 2^{-1}，第 0 位对应于 2^{-23}。浮点数的范围为 $\pm 1.175495 \times 10^{-38}$ ~

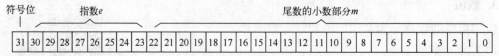

图 7-4　浮点数的格式

$\pm 3.402823 \times 10^{38}$。浮点数需要用编号连续的两个数据寄存器存放，与 7 位有效数字的十进制精度相当。

实际应用时不会采用图 7-4 所示的格式表示浮点数，编程软件 GX Works2 支持浮点数，用十进制小数显示和输入浮点数。使用指令 FLT 和 INT 可以实现整数和二进制浮点数之间的相互转换。图 7-5 中 EADD 指令中浮点数用 E2345.78 来表示 2345.78；用实数的指数方式 E5.6722+3 表示 5.6722×10^3，DEMOVP 指令中用 E4.3224 -5 表示 4.3224×10^{-5}。

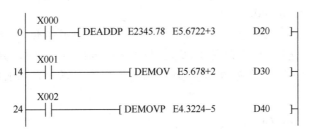

图 7-5　浮点数的格式

② 十进制浮点数。

在不支持浮点数显示的编程工具中，需将二进制浮点数转换成十进制浮点数后再进行显示，但是内部仍然采用二进制浮点数。1 个十进制的浮点数仍占用相邻 2 个数据寄存器，如 D10、D11。D11 存放指数，D10 存放尾数。数据格式为尾数×10^{指数}，尾数为 4 位 BCD 码的整数，范围为 0、1000~9999，-1000 ~ -9999；指数范围为-41 ~ +35。如 23456.78 可以表示为 2345678×10^{-2}。

在 PLC 内部尾数和指数均按 2 的补码处理，最高位为符号位。

4. 软元件

PLC 的软元件分为内部软元件和位软元件的组合，应用指令的操作数可以使用的软元件如图 7-6 所示。

操作数种类	位软元件							字软元件													其　　他				
	系统·用户							位数指定				系统·用户				特殊模块	变址				常数		实数	字符串	指针
	X	Y	M	T	C	S	D□.b	KnX	KnY	KnM	KnS	T	C	D	R	U□\G□	V	Z	修饰		K	H	E	"□"	P
⑤·								●	●	●	●	●	●	●	▲1	▲2	●	●	●						
m1																					●	●			
m2																					●	●			
⑩·								●	●	●	●	●	●	●	▲1	▲2	●	●	●						
n																					●	●			

注：▲1 表示仅 FX_{3G}·FX_{3GC}·FX_{3U}·FX_{3UC} PLC 支持。

　　▲2 表示仅 FX_{3U}·FX_{3UC} PLC 支持。

图 7-6　应用指令操作数可以使用的软元件

（1）内部软元件

存放操作数的内部软元件有字软元件和位软元件。其中只处理开/关（ON/OFF）信息的软元件为位软元件，如 X，Y，M，S；而处理数据的软元件为字软元件，字软元件包括存放数据的数据寄存器 D、存放计数器计数当前值的寄存器 C、存放定时器计时当前值的寄存器 T。

（2）位软元件的组合

位软元件组合起来后也可以处理数据；每 4 个位软元件组成一组，代表 4 位 BCD 码，也表示 1 位十进制数，用 KnMm 表示，其中 K 表示十进制常数，n 表示该十进制常数的位数，也表示位软元件的组数，m 表示位软元件首地址。被组合位软元件的首地址可以是任意的，但是为了避免混乱，建议用 0 结尾的软元件号（X0，X10，X20，…）。则组合后能处理数据的位软元件为 KnX0，KnY0，KnM0，KnS0，…。

例如，K2X0 表示由输入继电器 X0~X7 组成的 2 位十进制数据。K4M0 表示由 M0~M15 组成的 4 位十进制数。进行 16 位数据处理时位数为 K1~K4，32 位时位数为 K1~K8。如 K8S0 表示由 S0~S31 组成的 8 位十进制数据。但是，若在 32 位运算中采用 K4Y0，则将高位 16 位看作 0。

5. 变址寄存器（V 和 Z）

变址寄存器的主要作用是"变址"。软元件 V 和 Z 是保存变址数的寄存器。其变址数与指令中给出地址部分的内容相加后产生有效地址，用于修改操作数的软元件号。当操作数的寄存器地址与变址寄存器一起使用时，表示该操作数的实际地址为当前地址（指令给出的地址）加上变址寄存器内存放的数据。

操作数 [S·] 和 [D·] 中的点表示变址寻址方式，说明操作数的实际地址为指令给出的 S 或 D 的地址加上变址寄存器 V 或 Z 的内容。变址寄存器的使用示例如图 7-7 所示。

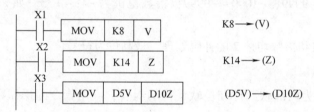

图 7-7　变址寻址方式的梯形图

变址寄存器的操作方式与普通 16 位数据寄存器一样。进行 32 位运算时，将 V 和 Z 组合使用，V 为高 16 位数据，Z 为低 16 数据位，而在指令中变址寄存器只需要指定 Z，Z 就代表了 V 和 Z 组成的 32 位变址寄存器。

6. 常用特殊辅助继电器

在指令应用中经常用到一些特殊辅助继电器作为指令执行结果的标志，其应用如下。

M8020：零标志　　　　　　　M8021：借位标志

M8022：进位标志　　　　　　M8029：执行完毕标志

M8064：参数出错标志　　　　M8065：语法出错标志

M8066：电路出错标志　　　　M8067：运算出错标志

每次执行各种应用指令时可能会影响以上标志的状态，使其 SET（置位）或 RESET（复位），在编程时要格外注意。当不再执行应用指令时，已动作的标志状态不变化。

如果应用指令时参数、语法、电路、运算等方面出错，出错标志将被置位，同时与 M 编号对应的文件寄存器 D8064~D8067 中将自动存入出错码或步序号。消除错误后，出错标志自动复位。

7.2 程序流程控制（FNC00~FNC09）

　　PLC 程序流程控制的应用指令共有 10 条，指令编号为 FNC00~FNC09。它们在程序中完成条件执行与优先处理，与顺控程序的控制流程有关。

1. 条件跳转指令

FNC00　CJ　操作数：指针 P0~P63　（允许变址修改）

图 7-8a 为条件跳转指令应用的梯形图，根据梯形图写出指令表如图 7-8b 所示。

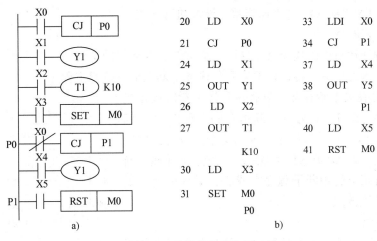

20	LD	X0		33	LDI	X0
21	CJ	P0		34	CJ	P1
24	LD	X1		37	LD	X4
25	OUT	Y1		38	OUT	Y5
26	LD	X2				P1
27	OUT	T1		40	LD	X5
		K10		41	RST	M0
30	LD	X3				
31	SET	M0				
		P0				

a)　　　　　　　　　　　　b)

图 7-8　跳转指令的应用

a) 梯形图　b) 指令表

　　1）CJ 指令用来跳过程序中某一部分程序，被跳过去的程序行不再被扫描，可以缩短整个程序的运算周期。

　　2）允许双线圈输出，但是双线圈 Y1 应在两个不同跳转程序之内，而不能一个在跳转程序之内，一个在跳转程序之外。

　　3）如果积算型定时器和计数器的 RST 指令在跳转程序之内，即使跳转程序生效，RST 指令仍然有效。

　　4）被跳过去的程序中各软元件的状态如下：

　　① Y、M、S 保持跳转前的状态；

　　② 普通计数器停止计数，并保持计数当前值，高速计数器跳转时继续计数。

　　③ 跳转生效时未开始工作的定时器不动作；已动作的定时器中断计时，保持计时当前值。定时器 T192~T199（子程序用）跳转时仍计时，计时时间到触点动作。

　　5）该指令可以分为连续和脉冲执行两种方式。

2. 子程序指令

　　子程序调用 FNC01　CALL　操作数：指针 P0~P62　（允许变址修改）

　　子程序返回 FNC02　SRET　无操作数

　　子程序指令的应用如图 7-9 所示。

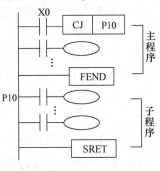

图 7-9　子程序指令的应用

1）当 X0 = ON 时，停止扫描主程序转去扫描标号为 P10 的子程序，扫描至 SRE 时再返回主程序断点处继续扫描。

2）子程序应该在主程序结束之后编程，即子程序指针出现在 FEND 之后。

3）CJ 指令的指针与 CALL 的指针不能重复。

4）程序允许嵌套，嵌套级别最多为 5 级。

5）子程序中只能用 T192 ～T199 或 T246～T249 作为定时器。

3. 中断指令

中断返回　FNC03　IRET⎫
开中断　　FNC04　EI　⎬无操作数，连续执行方式
关中断　　FNC05　DI　⎭

中断是指程序运行中出现异常事件时，必须终止现运行的主程序，转去执行此事件的子程序，当子程序处理完毕后，再返回原来主程序的中断点继续执行主程序。

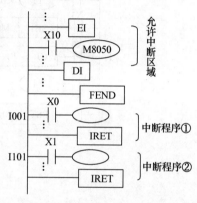

图 7-10　带中断程序的梯形图

通常 PLC 处在关中断状态，只有在允许中断区域才能执行中断子程序。图 7-10 为带中断指令的梯形图。EI 和 DI 之间为允许中断区域，当程序处理到这个区域时，如果有中断信号产生，如 X0 或 X1 为 ON 时，则停止处理当前程序，转去执行相应的中断子程序①或②，子程序处理到 IRET 指令时返回原断点。

中断指令的特点：

1）中断程序中可嵌套中断程序，即正在执行中断服务程序时，又有中断请求信号产生，此信号被锁存起来，待正在执行的中断子程序返回后，转去执行该中断子程序，可实现 2 级中断嵌套。

2）共有 15 个中断指针，其中有 6 个输入中断指针，3 个定时器中断指针，6 个计数器中断指针，因此可以设置 15 个中断点。

3）中断的优先级别：多个中断信号不同时产生，按产生的先后顺序进行中断；2 个或 2 个以上中断信号同时产生，按中断指针的编号从小到大执行中断。

4）中断子程序中可以使用的定时器为 T192~T199 和 T246~T249。

4. 主程序结束指令

FNC06　FEND　（无操作数，连续执行方式）

FEND 为主程序结束指令，与 END 指令的应用一样，执行到该指令时程序返回到 0 步。该指令的应用如图 7-11 所示。

1）中断服务子程序和子程序应该写在 FEND 之后，并且用 IRET 和 SRET 返回。否则会出错。FEND 出现在 FOR-NEXT 之间也会出错。

2）如果多次使用 FEND 指令，则在最后的 FEND 和 END 之间编写子程序或中断子程序。

5. 看门狗定时器指令

FNC07　WDT　（无操作数，可连续和脉冲执行）

PLC 中专用的看门狗定时器的初始值为 200ms，存放在特殊数据寄存器 D8000 中，计时单

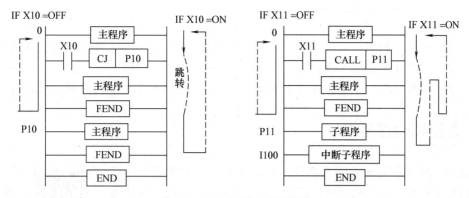

图 7-11　FEND 指令的梯形图

位为 ms。当 PLC 一上电，对看门狗定时器进行初始化，每个扫描周期（0~END 或 FEND 指令的执行时间）结束时，立即刷新看门狗定时器的当前值，使 PLC 能正常运行。

如果 PLC 扫描周期大于设定值 200 ms，看门狗定时器的逻辑线圈被接通，CPU 立即停止执行用户程序，同时切断全部输出，并且报警显示。可在程序 FOR-NEXT 之间插入 WDT 指令，修改看门狗时钟的设定值，使程序能顺利执行，如图 7-12 所示。

1）可以通过 MOV 指令修改看门狗定时器的设定值（D8000 的值）。如图 7-13 所示。

2）可以计算出程序扫描周期的最大值作为看门狗时钟的设定值。

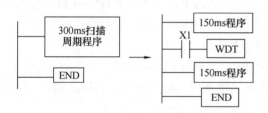

图 7-12　WDT 指令的梯形图

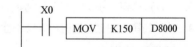

图 7-13　用 MOV 指令修改 D8000 的梯形图

6. 循环指令

循环范围的开始　FNC08　FOR　操作数

操作数［S·］：K、H、KnX、KnY、KnM、KnS、T、C、D、V、Z

循环范围的结束　FNC09　NEXT　（无操作数）

在 FOR-NEXT 之间的程序执行 n 次（由源数据［S·］指定）后再执行 NEXT 后面的程序，n 为循环次数，其范围为 1~32767 有效。如果指定为 -32768~0，则作 n=1 处理。图 7-14 为循环指令的梯形图。图中循环体 B 的程序执行 4 次，然后从②以后的程序执行。

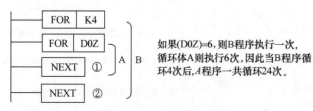

如果(D0Z)=6,则B程序执行一次,循环体A则执行6次,因此当B程序循环4次后,A程序一共循环24次。

循环赋值
程序设计

图 7-14　循环指令的梯形图

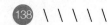
 注意:

1) 程序中 FOR-NEXT 成对出现，FOR 在前，NEXT 在后，不可倒置，否则出错。

2) 编程时，应把 NEXT 放在 FEND 或 END 之前，否则出错。

3) FOR 循环指令能解决重复赋值和功能相近操作重复编程的问题，提高编程效率。

7.3 比较和传送指令

传送和比较指令是 PLC 应用指令中最常用的、最为重要的、用于数据传送和比较等基本数据操作的指令。指令共有 10 条，编号为 FNC10~FNC19。

7-3 比较指令及应用

1. 比较指令

FNC10　CMP　操作数

操作数 $\begin{cases} [\text{S1} \cdot]、[\text{S2} \cdot]: \text{K, H、KnX、KnY、KnM、KnS、T、C、D、V, Z} \\ [\text{D} \cdot]: \text{Y、M、S} \end{cases}$

该指令是将源操作数 [S1·] 与 [S2·] 的中数据进行比较，结果传送到目标操作数 [D·] 中去。[D·] 由 3 个软元件组成，指令中 [D·] 给出首地址，其他两个为后面的相邻软元件。CMP 指令应用如图 7-15 所示。

1) 当 X0=ON 时，执行 CMP 指令，并有以上 3 个结果；当 X0 由 ON→OFF 时，不执行 CMP 指令，M0~M2 保持断开前的状态，要用复位指令（RST）才能清除比较结果。

2) CMP 是进行代数比较，并且所有的源操作数均按二进制处理。

3) (D) CMP 为 32 位二进制数比较，CMP (P) 为脉冲执行方式。

4) 如果指令中指定的操作数不全、软元件超出范围或地址不对时，程序出错。

2. 区间比较指令

FNC11　ZCP　操作数

操作数 $\begin{cases} [\text{S1} \cdot]、[\text{S2} \cdot]、[\text{S} \cdot]: \text{K, H、KnX、KnY、KnM、KnS、T、C、D、V, Z} \\ [\text{D} \cdot]: \text{Y、M、S} \end{cases}$

ZCP 指令是将源操作数 [S·] 的数据与两个源操作数 [S1·] 和 [S2·] 的数据（二进制代数）进行比较，结果送到 [D·] 中，[D·] 为三个相邻软元件的首地址。要求 [S1·] < [S2·]，如果 [S1·] > [S2·]，则把 [S1·] 视为 [S2·] 处理。指令应用如图 7-16 所示，需要用复位指令清除运算结果。

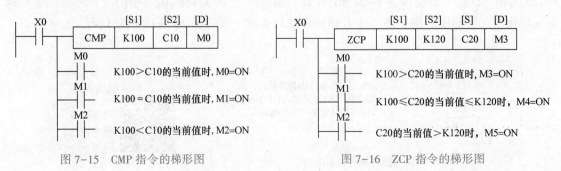

图 7-15　CMP 指令的梯形图　　　　　　　图 7-16　ZCP 指令的梯形图

该指令可以进行 16/32 位数据处理和连续/脉冲执行方式。

7-4　传送指令及应用

3. 传送指令

FNC12　MOV

操作数 $\begin{cases} [S\cdot]: K、H、KnX、KnY、KnM、KnS、T、C、D、V, Z \\ [D\cdot]: KnY、KnM、KnS、T、C、D、V, Z \end{cases}$

MOV 指令将源操作数 ［S·］中的数据传送到目标操作数 ［D·］中去，如图 7-17 所示。

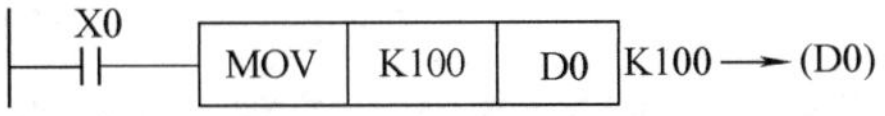

X0 — MOV | K100 | D0 ─ K100 → (D0)

图 7-17　MOV 指令的梯形图

如果 ［S·］为十进制常数，执行该指令时自动转换成二进制数后进行数据传送。当 X0 断开时，不执行 MOV/CML 指令，数据保持不变。

该指令可以进行 16/32 位数据处理和连续/脉冲执行方式。

4. 移位传送指令

FNC13　SMOV　操作数：$\begin{cases} [S\cdot]: KnX、KnY、KnM、KnS、T、C、D、V, Z \\ [D\cdot]: KnY、KnM、KnS、T、C、D、V, Z \\ m1, m2, n: K, H \end{cases}$

该指令将源操作数 ［S·］的 16 位二进制数自动转换成 4 位 BCD 码后，然后从右向左第 m1 位开始向右数 m2 位，传送到目标操作数 （4 位 BCD 码）的从右向左第 n 位开始向右数 m2 位的位置上，最后这 4 位 BCD 码自动转换成二进制数后送入目标操作数 ［D·］中去。SMOV 指令的应用如图 7-18 所示。

传送中 BCD 码数值超过 9999 时程序出错。该指令可以分为连续/脉冲执行方式。

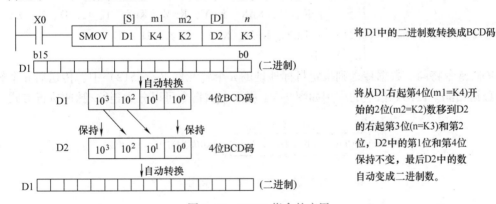

图 7-18　SMOV 指令的应用

5. 取反传送指令

FNC14　CML　操作数

CML 指令的操作数和 MOV 指令相同，它是把源操作数 ［S·］中的数据各位取反 （1→0，0→1）后传送到目标操作数 ［D·］中去。CML 指令的应用如图 7-19 所示。

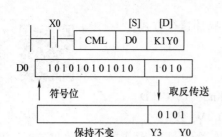

$$\overline{(D0)} \longrightarrow (K1Y0)$$

若源操作数中的数为十进制常数,将
自动转换成二进制。

图 7-19　CML 指令的应用

6. 成批传送指令

FNC15　BMOV　操作数 $\begin{cases} [S\cdot]: KnX、KnY、KnM、KnS、T、C、D \\ [D\cdot]: KnY、KnM、KnS、T、C、D \\ n: K、H \end{cases}$

BMOV 指令将源操作数 [S·] 指定的软元件首地址的 n 个数据组成数据块，传送到目标操作数 [D·] 中。BMOV 指令的应用如图 7-20 所示。

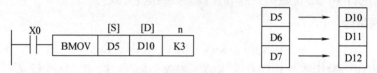

图 7-20　BMOV 指令的应用

在位软元件中进行传送时，源操作数和目标操作数要有相同的位数。如果源操作数和目标操作数的类型相同，传送数据顺序自动传送，以防止传送地址号重叠时源数据被改写。该指令可以分为连续/脉冲执行方式。

7. 多点传送指令

FNC16　FMOV　操作数 $\begin{cases} [S\cdot]: K, H、KnX、KnY、KnM、KnS、T、C、D、V, Z \\ [D\cdot]: KnY、KnM、KnS、T、C、D \\ n: K, H \end{cases}$

FMOV 指令将同一数据传送到指定目标地址的 n 个软元件（n≤512）中，传送后 n 个软元件中的数据相同。FMOV 指令的应用如图 7-21 所示。该指令可以分为连续/脉冲执行方式。

```
    X0      [S]   [D]   n
────┤├──┤FMOV│ K0 │ D10 │ K10│    把K0传送到D10～D19中去
```

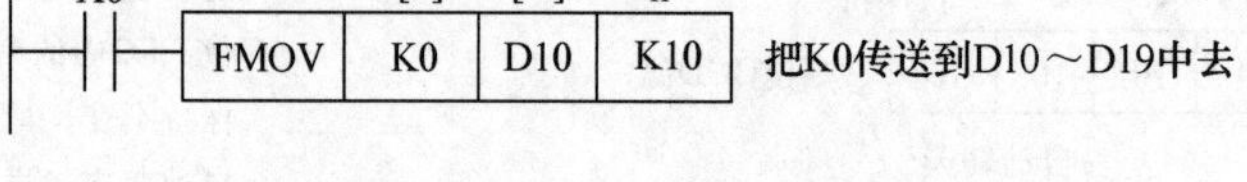

图 7-21　FMOV 指令的应用

8. 数据交换指令

FNC17　XCH　操作数

操作数 [D1·]、[D2·]: KnY、KnM、KnS、T、C、D、V, Z

XCH 指令可以进行 16/32 位数据的交换。XCH 指令的应用如图 7-22 所示。一般采用脉冲执行方式，否则每一个扫描周期数据都要交换一次。

X0
[D1] [D2]
XCH(P)
D0
D1
(D0) ←→ (D1)

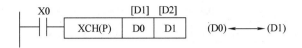

图 7-22 XCH 指令的应用

9. 变换指令

BCD 变换 FNC18 BCD
BIN 变换 FNC19 BIN
操作数 [S·]：KnX、KnY、KnM、KnS、T、C、D、V，Z
[D·]：KnY、KnM、KnS、T、C、D、V，Z

变换指令是对二进制和 BCD 码进行转换的指令，均可以连续/脉冲执行方式，还可以进行 16/32 位数据操作。16 位数据操作时，BCD 码的范围为 0~9999；32 位数据操作时，BCD 码的范围为 0~99999999，超出此范围，程序出错。变换指令的应用如图 7-23 所示。

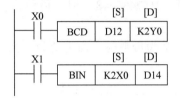

X0
[S] [D]
BCD
D12
K2Y0
X1
[S] [D]
BIN
K2X0
D14
当X0=ON时,每个扫描周期把D12的二进制数转换成BCD码后送到Y0~Y7中去。
当X1=ON时,每个扫描周期把X0~X7组成的BCD码变成二进制数送到D14中去。

图 7-23 变换指令的应用

因为常数 K 自动进行二进制变换，因此不能用 BIN 变换指令。

7.4 算术运算和逻辑运算指令（FNC20~FNC29）

四则运算指令是对数值或数据执行四则运算及逻辑运算的应用指令。现介绍四则运算、二进制加 1/减 1、逻辑字运算 4 种指令。指令共有 10 条，编号为 FNC20~FNC29。

1. 四则运算指令

加法 FNC20 ADD
减法 FNC21 SUB
乘法 FNC22 MUL
除法 FNC23 DIV
操作数 [S1·]、[S2·]：K，H、KnX、KnY、KnM、KnS、T、C、D、V，Z（乘、除时无 V/Z）
[D·]：KnY、KnM、KnS、T、C、D、V，Z

加减运算指令的应用如图 7-24 所示，乘除运算指令的应用如图 7-25 所示。

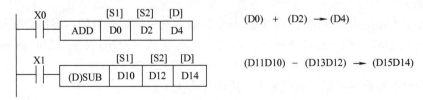

X0
[S1] [S2] [D]
ADD
D0
D2
D4
(D0) + (D2) → (D4)
X1
[S1] [S2] [D]
(D)SUB
D10
D12
D14
(D11D10) − (D13D12) → (D15D14)

图 7-24 加减运算指令的应用

其指令特点：

1）四则运算指令是进行二进制代数 16 位或 32 位的加、减、乘、除运算，每个数据的最高位为符号位。16 位运算数据范围为-32768~+32767；32 位运算数据范围为-2147483648~+2147483647。

图 7-25　乘除运算指令的应用

2）乘除运算时，16 位运算的积为 32 位数据，商和余数为 16 位数据；32 位运算的积为 64 位数据，商和余数为 32 位数据。

3）运算结果为 0 时，零标志位置位（M8020＝1）；运算结果大于＋32767（或＋2147483647）时，进位标志置位（M8022＝1）；运算结果小于－32768（或－2147483648）时，借位标志位置位（M8021＝1）。

4）若 0 作除数时则程序出错。被除数和除数中有一个为负数时，商为负数；当被除数为负数时，余数也为负数。

5）位软元件作为 32 位乘法运算的目标元件时，只能得到积的低 32 位数据。

6）可以分为连续/脉冲执行方式。

2. 二进制加 1、减 1 指令

加 1 指令　FNC24　INC　⎫
　　　　　　　　　　　　 ⎬ 操作数
减 1 指令　FNC25　DEC　⎭

操作数［D·］：KnY、KnM、KnS、T、C、D、V，Z

二进制加 1、减 1 指令的应用如图 7-26 所示。

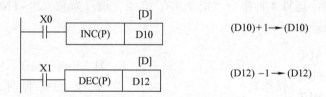

图 7-26　加 1、减 1 指令的应用

其指令特点：

1）该类指令在使用连续执行方式后，每个扫描周期目标操作数的内容都会变化。

2）如果＋32767（或＋2147483647）再加 1，则变成－32768（或－2147483648）；如果－32768（或－2147483648）再减 1，则变成＋32767（或＋2147483647）。

3）该指令不影响零标志、借位标志、进位标志无关。

3. 逻辑运算指令

逻辑与指令　FNC26　WAND　⎫　　　　⎧［S1·］、［S2·］：K，H、KnX、KnY、KnM、
逻辑或指令　FNC27　WOR　 ⎬ 操作数 ⎨　　　　　　　　KnS、T、C、D、V、Z
逻辑异或指令 FNC28　WXOR ⎭　　　　⎩［D·］：KnY、KnM、KnS、T、C、D、V、Z

逻辑运算指令应用如图 7-27 所示。

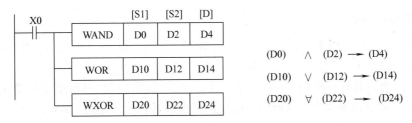

图 7-27 逻辑运算指令的应用

指令特点：

1）指令是对各数据的对应位进行二进制与、或、异或运算，可执行 16 位和 32 位运算，分为连续或脉冲执行方式。

2）指令运算规则如下：

逻辑与	逻辑或	逻辑异或
$1 \wedge 1 = 1$	$1 \vee 1 = 1$	$1 \veebar 1 = 0$
$1 \wedge 0 = 0$	$1 \vee 0 = 1$	$1 \veebar 0 = 1$
$0 \wedge 1 = 0$	$0 \vee 1 = 1$	$0 \veebar 1 = 1$
$0 \wedge 0 = 0$	$0 \vee 0 = 0$	$0 \veebar 0 = 0$

3）WOR 和 CML 指令组合可以完成"异或非"运算，如图 7-28 所示。

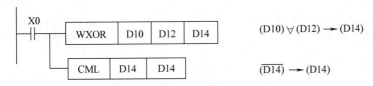

图 7-28 异或非的运算

4. 求补指令

FNC29　NEG　操作数

操作数 [D·]：KnY、KnM、KnS、T、C、D、V，Z

求补指令是把目标操作数 [D·] 中的二进制数据各位取反再加 1 后，依然送入目标操作数 [D·] 中去，实际是绝对值不变的变号操作。如图 7-29 所示。

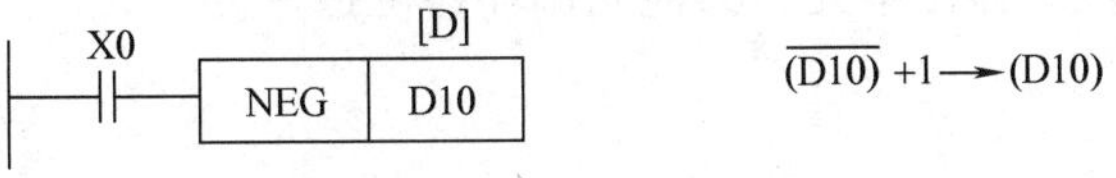

图 7-29 求补指令的应用

PLC 的负数均以二进制的补码形式表示，其绝对值可以通过求补指令求得。

7.5 循环与移位指令（FNC30 ~ FNC39）

循环与移位指令是实现位数据和字数据按指定方向循环并移位的指令。指令共有 10 条，编号为 FNC30 ~ FNC39。

1. 循环与移位指令

循环右移 FNC30 ROR$\Big\}$ 操作数 $\Big\{$ [D·]：KnY、KnM、KnS、T、C、D、V，Z
循环左移 FNC31 ROL$\Big.$

n：K，H

循环移位指令使目标操作数中的 16 位（或 32 位）数据向左/向右循环移动 n 位，移出来的位又送到另一端空出来的位，最后移出的状态也存入进位标志位 M8022 中。指令应用如图 7-30 所示。

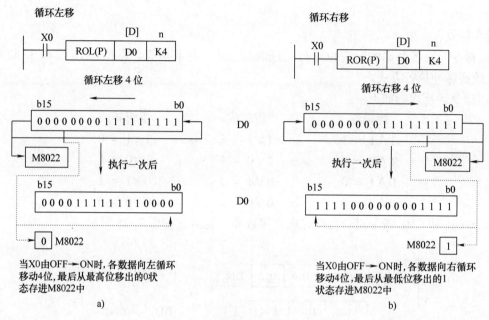

图 7-30 循环移位指令的应用
a）循环左移 b）循环右移

16 位操作时，n≤16；32 位操作时，n≤32。若指定目标操作数为表示位软元件组的组数时，只对 K4（16 位）或 K8（32 位）有效。分为可连续或脉冲执行方式。

2. 带进位循环的移位指令

分为带进位循环右移指令 FNC32 RCR 和带进位循环左移 FNC33 RCL 指令。与循环指令不同之处是该指令使目标操作数 [D·] 中 16 位或 32 位的数据同进位一起向左/向右循环移动 n 位，构成了 17 位或 33 位的移位单元，其他同循环移位指令。

3. 位移位指令

7-5 位移位指令及应用

位右移 FNC34 SFTR$\Big\}$ 操作数 $\Big\{$ [S·]：X、Y、M、S
位左移 FNC35 SFTL$\Big.$

[D·]：Y、M、S

n1、n2：K、H

n1：构成位移位单元的目标操作数 [D·] 的长度，n1≤1024（2^{10}）。

n2：每次移动的位数也是源操作数 [S·] 的长度，n2≤n1。

[S·]：移入移位单元数据的首地址。

[D·]：移位单元中位软元件的首地址。

该指令是对 n1 位的位软元件进行 n2 位的位右移/左移的指令。位移位指令的应用如图 7-31

所示。该指令可以分为连续/脉冲执行方式。

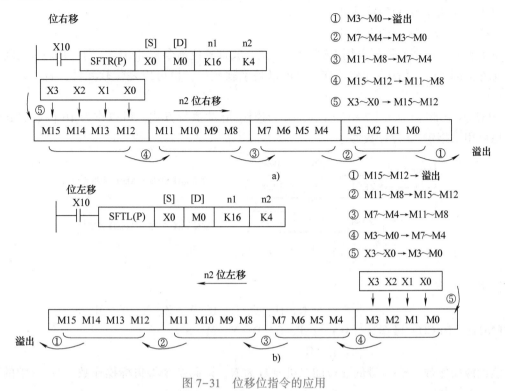

图 7-31 位移位指令的应用

a) 位右移 b) 位左移

4. 字移位指令

字右移 FNC36　WSFR
字左移 FNC37　WSFL ⎬ 操作数 ⎰ [S·]：KnX、KnY、KnM、KnS、T、C、D
　　　　　　　　　　　　　　⎨ [D·]：KnY、KnM、KnS、T、C、D
　　　　　　　　　　　　　　⎩ n1、n2：K，H

n1：构成字移位单元中目标操作数 [D·] 的长度，n1≤512。

n2：每次移动的字数是源操作数 [S·] 的长度，n2≤n1。

[S·]：数据输入字元件的首地址。

[D·]：移位单元中字元件的首地址。

该指令是对 n1 位字元件的数据进行 n2 位字右移/字左移，分为连续/脉冲执行方式。指令的操作的步骤与位移位指令相似，只需将位信号转换为字信号即可。如果指定位软元件进行字移位时，指定的源操作数和目标操作数的位数应相同。

7.6　数据处理指令（FNC40~FNC49）

数据处理指令共有 10 条，编号为 FNC40 ~ FNC49。相对于基本应用指令（FNC10 ~ FNC39），能够进行更加复杂的处理，或作为满足特殊用途的指令使用。如区间复位指令 FNC40 可以实现 2 个指定软元件之间的成批复位。

1. 成批复位指令

FNC40　ZRST　操作数

操作数 ［D1·］、［D2·］：T、C、D、Y、M、S

［D1·］：复位区间的首地址。

［D2·］：复位区间的末地址。

单个软元件和字元件可以用 RST 指令复位。成批复位指令将 ［D1·］到 ［D2·］之间的同类软元件全部复位。［D1·］和 ［D2·］可以是字软元件，也可以是位软元件，且 ［D1·］≤ ［D2·］。

ZRST 指令的应用如图 7-32 所示，分为连续/脉冲执行方式，可以作为 16 位数据处理指令，也可用来指定 32 位计数器。

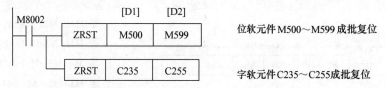

图 7-32　ZRST 指令的应用

2. 译码指令

$$\text{FNC41　DECO　操作数}\begin{cases}[\text{S}\cdot]：\text{K、H、T、C、D、V、Z、X、Y、M、S}\\[\text{D}\cdot]：\text{T、C、D、Y、M、S}\\n：\text{K、H}\end{cases}$$

假设源操作数 ［S·］最低 n 位的二进制数为 N，译码指令将目标操作数 ［D·］中的第 N 位置 1，其余为 0。

若参与操作的源操作数有 n 位，目标操作数共有 2^n 位。［D·］选位软元件时，$n=1\sim8$，最大值为 $2^8=256$ 点；［D·］选字软元件时，$n=1\sim4$。

译码指令的应用如图 7-33 所示。

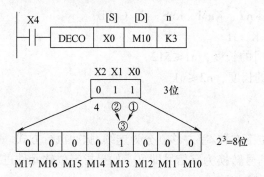

当X4=ON时，每个扫描周期都对X2～X0进行译码，将其结果使M10～M17中某一位为1。

当X2X1X0=011时,(1+2=3)M13=1

当X2X1X0=111时,(4+2+1=7)M17=1

当X2X1X0=000时,M10=1

图 7-33　译码指令的应用

3. 编码指令

$$\text{FNC42　ENCO　操作数}\begin{cases}[\text{S}\cdot]：\text{K、H、T、C、D、V、Z、X、Y、M、S}\\[\text{D}\cdot]：\text{T、C、D、V、Z}\\n：\text{K、H}\end{cases}$$

编码指令将源操作数中为 ON 的最高位的二进制位数存入目标操作数的低 n 位。编码指令的应用如图 7-34 所示。

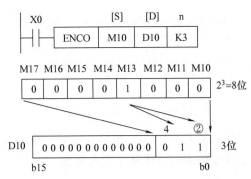

X0
[S]
[D]
n
ENCO
M10
D10
K3
M17 M16 M15 M14 M13 M12 M11 M10
0 0 0 0 1 0 0 0
2³=8位
4
②
D10
0 0 0 0 0 0 0 0 0 0 0 0 0 0 1 1
3位
b15
b0
当X0=ON时，对M10～M17(2³=8位)进行编码，将其结果存入D10的低3(n=K3)位中。M13=1,因此D10中的数为3(1+2=3)。

图 7-34 编码指令的应用

该指令特点：

1）源操作数［S·］为位软元件时，n=1~8，最大值为 $2^8=256$ 点；［S·］为字元件时，n=1~4，最大 $2^4=16$

2）若源操作数［S·］中为 1 的个数多于 1 个，最高位的“1”有效，低位的“1”忽略不计。若全为“0”，不做处理，运算出错。

3）分为连续和脉冲执行方式。

4. 求平均值指令

求平均值指令用来求 1~64 个源操作数的代数和被 n 除的商，余数略去。

FNC45 MEAN 操作数 {［S·］：K，H、KnX、KnY、KnM、KnS、T、C、D；［D·］：KnY、KnM、KnS、T、C、D、V，Z；n：K，H}

［S·］：为存放参与求平均值数据的元件首地址。［D·］：存放平均值的元件地址。

n：指定求平均值的数据个数，n=1~64。

该指令的应用如图 7-35 所示。分为连续和脉冲执行方式。

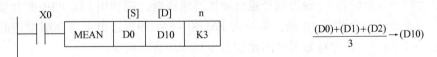

X0
[S]
[D]
n
MEAN
D0
D10
K3
(D0)+(D1)+(D2) / 3 → (D10)

图 7-35 MEAN 指令的应用

5. 报警器置位/复位指令

ANS 与 ANR 指令是对信号报警器用的状态进行置位和复位的指令。

信号报警器置位 FNC46 ANS 操作数 {［S·］：T；［D·］：S；m：1~32767}

信号报警器复位 FNC47 ANR （无操作数）

［S·］：指定报警定时器软元件号，范围为 T0~T199（100 ms 单位）。

m：报警定时器的设定值，取值范围 1~32767，也表示 ANS 定时时间为 0.1~3276.7 s。

［D·］：指定故障诊断用状态器的地址号，范围为 S900~S999。

指令应用如图 7-36 所示。

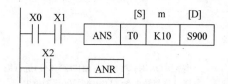

X0 X1
[S] m [D]
ANS T0 K10 S900
X2
ANR
由X0、X1构成ANS指令的控制电路，报警定时器的定时间为10×100ms=ls(1000ms)。
当X0、X1同时接通1s 以上时，S900=1，以后当X0或X1断开时，定时器T0复位，S900保持。
只要当X2=ON时，S900=0(复位)。

图 7-36 报警器置位/复位指令的应用

执行 ANR 指令时，S900～S999 中被置位的报警器复位。若多个报警器置位，先将最低编号的报警器复位。若连续执行 ANR 指令，按状态器 S 的编号顺序从小到大复位。

6. BIN 开方运算指令

FNC48 SQR 操作数 {[S·]：K，H、D、R；[D·]：D、R}

该指令的应用如图 7-37 所示。

X0
[S] [D]
SQR D10 D12
√(D10) →(D12)

图 7-37 SQR 指令的应用

指令特点：

1）源操作数［S·］应大于 0，为负数时出错标志位置位（M8067=1），不执行该指令。

2）计算结果的整数存入目标操作数［D·］中，小数部分自动舍去，同时借位标志位置位（M8021=1）。运算结果为“0”时，零标志位置位（M8020=1）。

3）分为连续/脉冲执行方式。可以用来进行 16/32 位运算。

7.7 高速处理指令（FNC50～FNC59）

该指令是利用最新的输入/输出信号进行顺控高速刷新，或利用 PLC 的中断处理实现高速处理功能。高速处理指令共有 10 条，编号为 FNC50～FNC59。这里主要介绍常用的高速计数器比较置位/复位指令、高速计数器区间比较指令和脉冲密度指令。

1. 高速计数器比较置位/复位指令

比较置位 FNC53 HSCS
比较复位 FNC54 HSCR } 操作数 {［S1·］：K，H、KnX、KnY、KnM、KnS、T、C、D、V，Z；［S2·］：C235～C255；［D·］：Y、M、S}

高速计数器比较置位/复位指令使［S1·］中的设定值与［S2·］中计数器的当前值进行比较，比较的结果使［D·］中的软元件置位或者复位，该指令的应用如图 7-38 所示。

M8000
C235 K2147483647
(D)HSCS K100 C235 Y10
a)
M8000
C235 K2147483647
(D)HSCR K200 C235 Y10
b)

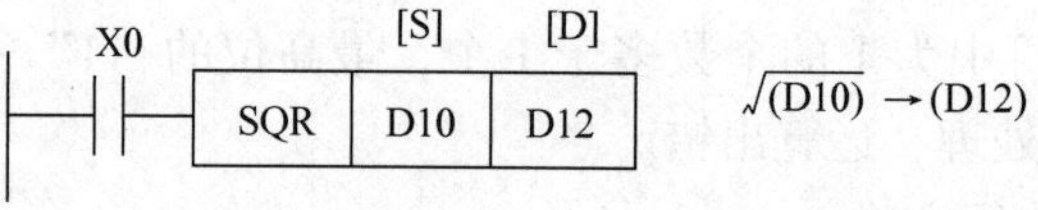

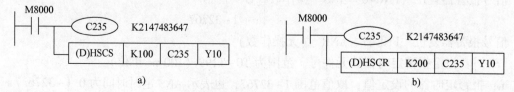

图 7-38 高速计数器比较置位/复位指令的应用

a）比较置位 b）比较复位

图 7-38a 中高速计数器 C235 对高速输入端 X0 输入的计数脉冲上升沿进行计数，并且 C235 的计数当前值与常数 K100 进行比较，当二者相等时，立即将 Y10 置位并保持。同理，图 7-38b 中高速计数器 C235 对 X0 的脉冲计数的当前值与常数 K200 进行比较，二者相等时，立即将 Y10 复位。

指令特点：

1）该指令指定的计数器为高速计数器，因此是 32 位的专用指令。

2）外部复位标志为 M8025。当 M8025＝1 时，所有相关的高速比较指令（HSCS、HSCR、HSZ）在高速计数器的复位输入为 ON 时执行。

2. 高速计数器区间比较指令

高速计数器区间比较指令将高速计数器的当前值和 2 个值（区间）进行比较，并将比较结果输出（刷新）位软元件（3 点）中。该指令的应用如图 7-39 所示。

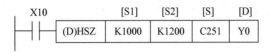

图 7-39　HSZ 指令的应用

$$\text{FNC55　HSZ　操作数}\begin{cases}[\text{S1}\cdot]、[\text{S2}\cdot]：\text{K，H、KnX、KnY、KnM、KnS、T、C、D、Z}\\[\text{S}\cdot]：\text{C235}\sim\text{C255}\\[\text{D}\cdot]：\text{Y、M、S}\end{cases}$$

[D·]：表示 3 个相邻同类元件的首地址。[S1·]、[S2·]：存放比较区间的上下区间数据。HSZ 是 32 位专用指令，且 [S1·] ≤ [S2·]。

当 X10＝ON 时，高速计数器 C251 的计数当前值与 K1000 和 K1200 区间进行比较，有以下 3 个结果：

K1000>C251 当前值时，Y0＝ON，并立即以中断方式输出刷新；

K1000≤C251 当前值≤K1200 时，Y1＝ON，以中断方式输出刷新；

K1200<C251 当前值时，Y2＝ON，以中断方式输出刷新。

3. 脉冲密度指令

（1）脉冲密度（转速测量）指令

脉冲密度指令是采用中断输入方式对指定时间内的输入脉冲进行计数的指令。

$$\text{FNC56　SPD　操作数}\begin{cases}[\text{S2}\cdot]：\text{K、H、KnX、KnY、KnM、KnS、T、C、D、V、Z}\\[\text{S1}\cdot]：\text{X0}\sim\text{X7}\\[\text{D}\cdot]：\text{T、C、D、V、Z}\end{cases}$$

[S1·]：表示脉冲发生器的 8 个脉冲信号输入端 X0~X7，

[S2·]：表示计数时间，也是测量周期，以 ms 为单位。

[D·]：由 3 个相邻软元件组成，首地址存放测量周期内输入的脉冲数；第二个软元件存放正在进行的测量周期内已经输入的脉冲数；第三个软元件存放正在进行的测量周期内还剩余的时间。

该指令应用如图 7-40 所示。这条指令实际是转速测量指令，设脉冲发生器每转（一个周期）产生 n 个脉冲。16 位运算脉冲测量值（D0）正比于转速 N，N 可以由下式求得：

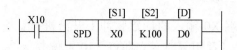

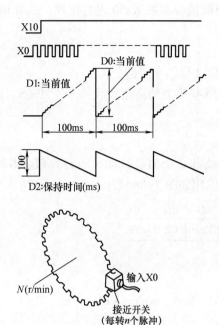

指定计数输入脉冲的输入点为 X0，计数时间为100ms，即测量周期为100ms。
当 X10=ON 时，在 D1 中对 X0 的输入脉冲计数，100ms后D1的计数结果被存入D0中，然后D1复位，重新对一下个周期内进行脉冲计数。计数 D2 计入测量周期内计数当前值的剩余时间。

图 7-40　SPD 指令的应用

$$N=\frac{60(\mathrm{D0})}{nt}\times10^3(\mathrm{r/min})$$

32 位运算脉冲测量值 N 可以由下式求得：

$$N=\frac{60(\mathrm{D1D0})}{nt}\times10^3(\mathrm{r/min})$$

（2）脉冲输出指令

脉冲输出指令是发出脉冲信号的指令，该指令的应用如图 7-41 所示。

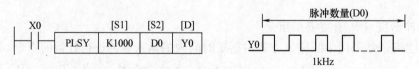

图 7-41　PLSY 指令的应用

FNC57　PLSY　操作数 $\begin{cases}[S1\cdot]、[S2\cdot]：K, H, KnX, KnY, KnM, KnS, T, C, D, V, Z\\ [D\cdot]：Y\end{cases}$

［S1·］：指定输出脉冲的频率，16 位数据操作时，允许设定范围 1~32767 Hz；32 位数据操作时，使用高速输出特殊适配器允许设定范围 1~200000 Hz，使用 PLC 基本单元允许设定范围 1~100000 Hz。

［S2·］：指定需要输出的脉冲个数。16 位数据操作时，指定范围 1~32767；32 位数据操作时，指定范围 1~2147483647。若指定脉冲数为"0"时，则产生无穷多个脉冲。

［D·］：指定脉冲输出的元件地址号 Y0 或 Y1。必须采用晶体管输出方式。

指令特点：

1）当 X0=ON 时，执行 PLSY 指令，以中断方式从 Y0 输出占空比为 50 %、频率为 1000 Hz 的脉冲。当输出脉冲达到（D0）指定的脉冲个数时，停止脉冲输出，同时执行完标志位置位（M8029=1）。当 X0=OFF 时，Y0=0，而 M8029 复位。

2）在执行该指令时可以更改［S1·］的内容。

3）对脉冲输出指令执行 OFF→ON 操作后才能再次驱动。

（3）脉宽调制指令

PWM 指令为控制输出脉冲宽度的指令，指令指定了脉冲的周期和 ON 时间。

$$\text{FNC58 PWM 操作数}\begin{cases}[\text{S1}\cdot]、[\text{S2}\cdot]：\text{K，H，KnX、KnY、KnM、}\\ \qquad\qquad\qquad\qquad\text{KnS、T、C、D、V，Z}\\ [\text{D}\cdot]：\text{Y}\end{cases}$$

［S1·］：指定输出脉冲宽度 t，t 的范围为 0~32767 ms。

［S2·］：指定输出脉冲周期 T，T 的范围为 0~32767 ms，［S1·］≤［S2·］。

［D·］：指定脉冲输出端 Y 的地址号，Y0 和 Y1 有效，并且为晶体管输出方式。

该指令的应用如图 7-42 所示。

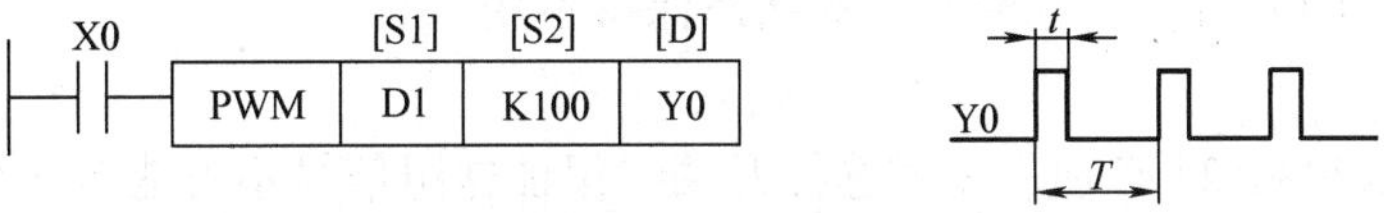

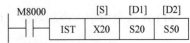

图 7-42 PWM 指令的应用

当 X0=ON 时，以中断方式通过 Y0 输出占空比为 t/T 的脉冲。t 可在 0~T 之间变化，使输出脉冲的占空比在 0 ~100% 范围内变化。输出脉冲的频率为

$$f= T^{-1}\times10^{3}\quad(\text{Hz})$$

如果［S1·］>［S2·］时，程序出错。该指令执行 OFF→ON 操作后才能再次驱动。

7.8 方便指令

方便指令共有 10 条，编号为 FNC60~FNC69。方便指令可以用最少的顺控程序实现复杂控制功能，如初始化状态指令 FNC60，在步进梯形图的程序中，对状态（S）以及特殊辅助继电器（M）进行初始化状态自动控制。

1. 初始化状态指令

IST 指令与 STL（步进梯形）指令一起使用，为状态（S）和特殊辅助继电器初始化。

$$\text{FNC60 IST 操作数}\begin{cases}[\text{S}\cdot]：\text{X、Y、M}\\ [\text{D1}\cdot]、[\text{D2}\cdot]：\text{S}\end{cases}$$

［S·］：指定输入运行方式的首地址，共有 8 个。

［D1·］：指定自动工作方式时使用的最小状态号，［D·］只能选状态软元件 S，其选用范围为 S20~S899。

［D2·］：指定自动工作方式时使用的最大状态号，［D1·］≤［D2·］。

该指令的应用如图 7-43 所示，M8000 有如下 3 种

图 7-43 IST 指令的应用

情况。

1）当 M8000 由 OFF→ON 时，指定下列 5 个输入运行方式和 3 个输入信号。

X20：手动操作方式　　　　　　　　　X21：回原点操作方式

X22：步进运行方式　　　　　　　　　X23：单循环运行方式（单周期）

X24：连续运行方式　　　　　　　　　X25：回原点起动信号

X26：自动控制起动信号　　　　　　　X27：停止信号

2）当 M8000=ON 时，下列特殊辅助继电器和状态软元件自动进入受控状态，其应用如下。

M8040：禁止状态转移　　　　　　　　S0：手动操作状态初始化

M8041：状态转移开始　　　　　　　　S1：回原点操作状态初始化

M8042：（产生脉宽为一个扫描周期的）启动脉冲　　S2：自动操作状态初始化

M8043：原点回归结束　　　　　　　　M8044：原点条件

M8045：禁止输出复位

M8046：STL 指令执行时 S0~S899 中任意一个动作，则 M8046 也动作

M8047：STL 指令监控有效

3）当 M8000=OFF 时，这些软元件的状态保持不变。

指令特点：

① 输入信号 X20~X24 必须用模式选择开关，保证这组信号不可能有 2 个或 2 个以上的输入信号同时为 ON 状态。

② 使用该指令时，S0~S9 为状态初始化软元件，S10~S19 为回零状态使用软元件，如果不使用该指令，这些软元件可以作为普通状态使用。

③ 编程时，IST 指令必须写在 STL 指令之前。

④ 该指令只能使用一次。

2. 交替输出指令

ALT 指令用于使位软元件反转（ON⟷ OFF）用的指令。

FNC66　ALT　操作数：[D·]：Y、M、S

该指令的应用如图 7-44 所示。

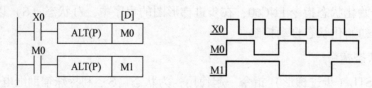

图 7-44　ALT 指令的应用

当 X0 每次由 OFF→ON 时，M0 的状态变化一次，而每次 M0 由 OFF→ON 时，M1 的状态变化一次。若使用连续执行方式，每个周期 M0 的状态改变一次。

3. 七段译码指令

SEGD 指令为十六进制数据（0~F）经译码后驱动七段码显示器的指令。

FNC73　SEGD　操作数 $\begin{cases} [S\cdot]：K、H、KnX、KnY、KnM、KnS、T、C、D、V、Z \\ [D\cdot]：KnY、KnM、KnS、T、C、D、V、Z \end{cases}$

该指令的应用如图 7-45 所示。表 7-2 为七段码译码表，表中 B0 为位元件的首位或字元件的最低位。

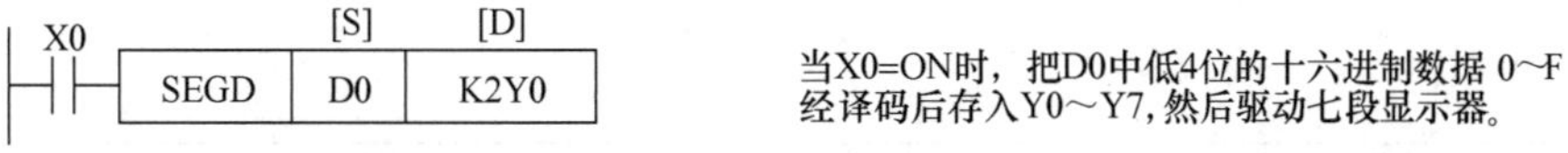

```
    X0
────┤├────┬──────┬──────┬──────┐
         │ SEGD │  D0  │ K2Y0 │
         └──────┴──────┴──────┘
           [S]    [D]
```

当X0=ON时，把D0中低4位的十六进制数据 0～F
经译码后存入Y0～Y7,然后驱动七段显示器。

图 7-45　SEGD 指令的应用

表 7-2　七段码译码表

[S·]		七段码构成	[D·]								数据显示
十六进制	十进制		B7	B6	B5	B4	B3	B2	B1	B0	
0	0000		0	0	1	1	1	1	1	1	0
1	0001		0	0	0	0	0	1	1	0	1
2	0010		0	1	0	1	1	0	1	1	2
3	0011		0	1	0	0	1	1	1	1	3
4	0100		0	1	1	0	0	1	1	0	4
5	0101		0	1	1	0	1	1	0	1	5
6	0110		0	1	1	1	1	1	0	1	6
7	0111	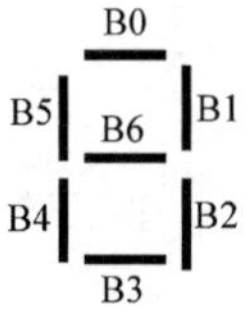	0	0	1	0	0	1	1	1	7
8	1000		0	1	1	1	1	1	1	1	8
9	1001		0	1	1	0	1	1	1	1	9
A	1010		0	1	1	1	0	1	1	1	A
B	1011		0	1	1	1	1	1	0	0	b
C	1100		0	0	1	1	1	0	0	1	C
D	1101		0	1	0	1	1	1	1	0	d
E	1110		0	1	1	1	1	0	0	1	E
F	1111		0	1	1	1	0	0	0	1	F

七段码构成示意（B0 上段、B5 左上、B1 右上、B6 中段、B4 左下、B2 右下、B3 下段）

4. 七段显示指令

SEGL 指令为控制 4 位 1 组或 2 组带锁存七段码的指令。

$$\text{FNC74 SEGL 操作数}\begin{cases}[S\cdot]:\ K,\ H、KnX、KnY、KnM、KnS、T、C、D、V,\ Z\\ [D\cdot]:\ Y\\ n:\ K,\ H\end{cases}$$

该指令的应用如图 7-46 所示。

当 X0=ON 时，把（D0）中的二进制数据转换成 n 位 BCD 码后按位顺序从 Y0~Y3 输出。如果 4 位 2 组时，（D0）向 Y0~Y3 输出，（D1）向 Y10~Y13 输出。由选通脉冲信号 Y4~Y7 按顺序 4 位 1 组或 4 位 2 组的带锁存七段码锁存。

当显示 4 位（1 组）BCD 码时，n 的范围为 0~3，[S·] 由 D0 组成，[D·] 由 Y0~Y7 组成，其中 Y0~Y3 为 BCD 码数据输出端，Y4~Y7 为七段锁存器的选通信号输出端；当显示 8 位（2 组）BCD 码时，n 的范围为 4~7，[S·] 由 2 个数据寄存器组成，[D·] 由 Y0~Y13 组成，其中 Y0~Y3 为 D0 的 BCD 码数据输出端，Y10~Y13 为 D1 的 BCD 码数据输出端，Y4~Y7

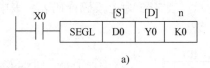

a)

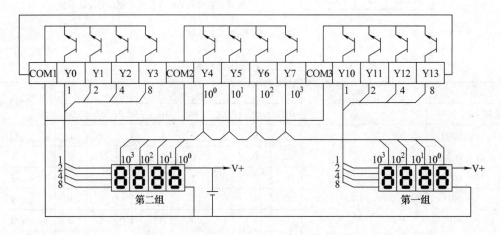

b)

图 7-46　SEGL 指令的应用

a）梯形图　b）接线图

为 2 组七段码锁存器共同选通信号输出端。

该指令在程序中只能使用一次且为晶体管输出方式。

5. 串行数据传送指令

RS 指令通过安装在基本单元上的 RS-232C 或 RS-485 串行通信口（仅通道 1）进行无协议通信，从而执行数据的发送和接收的指令。

FNC80　RS　操作数$\begin{cases}[\text{S}\cdot]、[\text{D}\cdot]、n: D\\ m: K, H、D\end{cases}$

[S·]：指定传送数据的数据寄存器的首地址，共有 m 个。

[D·]：指定接收数据的数据寄存器的首地址，共有 n 个。

m：发送数据点数，m 的范围为 0~256。

n：接收数据点数，n 的范围为 0~256。

该指令的应用如图 7-47 所示。

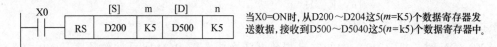

当X0=ON时，从D200~D204这5(m=K5)个数据寄存器发送数据，接收到D500~D5040这5(n=k5)个数据寄存器中。

图 7-47　RS 指令的应用

RS 指令有许多自定义的软元件，具体如下。

M8120：通信格式。

M8121：发送等待标志位。

M8122：发送请求，发送数据时 ON，发送完毕自动复位。

M8123：接收结束标志位。

M8124：载波检测标志位。

6. 8 进制位传送指令

PRUN 指令是将被指定了位数的 [S·] 和 [D·] 的软元件编号作为八进制数处理，并传送数据。

FNC81 PRUN 操作数 $\begin{cases} [S·]: KnX、KnM \\ [D·]: KnY、KnM \end{cases}$

[S·]：主站或子站输入位元件的首地址，其中 n=1~7.

[D·]：接收数据的位元件首地址，其中 n=1~8。

该指令的应用如图7-48所示。

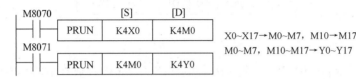

图 7-48 PRUN 指令的应用

当 M8070=ON 时，输入信号 X0~X17 送到 M0~M17（按八进制处理）中；而当 M8071=ON 时，输入信号 M0~M17 送到 Y0~Y17（按八进制处理）中。

该指令分为连续/脉冲执行方式。还可以进行 16/32 位数据处理。

7. PID 运算指令

PID（比例-积分-微分）运算指令用于模拟量闭环控制。PID 运算指令所需的参数存放在指令相应的数据区内。

FNC88 PID 操作数 $\{[S1·]、[S2·]、[S3]、[D·]: D\}$

[S1·]：存放设定值（SV）的数据寄存器地址。

[S2·]：存放当前值（PV）的数据寄存器地址。

[D·]：存放控制回路调节值（MV），即输出值的数据寄存器地址。

[S3·]：保存参数的数据寄存器首地址，共有 25 个数据寄存器，其选用范围为 D0~D975，各软元件存放的参数如下。

[S3]：采样时间（Ts），取值范围为 1~32767（ms）。

[S3]+1：动作方向（ACT），BIT0—0 为正动作，1 为反动作；

BIT1—0 为无输入变化量警报，1 为输入变化量警报有效；

BIT2—0 为无输入变化量警报，1 为输出变化量警报有效；

[S3]+2：输入滤波常数，取值范围为 0~99%。

[S3]+3：比例增益（K_P），取值范围为 1~32767%。

[S3]+4：积分时间常数（T_I），取值范围为 0~32767（×100ms），为 0 和 ∞ 时无积分。

[S3]+5：微分增益（K_D），取值范围为 0~32767%。

[S3]+6：微分时间常数（T_D），取值范围为 0~32767（×100ms），为 0 时无微分。

$\left.\begin{array}{l} [S3]+7 \\ \quad\vdots \\ [S3]+19 \end{array}\right\}$ PID 运算占用。

［S3］+20：输入变化量（增方）警报设定值，取值范围为 0~32767。

［S3］+21：输入变化量（减方）警报设定值，取值范围为 0~32767。

［S3］+22：输出变化量（增方）警报设定值，取值范围为 0~32767。

［S3］+23：输出变化量（减方）警报设定值，取值范围为 0~32767。

［S3］+24：警报输出，BIT0 为输入变化量（增方向）超出。

  BIT1 为输入变化量（减方向）超出。

  BIT2 为输出变化量（增方向）超出。

  BIT3 为输出变化量（减方向）超出。

该指令的应用如图 7-49 所示。

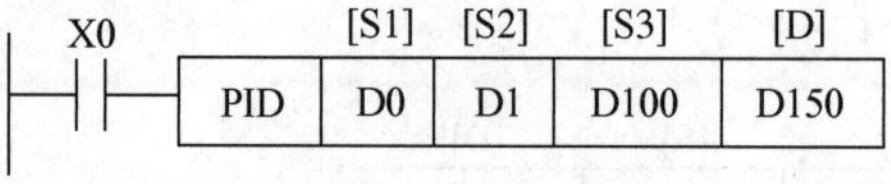

图 7-49　PID 指令的应用

当 X0=ON 时，执行 PID 指令，把 PID 控制回路的设定值存放在 D100~D124 这 25 个数据寄存器中，对［S2·］的当前值（D1）和［S1·］的设定值（D0）进行比较，通过 PID 回路处理两数值之间的偏差后计算出一个调节值，此调节值存入目标操作数 D150 中。

7.9 浮点数运算指令

浮点数运算指令包含浮点数的转换、比较、数据传送、运算等指令。

1. 浮点数比较指令和区间比较指令

浮点数比较指令（ECMP），用于比较 2 个二进制浮点数，并将结果（大于、等于或小于）输出到位软元件（3 点）中的指令。

浮点数区间比较指令（EZCP），用于将上下 2 点的比较范围和二进制浮点数进行比较，根据其结果输出到位软元件（3 点）中的指令。

FNC110　ECMP　2 进制浮点数比较 ⎫操作数 ⎰［S1·］、［S2·］、［S3·］：D
FNC111　EZCP　2 进制浮点数区间比较 ⎭　　　⎱［D·］：Y、M、S

二进制浮点数比较指令 ECMP、二进制浮点数区间比较指令 EZCP 的使用方法与比较指令和区间比较指令基本相同。该指令的应用如图 7-50 所示。

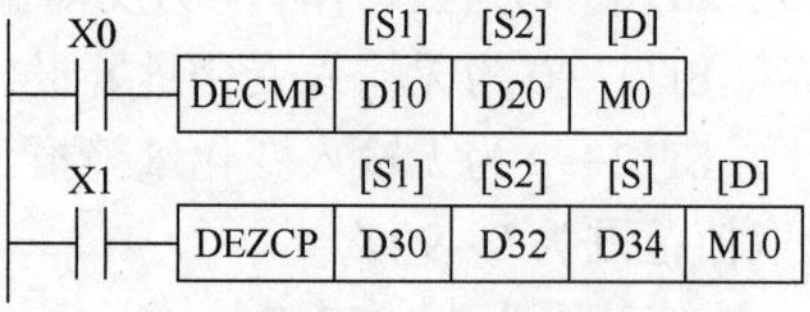

图 7-50　二进制浮点数比较指令的应用

参与浮点数比较指令的常数被自动转换为浮点数。因为浮点数的是 32 位，浮点指令前面加 D。

2. 浮点数数据传送

二进制浮点数数据传送指令将传送源操作数［S·］的内容（二进制浮点数数据）传送到

目标 [D ·] 中。此外，还可以直接传送指定实数（E），因为浮点数的是 32 位，浮点指令前面加 D。

$$\text{FNC 112 EMOV} \quad 操作数 \begin{cases} [S \cdot]: D、E（实数） \\ [D \cdot]: D \end{cases}$$

该指令的应用如图 7-51 所示。

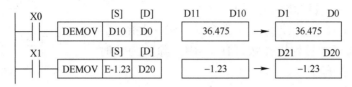

图 7-51　二进制浮点数数据传送指令的应用

3. 浮点数转换指令

$$\left.\begin{array}{lll} \text{FNC} & 118 & \text{EBCD} \\ \text{FNC} & 119 & \text{EBIN} \end{array}\right\} 操作数 \ \{[S \cdot]、[D \cdot]: D\}$$

EBCD 指令用来将二进制浮点数转换为 10 进制浮点数。

EBIN 指令用来指 10 进制浮点数转换为二进制浮点数。

转换指令的应用如图 7-52 所示。DEBCD 指令将（D11、D10）中二进制浮点数转换为 10 进制浮点数后，存入 D13（指数）、D12（尾数）。尾数的绝对值在 1000~9999 之间，或者等于 0。如源操作数为 1.234×10^{-5}，转换后 D12 = 1234，D13 = -8。DEBIN 指令是将源操作数 [S ·]（D21、D20）中的 10 进制浮点数转换为二进制浮点数后传送到目标操作数 [D ·]

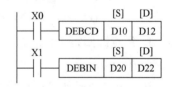

图 7-52　浮点数转换指令的应用

（D23、D22）中。为保证浮点数精度，10 进制浮点数尾数的绝对值精度应在 1000~9999 之间，或者为 0。

4. 浮点数运算指令

浮点数为 32 位数，浮点数指令均为 32 位指令，浮点数运算指令对浮点数进行加减乘除的运算。

$$\left.\begin{array}{lll} \text{FNC} & 120 & \text{EADD} \\ \text{FNC} & 121 & \text{ESUB} \\ \text{FNC} & 122 & \text{EMUL} \\ \text{FNC} & 123 & \text{EDIV} \end{array}\right\} 操作数 \begin{cases} [S1 \cdot]、[S2 \cdot]: K、H、E、D \\ [D \cdot]: D \end{cases}$$

EADD 指令用于二进制浮点数加法运算。

ESUB 指令用于二进制浮点数减法运算。

EMUL 指令用于二进制浮点数乘法运算。

EDIV 指令用于二进制浮点数除法运算。

浮点数的源操作数和目标操作数都为浮点数，源数据位的常数 K、H，将会自动转换为浮点数。运算结果为 0 时，M8020（零标志位）为 0，超过浮点数的上/下限时，M8022（进位标志）和 M8021（借位标志）分别为 ON，运算结果分别被置位为最大值和最小值。

若源操作数和目标操作数在同一数据寄存器，则采用脉冲执行方式。

浮点数运算指令的应用如图 7-53 所示。

EADD 指令将两个源操作数［S1·］、［S2·］内的浮点数相加，运算结果存入目标操作数［D·］中。

ESUB 指令将［S1·］指定的浮点数减去［S2·］指令的浮点数，运算结果存入目标操作数［D·］中。

EMUL 指令将两个源操作数［S1·］、［S2·］内的浮点数相乘，运算结果存入目标操作数［D·］中。

EDIV 指令将［S1·］指定的浮点数除以［S2·］指定的浮点数，运算结果存入目标操作数［D·］中。除数为零时出现运算错误，不执行指令。

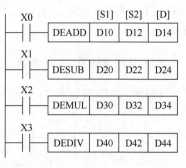

图 7-53　浮点数运算指令的应用

7.10　定位控制指令

使用定位控制指令时，一般选择晶体管输出型 PLC。如果使用继电器输出型或者晶闸管输出型的 PLC，需要使用高速输出特殊适配器。

$$\text{操作数}\begin{cases}［S1·］、［S2·］: K, H, KnX, KnY, KnM, KnS, T, C, D, V, Z\\［S3·］: X、Y、M、S\\［D·］/［D1·］: Y\\［D2·］: Y、M、S\end{cases}$$

1. 原点回归指令

FNC　156　ZRN

执行该指令是使机械位置与 PLC 内的当前值寄存器一致的指令。一般设备起动运行时，执行回原点操作，以校准机械的原点。

操作数含义如下。

［S1·］：指定开始原点回归的速度。

［S2·］：指定爬行速度。

［S3·］：指定要输入近点（DOG）的输入信号的软元件编号。

［D·］：指定要输出脉冲的输出编号。

图 7-54 为原点回归指令应用。

当驱动指令的 X10 接通时，以回原点速度 D1 开始移动。在回原点过程中，若驱动指令的 X10 断开，机械将不经减速立即停止。当近点信号 X2 由 OFF 变为 ON

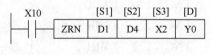

图 7-54　原点回归指令应用

时，减速至爬行速度（D4）；当 X2 由 ON 变为 OFF 时，停止脉冲输出。

说明：

① ［S1·］、［S2·］为二进制的 16 位或 32 位数据。16 位数据设定范围（10~32767 Hz）。32 位数据设定范围，基本单元晶体管输出范围为 10~100000 Hz，高速输出特殊适配器输出范围为 10~200000 Hz。

② 输出脉冲的输出编号位为 Y0、Y1、Y2，高速输出特殊适配器的输出编号位为 Y0、Y1、Y2、Y3。

2. 可变速脉冲输出指令

FNC　157　PLSV

该指令输出带旋转方向的可变脉冲。

操作数含义如下。

[S1·]：脉冲输出频率（BIN 16/32 位）。

[D1·]：输出脉冲的输出端编号。

[D2·]：旋转方向信号输出对象编号。

图 7-55 为可变速脉冲输出指令的应用。当驱动条件 X10 接通时，从输出端 Y0 输出频率为（D0）的脉冲串。电动机的旋转方向由 Y4 输出。D0 输出正脉冲，Y4 输出为 ON；D0 输出负脉冲，Y4 输出为 OFF。方向 [D2·] 由 [S1·] 决定，不由程序控制。

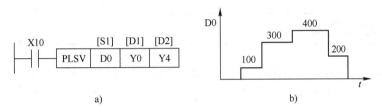

图 7-55　可变速脉冲输出指令的应用

a) 梯形图　b) 速度变化轨迹

说明：

1）[S1·] 用于设定范围，16 位运算设定范围为 -32767～-1 和 +1～32767，单位为 Hz。32 位运算设定范围中，晶体管输出时为 -100000～-1 和 +1～100000，单位为 Hz；高速输出特殊适配器输出时为 -200000～-1 和 +1～200000，单位为 Hz。

2）[S1·] 输出的频率如果用常数表示，则实现的是固定脉冲输出。

3）实际应用时，一般可以先使驱动条件 X10 断开，或将 [S1·] 的数据修改为 K0，在方向输出脉冲，改变电动机转向。

3. 定位指令

FNC　158　DRVI
FNC　159　DRVA ｝操作数 {[S1·]、[S2·]、[D1·]、[D2·]}

相对定位（DRVI）指令是以相对驱动方式执行单速定位。用带正/负的符号指定从当前位置开始的移动距离的方式，也称为增量（相对）驱动方式。

绝对定位（DRVA）指令以绝对驱动方式执行单速定位。执行该指令时从原点（零点）开始移动距离的方式，也称绝对驱动方式。

[S1·]：输出脉冲数，是相对地址（BIN 16/32 位）。

[S2·]：输出脉冲频率（BIN 16/32 位）。

[D1·]：输出脉冲地址，仅能为 Y0 或 Y1。

[D2·]：旋转方向信号输出对象编号。

该指令应用如图 7-56 所示。该指令应用如图 7-57 所示。

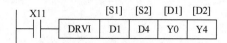

图 7-56　相对定位指令的应用

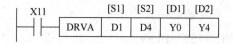

图 7-57　绝对定位指令的应用

说明：

1）［S1·］用于设定范围，16 位运算时范围为 −32767~32767，单位为 Hz，0 除外。32 位运算时为范围 −9999999~+999999，单位为 Hz，0 除外。

2）［S2·］用于设定范围，16 位运算时范围为 10~32767，单位为 Hz。晶体管输出时范围为 10~100000，单位为 Hz；高速输出特殊适配器输出时范围为 10~200000，单位为 Hz。

3）旋转方向可由程序控制。如 Y4=ON，正向；Y0=OFF，反向。

7.11　时钟运算指令

时钟运算指令是针对时钟数据进行运算、比较的指令，此外，还可以执行 PLC 内置实时时钟的时间校准以及时间数据的格式转换功能。时钟运算指令共有 10 条，编号为 FNC160~FNC169。

1. 时钟数据

PLC 内部的实时时钟年的低 2 位、月、日、时、分和秒分别用 D8018~D8013 存放，星期值存放在 D8019 中，见表 7-3。

表 7-3　时钟运算指令使用的寄存器

地 址 号	名 称	设 定 范 围
D8013	秒	0~59
D8014	分	0~59
D8015	时	0~23
D8016	日	0~31
D8017	月	0~12
D8018	年	0~99
D8019	星期	0~6（对应星期日~星期六）

实时时钟指令使用下列特殊辅助继电器。

M8015（时钟停止及时间校正）：为 ON 时钟停止，在它的下降沿写入时间后时钟动作。

M8016（显示时间停止）：为 ON 时时钟数据被冻结，一边显示出来，时钟继续运行。

M8017（±30 秒修正）：在它由 ON 变为 OFF 的下降沿时，如果当前值为 0~29 s，变为 0 s；如果为 30~59 s，进位到分钟，秒变为 0。

M8018（安装检测）：为 ON 时表示 PLC 安装有实时时钟。

M8019（设置错误）：设置的时钟数据超出了允许的范围。

2. 时钟数据区间比较指令

ZTCP 指令是将上限［S2·］、下限［S1·］两点的基准时间和给定时间［S·］进行大小比较，比较结果送到［D·］中指定的位软元件。

$$\text{FNC }\quad 161\quad \text{TZCP}\quad 操作数\begin{cases}[S1\cdot]、[S2\cdot]、[S\cdot]\\ [S1\cdot]、[S2\cdot]、[S\cdot]: T、C、D、[D\cdot]\\ [D\cdot]: Y、M、S。\end{cases}$$

[D·] 为 3 个相邻元件的首地址。

ZTCP 指令的梯形图如图 7-58 所示。

[S2·]、[S1·]、[S·] 分别占用 3 个数据寄存器，只有 16 位运算，要求 [S1·] ≤ [S2·]。[S·] 指定的 D0~D2 分别用来存放 TRD 指令读出的当前时、分、秒的值。

3. 读出时钟数据指令

TRD 指令为 16 位指令，执行该指令可读出 PLC 内置的时钟数据。

FNC　166　TRD　操作数 [D·]

[D·]: T、C、D。

[D·] 指定保存的读出时间数据的首地址，占用 7 点（不要与程序中其他地址冲突），时间格式同表 7-3，指令应用见图 7-59。

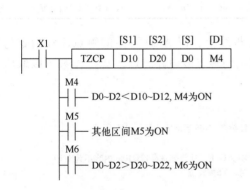

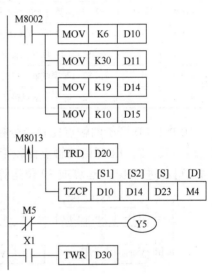

图 7-58　时钟数据区间比较指令的梯形图　　　　图 7-59　TWR 指令的梯形图

4. 写入时钟数据指令

TWR 指令为 16 位指令，执行该指令可向 PLC 内置的实时时钟写入时钟数据。

FNC　167　TWR　操作数 [S·]

[S·]: T、C、D。

指定写入的时间数据先存放在 [S·] 为首地址的 7 个单元中（不要与程序中其他地址冲突）。执行该指令时，PLC 内置的实时时钟的时间会立即被更改，该指令的应用见图 7-59。

【例】编写路灯控制程序。

路灯控制程序如图 7-59 所示，D23~D25 是用 TRD 指令读取实时时钟的时、分、秒的值，D30~D36 分别存放实时时钟的年、月、日、时、分、秒和星期值。D10~D12 是路灯关灯时间，也是 TZCP 指令的下限值。D14~D16 是路灯开灯时间，也是 TZCP 指令的上限值。在 PLC 开机时，M8002 的常开触点接通一个扫描周期，设置路灯开关时间。关灯时间区间为 6:30~19:10，在该区间 TZCP 指令的比较结果 M5 为 ON，用 M5 常闭触点通过 Y4 控制路灯。

7.12　触点比较指令

触点比较指令（FNC224~FNC246），相当于一个触点，执行时比较源操作数 [S1·] 和 [S2·]，满足比较条件则等效触点闭合。

操作数 [S1·]、[S2·]：K、H、KnX、KnY、KnM、KnS、T、C、D、V，Z。

各种触点比较指令的助记符和意义见表 7-4，指令应用如图 7-60 所示。

表 7-4　触点比较指令的助记符

应用编号	助记符	命 令 名 称	应用编号	助记符	命 令 名 称
224	LD=	[S1·]=[S2·]时运算开始的触点接通	236	AND<>	[S1·]≠[S2·]时串联触点接通
225	LD>	[S1·]>[S2·]时运算开始的触点接通	237	AND≤	[S1·]≤[S2·]时串联触点接通
226	LD<	[S1·]<[S2·]时运算开始的触点接通	238	AND≥	[S1·]≥[S2·]时串联触点接通
228	LD<>	[S1·]≠[S2·]时运算开始的触点接通	240	OR=	[S1·]=[S2·]时并联触点接通
229	LD≤	[S1·]≤[S2·]时运算开始的触点接通	241	OR>	[S1·]>[S2·]时并联触点接通
230	LD≥	[S1·]≥[S2·]时运算开始的触点接通	242	OR<	[S1·]<[S2·]时并联触点接通
232	AND=	[S1·]=[S2·]时串联触点接通	244	OR<>	[S1·]≠[S2·]时并联触点接通
233	AND>	[S1·]>[S2·]时串联触点接通	245	OR≤	[S1·]≤[S2·]时并联触点接通
234	AND<	[S1·]<[S2·]时串联触点接通	246	OR≥	[S1·]≥[S2·]时并联触点接通

图 7-60 中，LD 开始的触点比较指令接在左母线上，以 AND 开始的触点比较指令与别的触点或电路串联，以 OR 开始的触点比较指令与别的触点或电路并联。源操作数可以取所有的数据类型，可以进行 16 位运算或 32 位运算。

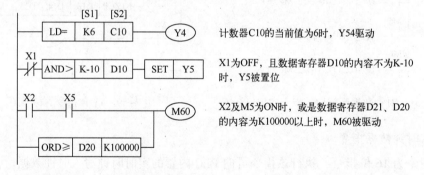

图 7-60　触点比较指令的应用

7.13　技能训练

7.13.1　训练项目 1　闪光灯的闪光频率控制

1. 目的

1）分析训练项目，选择合适的应用指令，培养工程分析能力；

2）按照电气原理图规则，绘制 PLC 端子接线图。

3）按规范要求，安全使用工具、仪器、元件和设备，完成接线和测试。

4）编程中设置必要的保护环节，树立安全意识，培养创新思维。

5）完成程序在线调试，培养谨慎思维和精益求精的工匠精神。

6）严格记录实训操作步骤和程序运行数据，养成良好的工程数据归档习惯。

7）自觉遵守实训规章制度，打扫并保持环境卫生。

2. 仪器与器件

1）FX_{3U} 系列 PLC 主机；2）控制盘（可以用信号灯代替电动机）；

3）计算机与编程软件；4）编程器。

3. 控制要求

利用应用指令设计闪光灯的闪光频率程序，要求改变输入端口所接置数开关（按钮）的通断状态，可改变闪光灯的闪光频率。

4. 分析

4 个置数开关分别接于 X0～X3，X10 为起停开关，起停开关 X10 选用带自锁的按钮，信号灯接于 Y0。输入/输出 I/O 点分配见表 7-5，设计出的 PLC 接线图如图 7-61a 所示。

表 7-5　输入/输出 I/O 点分配表

输　　入		输　　出	
输入继电器	作　　用	输出继电器	作　　用
X0	置数开关	Y0	信号灯
X1	置数开关		
X2	置数开关		
X3	置数开关		
X10	起停开关		

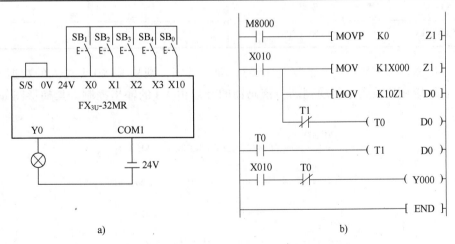

图 7-61　闪光灯的闪光频率控制

a）接线图　b）梯形图

其梯形图如图 7-61b 所示。第一行实现变址寄存器清零，通电时完成。第二行实现从输入端口读入设定开关数据，变址综合后送到定时器的设定值寄存器 D0，并和第三行配合产生 D0 时间间隔的脉冲。

5. 实施

1）按接线图连接 PLC 与 4 个带自锁的按钮、输出闪光灯，并连接 PLC 的电源，确保接线无误。

2）输入如图 7-61b 所示的梯形图，检查无误后运行程序。

3）程序运行时设置置数开关的值分别为 0～9，仔细观察输出继电器 Y0 的状态变化是否符合控制要求。

7.13.2　训练项目 2　简单密码锁

目的、仪器与器件同训练项目 1。

1. 控制要求

利用 PLC 实现密码锁控制。密码锁有 3 个置数开关（12 个按钮），分别代表 3 个十进制数，如拨动所得数据与密码锁设定值相符，则 3 s 后开启锁，20 s 后重新上锁。

2. 分析

用比较指令实现密码锁的控制系统。置数开关需要 12 条输出线，分别接入 X0～X3、X4～X7 和 X10～X13，其中 X0～X3 代表第一个十进制数；X4～X7 代表第二个十进制数；X10～X13 代表第三个十进制数，密码锁的控制信号从 Y0 输出，输入/输出 I/O 点分配见表 7-6。

表 7-6　输入/输出 I/O 点分配表

输　　入		输　　出	
输入继电器	作　用	输出继电器	作　用
X0～X3	密码个位	Y0	密码锁控制信号
X4～X7	密码十位		
X10～X13	密码百位		

密码锁的密码由程序设定，假定为 K283，如要解锁，则从 K3X0 上送入的数据应与假定值相等，这可以用比较指令实现判断，密码锁的开启由 Y0 的输出控制。其梯形图如图 7-62 所示。

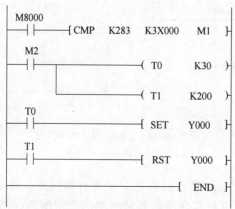

图 7-62　密码锁梯形图

3. 实施

1) 将 12 个带自锁的按钮分别连接到 PLC 的 X0~X3、X4~X7、X10~X13，输出用指示灯代替，连接 PLC 的电源，确保接线无误。

2) 输入如图 7-62 所示的梯形图，检查无误后运行程序。

3) 先不操作输入按钮，观察输出继电器 Y0 的状态有无变化。

4) 设置输入开关的值为十进制数 K283（二进制数为 0001 0001 1011），即 X10、X4、X3、X1、X0 为 ON，其余为 OFF，观察输出继电器 Y0 的状态变化是否符合密码锁的要求。

5) 设置输入开关的值为十进制数 K283 以外的任何数，然后观察输出继电器 Y0 的状态变化，密码锁是否能打开。

7.13.3　训练项目 3　简易定时报警器

目的、仪器与器件同训练项目 1。

1. 控制要求

利用计数器与比较指令，设计 24 h 可设定时的住宅用定时报警器控制程序（每刻钟为一时间单位，24 h 共有 96 个时间单位），要求实现如下控制。

1) 早上 6:30 闹钟报时，每秒响一次，10 s 后自动停止。

2) 9:00~17:00，启用住宅报警系统。

3) 晚上 6 点打开住宅照明。

4) 晚上 10:00 关闭住宅照明。

2. 分析

输入/输出 I/O 点分配见表 7-7。时间设定值为钟点数×4。使用时在 0:00 时启用定时器。

表 7-7　输入/输出 I/O 点分配表

输　　入		输　　出	
输入继电器	作　　用	输出继电器	作　　用
X0	启停开关	Y0	闹钟
X1	15 min 快速调整与试验开关	Y1	住宅报警监控
X2	格数设定的快速调整与试验开关	Y2	住宅照明

3. 实施

1) 将 PLC 的 X0~X2 外接 3 个自锁按钮，输出继电器 Y0~Y2 的驱动设备用 3 个指示灯代替，并连接 PLC 的电源，确保接线无误。

2) 设计梯形图，并下载到设备中，检查无误后运行程序。

3) 按下 X2，利用格数设定的快速调整与试验开关调试程序，观察输出继电器 Y0~Y2 的状态变化情况。再按下 X2，停止格数设定的快速调整与试验。

4) 按下 X1，利用 15 min 快速调整与试验开关调试程序，观察输出继电器 Y0~Y2 的状态变化情况。再按下 X1，停止 15 min 快速调整与试验。

5) 从 0:00 点时，按下 X0，启动定时报时器。

7.13.4　训练项目 4　四则运算

目的、仪器与器件同训练项目 1。

1. 控制要求

四则运算是计算机的基本应用，PLC 也应具备四则运算的能力，如某控制程序中要进行以下算式的运算：

$$y = \frac{36x}{30} + 2$$

本训练项目要求用 PLC 完成上式中的加、乘、除运算。

2. 分析

上式中 x 用输入端口 K2X0 表示，表示送入的二进制数，运算结果输送到输出端口 K2Y0，用 X20 作为启停开关。输入/输出 I/O 点分配见表 7–8。

表 7–8　输入/输出 I/O 点分配表

输 入		输 出	
输入继电器	作　用	输出继电器	作　用
X0 ~ X7	输入二进制数	Y0 ~ Y7	运算结果
X20	启停开关		

此任务的梯形图如图 7–63 所示。

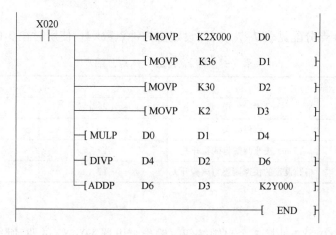

图 7–63　四则运算梯形图

3. 实施

1）将代表输入置数的 8 个按钮连接到 PLC 的 X0~X7、启停开关连接到 X20、输出用指示灯代替，然后连接 PLC 的电源，确保接线无误。

2）输入梯形图程序，检查后运行程序。

3）输入置数先设置为 0，按下启停开关 PLC 开始算术运算，观察输出继电器 Y0~Y7 的状态。当完成了算术运算应用再按下启停开关来停止。

4）改变输入置数，重复第 3 步，观察算术运算的结果。

7.13.5 其他训练项目

1. 古塔高度测算（参见附录B-2）
2. 压力工程值转换（参见附录B-3）

7.14 小结

应用指令实际上是一个个不同应用的子程序，如果能熟练应用，可以使程序非常简洁，同时还可以使程序的运算周期大大缩短。

使用应用指令时要注意这几个因素：源操作数、目标操作数的指定范围，常数的取值范围，指令是16位还是32位的数据操作，特别要注意指令是连续执行方式还是脉冲执行方式，把握住以上问题，则可以灵活和正确地使用。

有些应用指令在程序中只能使用一次，如以下指令：

FNC52	MTR	FNC57	PLSY	FNC58	PWM
FNC60	IST	FNC62	ABSD	FNC63	INCD
FNC68	ROTC	FNC70	TKY	FNC71	HKY
FNC72	DSW	FNC74	SEGL	FNC75	ARWS

应用指令的更详尽说明请读者参阅有关说明书和其他技术资料。

7.15 习题

1. 当输入驱动条件ON时，完成下列要求：
1）A：根据图7-64写出指令表；
　　B：当X0=ON时，（D2）=？
　　C：执行程序的结果中谁被置位？
2）A：根据图7-65写出指令表；
　　B：P的意义是什么？
　　C：当X1=ON时，（D10）=？

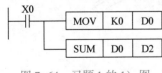

图7-64 习题1的1）图

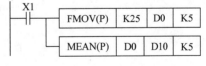

图7-65 习题1的2）图

3）A：根据图7-66解释每条指令的应用；
　　B：当X2=ON时，（D0）=？
4）A：写出图7-67的指令；
　　B：解释每条指令的应用；
　　C：当X3=ON时，（D4）=？ Y0~Y13中哪个被置位？
5）A：写出图7-68的指令表；
　　B：解释每条指令的应用；

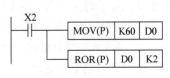

图7-66 习题1的3）图

C：当 X4＝ON 时，（D14）＝？哪个 Y 被置位？

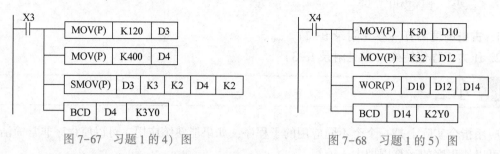

图 7-67 习题 1 的 4) 图   图 7-68 习题 1 的 5) 图

2. 设计两个数据相减之后得到绝对值的程序。

3. 设计用一个按钮控制指示灯亮灭交替输出的程序。

4. 设计一段程序，当输入条件满足时，依次将计数器 C0～C9 的当前值转换成 BCD 码后送到输出软元件 K4Y0 中去，画出梯形图，写出指令表。

5. 用应用指令设计一个自动控制小车运行方向的控制系统，如图 7-69 所示，请根据要求设计梯形图和指令表。控制要求如下：

1）当小车所停位置 SQ 的编号大于呼叫位置编号 SB 时，小车向左运行至等于呼叫位置时停止。

2）当小车所停位置 SQ 的编号小于呼叫位置编号 SB 时，小车向右运行至等于呼叫位置时停止。

3）当小车位置 SQ 的编号与呼叫位置编号相同时，小车不动作。

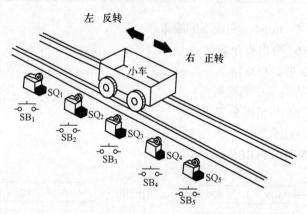

图 7-69 习题 5 图

6. 用应用指令设计一个节日彩灯的控制程序，共有 24 个彩灯，设置有启动开关、左/右移开关、移动灯位开关，用以上开关完成下列控制要求：

1）每次间隔 1 s 左移一个灯位；

2）每次间隔 1 s 右移一个灯位；

3）每次间隔 1 s 左移三个灯位；

4）每次间隔 1 s 右移三个灯位。

7. 用应用指令设计一个自动售货机的梯形图和指令表，要求如下：

1）此售货机可以投入 1 元、5 元和 10 元纸币；

2）当投入纸币的总数值超过 12 元时，汽水按钮指示灯亮；当投入纸币的总数值超过 15

元时，汽水和咖啡按钮指示灯都亮。

3）当汽水按钮指示灯亮时，按汽水按钮，则汽水排出 7 s 后自动停止，这段时间内汽水指示灯闪烁。

4）当咖啡按钮指示灯亮时，按咖啡按钮，则咖啡排出 7 s 后自动停止，这段时间内咖啡指示灯闪烁。

5）若投入纸币的总数值超过按钮所需要的钱数（汽水 12 元、咖啡 15 元）时，找钱指示灯亮，表示找钱动作，并退出多余的钱。

相应的 I/O 地址分配编号如表 7-9 所列：

表 7-9　自动售货机 I/O 地址分配

输　　　入	输　　　出
1 元识别口：X0	汽水出口：Y0
5 元识别口：X1	咖啡出口：Y1
10 元识别口：X2	汽水按钮指示灯：Y2
汽水按钮：X3	咖啡按钮指示灯：Y3
咖啡按钮：X4	找钱指示灯：Y4
计数手动复位：X5	

8. 半径 $r = 12\,cm$，将其数值存放在寄存器 D0 中，求圆的周长和面积。要求将运算结果存放在数据寄存器中。

9. 用实时时钟指令控制设备的定时起动和停止。周一到周五的 7:50 起动设备，17:30 停止设备。周六和周日的 8:00 起动设备，12:00 停止设备。请设计控制程序。

10. 编写从 1 累加到 100 数据和的平均值程序。

第8章 可编程序控制器的应用

8.1 PLC 控制系统设计

随着 PLC 技术的发展，众多 PLC 生产厂家的新产品不断涌现，PLC 自身的功能也在不断增强。用 PLC 控制的系统越来越普及、越来越复杂，由最初在工业上局部替代继电器控制已发展渗透到工业控制的各个领域，从单机自动化到工厂自动化，从柔性制造系统、机器人到智能制造系统，PLC 都是核心技术之一。面对不同的 PLC 机型及不同被控对象的要求，必须按照一定的原则和步骤选择合适的 PLC 硬件和软件，以满足控制系统的控制要求。

8.1.1 PLC 控制系统设计的基本原则

1）选用的 PLC 必须满足被控对象的控制要求。考虑将来发展的需要，选用的 PLC 应是功能较强的新产品，并留有适当的余量。

2）在满足控制要求的前提下，保证 PLC 控制系统安全、可靠。

3）PLC 控制系统尽可能简单。

4）具有高的性价比。

8.1.2 PLC 控制系统设计的步骤

图 8-1 所示是 PLC 控制系统设计步骤的流程图。步骤如下。

1）了解和分析被控对象的控制要求，确定输入、输出设备的类型和数量。

8-1 PLC 控制系统设计的方法与步骤

2）确定 PLC 的 I/O 点数，并选择 PLC 机型。

3）合理分配 I/O 点数，绘制 PLC 控制系统输入、输出端子接线图。

4）根据控制要求，绘制工作循环图或状态流程图。

5）根据工作循环图或状态流程图，编写用户程序。

6）输入用户程序到 PLC 中。

7）程序调试。先进行模拟调试，再进行现场联机调试；先进行局部、分段调试，再进行整体、系统调试。

8）调试过程结束，整理技术资料，投入使用。

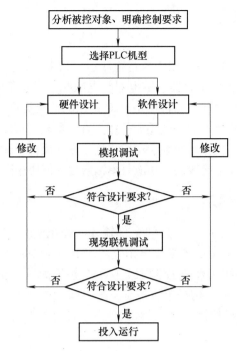

图 8-1　PLC 控制系统设计步骤的流程图

8.2　PLC 的硬件设计

　　PLC 硬件的设置要满足控制对象对 PLC 的要求，主要包括：PLC 机型的选择，I/O 的数量和种类，CPU 的速度，内存容量的大小，以及对编程器、打印机、I/O 模块、通信接口模块和通信传输电缆的选择等方面。选择合适的 PLC 机型是使用可编程序控制器的第一步，一般来说，应首选同类产品中功能强的新一代产品。下面从几个方面说明 PLC 硬件设计的要求和具体方法。

8.2.1　根据外部输入、输出器件选择 PLC 的 I/O 端口

1. 输入器件与 PLC 输入端口

　　输入器件为连接到 PLC 输入端子用于产生输入信号的器件。常用的输入器件分主令器件和检测器件两大类。主令器件包括按钮、选择开关、数字开关等，产生主令输入信号。检测器件包括行程开关、接近开关、光电开关、继电器触点和接触器辅助触点等，产生检测运行状态的信号。又可将输入器件分为有源触点输入器件和无源触点输入器件。对于 FX_{3U} 系列 PLC，当使用无源触点的输入器件时，内部 24 V 电源通过输入器件向输入端提供每点 7 mA 的电流；当使用有源触点的输入器件时，PLC 上直流 24 V 向外部输入器件提供电流。

　　输入器件提供的信号分为模拟信号、数字信号和开关信号。对于提供开关信号的输入器件（如按钮、选择开关、行程开关及触点）和数字信号的输入器件（如数字开关），将器件一端与相应元件号的 PLC 输入端相连，另一端与 PLC 的 COM 公共端连接。对于提供模拟信号的输入器件（如压力传感器、温度传感器），必须通过模拟量输入模块与 PLC 的输入端相连。模拟量输入模块的模拟信号输入端有 V、I 和 COM 3 个接线端，V、I 分别是模拟电压和电流信号输

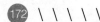

入端，COM 是模拟信号公共输入端。

2. 输出器件

输出器件为连接到 PLC 输出端子用于执行程序运行结果的器件。常用的输出器件分为驱动负载和显示负载。驱动负载包括接触器、继电器和电磁阀。显示负载包括指示灯、数字显示装置、电铃和蜂鸣器等。根据外接输出器件确定 PLC 采用的输出类型。PLC 输出端口有 3 种类型，即继电器、晶体管和晶闸管输出，分别适用于外接交直流负载、直流负载和交流负载。对于要求模拟信号的输出器件，通过用模拟输出模块将输出信号变成模拟量输出。模拟输出模块的模拟信号输出端也有 V、I 和 COM 3 个接线端，功能与模拟量输入模块相同。

8.2.2 PLC I/O 的确定

根据被控对象要求，将与 PLC 相连的全部输入、输出器件按所需的电压、电流的大小、种类分别列表统计，考虑将来发展的需要再相应增加 10%~15% 的余量，估算 PLC 所需 I/O 总点数，最后选择点数相当的可编程序控制器。I/O 点数是衡量可编程序控制器规模大小的依据。若 I/O 点数较少，且由 PLC 构成单机控制系统，则应选用小型的可编程序控制器。若 I/O 点数过多，且由 PLC 构成控制系统的控制对象分散、控制级数较多，则应选择大、中型的可编程序控制器。

8.2.3 确定内存容量和存储器的种类

CPU 内存容量即是用户程序区的大小，与 I/O 点数的种类、数量和用户的编程水平有关。可按下面的经验公式估算。

$$总内存容量 = (开关量输入点数 + 开关量输出点数) \times 10 + 模拟量点数 \times 150$$

计算出的总容量再增加 25%~35% 的余量。

RAM、EPROM 和 E^2PROM 是常用的用户程序存储器。将用户的程序存放于 RAM 中，较方便，但需锂电池保持；将用户程序存放于 EPROM 中，不需电池保持，且断电后不会丢失。

8.2.4 确定 CPU 的运行速度

PLC 为周期循环扫描工作方式，CPU 的运行速度是指执行每一步用户程序的时间。对于以开关量为主的控制系统，不用考虑扫描速度，一般的 PLC 机型都可使用。对于以模拟量为主的控制系统，则需考虑扫描速度，必须选择合适 CPU 种类的 PLC 机型。

8.2.5 确定 PLC 的外围设备

PLC 的外围设备主要是人—机对话装置，用于 PLC 的编程和监控。通过人—机对话装置可以进行编程、调试及显示图形报表、文件复制和报警等。PLC 外围外围设备有编程器、打印机、EPROM 写入器和显示器等。

8.2.6 电源电压的选择

对于由 PLC 控制系统供电的电源，我国优先选择 220 V 的交流电源电压，特殊情况可选择 24 V 直流电源供电。输入信号电源，一般利用 PLC 内部提供的直流 24 V 电源。对于带有有源器件的接近开关，可外接 220 V 交流电源，以提高稳定避免干扰。在选用直流 I/O 模块时，需要外设直流电源。

8.3　PLC 的软件设计

PLC 的软件设计是指 PLC 控制系统中用户程序的设计。用户程序的设计内容包括控制流程图的设计、梯形图或功能图的设计以及编写对应的指令表。对于不同的被控对象和被控范围，PLC 应用不同的用户程序实现不同的控制功能。下面主要介绍几种常用的 PLC 程序设计方法。

8.3.1　翻译法

翻译法是用所选机型的 PLC 中功能相当的软器件，代替原继电器—接触器控制电路原理图中的器件，将继电器—接触器控制电路翻译成 PLC 梯形程序图的方法。这种方法主要用于对旧设备、旧控制系统的技术改造。设计举例如下。

图 8-2 为用翻译法将原有继电器-接触器控制电路改用 PLC 进行控制的电路图和梯形图。在图 8-2a 所示的正、反转控制电路中共用一个停机按钮 SB，在梯形图中用增加触点 X0 实现。停机按钮在端子接线图中采用常开按钮，因此梯形图中停机触点仍采用常闭触点实现，使编程简单。

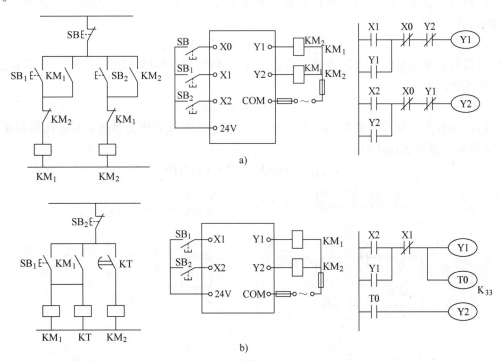

图 8-2　用翻译法将原有继电器-接触器控制电路改用 PLC 进行控制的电路图和梯形图

a）正、反转控制　b）时间控制

 注意：另外要加硬件互锁。图 8-2b 中原时间继电器在梯形图中用定时器 T0 代替。

翻译法用于将简单的控制电路改造为 PLC 控制，比较简单、方便。对于较复杂的继电器—接触器控制系统，仅用翻译法反而麻烦，且不易修改、整理，这时往往与其他方法相结合。翻译法只对整个控制系统中的某一局部控制电路使用比较方便。

8.3.2 功能图法

功能图又称为状态流程图，主要是针对顺序控制方式或步进控制方式的程序设计。在程序设计时，首先将系统的工作过程分解成若干个连续的阶段，每一阶段称为一个"工步"或一个"状态"，以工步（或状态）为单元，从工作过程开始，一直到工作过程的最后一步结束为止。工步与工步（状态与状态）之间的转换按工作过程的顺序要求自动进行，可以用步进指令实现，也可以用辅助继电器组成的移位寄存器记忆实现。

8.3.3 逻辑设计法

在进行程序设计时以布尔逻辑代数为理论基础，即以逻辑变量"0"或"1"作为研究对象，以"与""或""非"3 种基本逻辑运算为分析依据，对电气控制电路进行逻辑运算，把触点的"通、断"状态用逻辑变量"0"或"1"来表示。PLC 控制系统本身也是"与""或""非"这 3 种基本关系的组合，可以将它的梯形图直接转化为逻辑表达式，所以可以将逻辑代数作为 PLC 控制系统设计的一种工具。

可以将具有多变量的"与"逻辑关系表达式直接转化为触点串联的梯形图，如图 8-3a 所示。逻辑表达式如下：

$$L_{(Y1)} = X0 \cdot X1 \cdot X2 \cdot \overline{M1}$$

可以将具有多变量的"或"逻辑关系表达式直接转化为触点并联的梯形图，如图 8-3b 所示。逻辑表达式如下：

$$L_{(Y2)} = X0 + X1 + \overline{M2} + Y2$$

可以将具有多变量"与或""或与"逻辑关系表达式直接转化为触点串并联的梯形图，如图 8-3c 所示。逻辑表达式如下：

$$L_{(Y3)} = (X0 + X1)X2 \cdot \overline{Y2} + M10$$

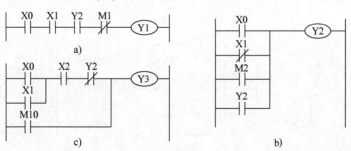

图 8-3 与、或、非逻辑关系梯形图

a）与逻辑关系梯形图　b）或逻辑关系梯形图　c）与或、或与逻辑关系梯形图

其逻辑设计法的设计步骤与前两种方法基本相同，都需要确定 I/O 点数和 PLC 机型，绘制状态流程图，先根据状态流程图写出每一个控制结果所对应的逻辑表达式，再编制相应的梯形图。逻辑设计法既简单、直观，又具有明确的输入、输出间的关系，使得设计过程进一步简化。但是对于较复杂的控制系统，很难用逻辑代数表达式表达出控制关系，不易使用此法。

综上所述，在进行程序设计时可用不同方法分段设计，以达到简单和快捷的目的。

8.4 PLC 在机床控制中的应用

第 3 章 Z3040 型摇臂钻床电气控制电路图如图 3-2 所示。本节介绍用 PLC 控制系统进行技术改造。下面介绍用 FX$_{3U}$ 系列 PLC 控制系统取代 Z3040 摇臂钻床电气控制系统的设计方法。

1. 分析控制对象、确定控制要求

仔细阅读、分析 Z3040 摇臂钻床的电气原理图，确定各电动机的控制要求。

1）对 M$_1$ 电动机的要求：单方向旋转，有过载保护。

2）对 M$_2$ 电动机的要求：全压正、反转控制，点动控制；起动时，先起动电动机 M$_3$，再起动电动机 M$_2$；停机时，先停止电动机 M$_2$，然后才能停止电动机 M$_3$。对电动机 M$_2$ 设有必要的互锁保护。

3）对电动机 M$_3$ 的要求：全压正、反转控制，设长期过载保护。

4）电动机 M$_4$ 容量小，由开关 SA 控制，单方向运转。

2. 确定 I/O 点数

根据图 3-2 找出 PLC 控制系统的输入、输出信号，其中共有 13 个输入信号，9 个输出信号。照明灯不通过 PLC 而由外电路直接控制，可以节约 PLC 的 I/O 端子数。考虑将来的发展需要，留一定余量，选用 FX$_{3U}$-32MR 可编程序控制器。将输入、输出信号进行地址分配，I/O 端子分配如表 8-1 所示。

表 8-1 I/O 端子分配表

输 入 信 号	输入端子号	输 出 信 号	输出端子号
摇臂下降限位行程开关 SQ$_5$	X0	电磁阀 YV	Y0
电动机 M$_1$ 起动按钮 SB$_1$	X1	接触器 KM$_1$	Y1
电动机 M$_1$ 停止按钮 SB$_2$	X2	接触器 KM$_2$	Y2
摇臂上升按钮 SB$_3$	X3	接触器 KM$_3$	Y3
摇臂下降按钮 SB$_4$	X4	接触器 KM$_4$	Y4
主轴箱松开按钮 SB$_5$	X5	接触器 KM$_5$	Y5
主轴箱夹紧按钮 SB$_6$	X6	指示灯 HL$_1$	Y10
摇臂上升限位行程开关 SQ$_1$	X7	指示灯 HL$_2$	Y11
摇臂松开行程开关 SQ$_2$	X10	指示灯 HL$_3$	Y12
摇臂自动夹紧行程开关 SQ$_3$	X11		
主轴箱与立柱箱夹紧松开行程 SQ$_4$	X12		
电动机 M$_1$ 过载保护 FR$_1$	X13		
电动机 M$_2$ 过载保护 FR$_2$	X14		

3. 绘制 I/O 端子接线图

根据 I/O 的分配结果绘制摇臂钻床 PLC 控制系统 I/O 端子接线图，如图 8-4 所示。在端子接线图中，热继电器和保护信号仍采用常闭触点作输入，主令电器的常闭触点可改用常开触点作输入，使编程简单。接触器和电磁阀线圈用交流 220 V 电源供电，信号灯用交流 6.3 V 电源供电。

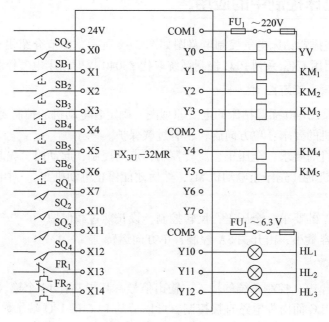

图 8-4　摇臂钻床 PLC 控制系统 I/O 端子接线图

4. 设计梯形图

对 Z3040 摇臂钻床梯形图的设计可参照电气控制原理图，用前面提到的翻译法进行 PLC 控制系统的改造。首先，将整个控制电路分成若干个控制环节，分别设计出梯形图。然后，根据控制要求综合在一起，最后，进行整理和修改，设计出符合控制要求的完整的梯形图。

（1）控制主轴电动机 M_1 的梯形图

在电气控制原理图中，对电动机 M_1 的控制比较简单，其梯形图如图 8-5 所示。

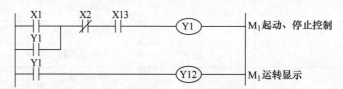

图 8-5　对电动机 M_1 的控制梯形图

（2）控制电动机 M_2 与 M_3 的梯形图

1）摇臂升降过程。摇臂的升降、夹紧控制与液压系统紧密配合，摇臂升降、夹紧的控制梯形图如图 8-6 所示。由上升按钮 SB_3 和下降按钮 SB_4 与正反转接触器 KM_2、KM_3 组成 M_2 电动机的正、反转电动机点动控制。摇臂升降为点动控制，且摇臂升降前必须先起动液压泵电动机 M_3，将摇臂松开，然后方能起动摇臂升降电动机 M_2。按摇臂上升按钮 SB_3（X3 = ON），PLC 内部继电器 M0 线圈通电，电气原理图中的时间继电器 KT 在梯形图中由定时器 T0 代替，时间继电器的瞬时动作触点 KT（13—14）由辅助继电器 M0 代替，使得输出继电器 Y4 和 Y0 动作，则 KM_4 和电磁阀 YV 线圈同时通电，电动机 M_3 正转将摇臂松开。松开到位压下摇臂松开的行程开关 SQ_2（X10 动作），使输出继电器 Y4 断电、Y2 动作，KM_4 断电，同时 KM_2 通电，摇臂维持松开进行上升。上升到位，松开按钮 SB_3（X3 = OFF），M0 线圈断电，摇臂停止上

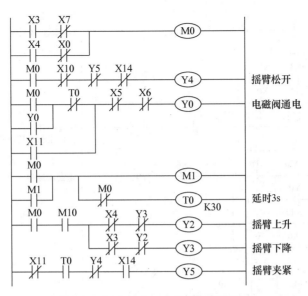

图 8-6　摇臂升降、夹紧的控制梯形图

升，同时定时器 T0 线圈通电延时 1~3 s 触点动作，输出继电器 Y5 动作使 KM₅ 线圈通电，电动机 M₃ 反转，摇臂夹紧。夹紧时压下行程开关 SQ₃（X11 动作），使输出继电器 Y5 和 Y0 复位，KM₅ 和电磁阀线圈断电，电动机 M₃ 停转。

2）主轴箱和立柱箱的松开与夹紧控制。主轴箱和立柱箱的松开与夹紧控制是同时进行的，其梯形图如图 8-7 所示。在电气控制线路中，由按钮 SB₅ 和 SB₆ 控制。按下按钮 SB₅（X5 触点动作），输出继电器 Y4 动作，使 KM₄ 线圈得电，电磁阀线圈 YV 断电，电动机 M₃ 正转主轴且立柱箱松开。松开同时压下行程开关 SQ₄（X12 动作），输出继电器 Y10 线圈通电，指示灯 HL₁ 亮，表明已经松开。反之，当按下按钮 SB₆，使 Y5 通电、Y0 断电，KM₅ 线圈得电、电磁阀 YV 仍断电，电动机 M₃ 反转将主轴箱且立柱箱夹紧，同时行程开关 SQ₄ 复位，输出继电器 Y11 动作，夹紧指示灯 HL₂ 亮，表明夹紧动作完成。

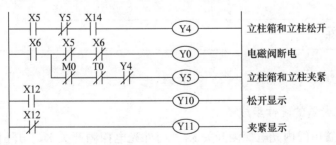

图 8-7　主轴箱和立柱箱的松开与夹紧控制梯形图

在上述梯形图的基础上，将各部分梯形图综合在一起进行整理和修改，把其中的重复项去掉，最后设计出完整的梯形图。Z3040 型摇臂钻床控制的完整梯形图如图 8-8 所示。

5. 程序输入

针对设计出的梯形图，编写相应的用户程序，用编程器进行程序的调试、修改。最后，将无误的程序用编程器写入 PLC 内部的 EPROM 或 E²PROM 芯片内，投入现场使用。请读者自行编制用户程序（指令表）。

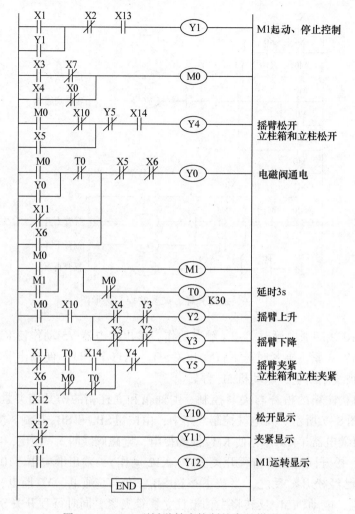

图 8-8　Z3040 型摇臂钻床控制的完整梯形图

8.5　技能训练

8.5.1　训练项目 1　自动门控制装置

1. 自动门控制装置的硬件组成

自动门控制装置由门内光电探测开关 K_1、门外光电探测开关 K_2、开门到位限位开关 K_3、关门到限位开关 K_4、开门执行机构 KM_1（使直流电动机正转）和关门执行机构 KM_2（使直流电动机反转）等部件组成。

2. 控制要求

1）当有人由内到外或由外到内通过光电检测开关 K_1 或 K_2 时，开门执行机构 KM_1 动作，电动机正转，到达开门限位开关 K_3 位置时，电动机停止运行。

2）自动门在开门位置停留 8 s 后，自动进入关门过程，关门执行机构 KM_2 被起动，电动机反转，当门移动到关门限位开关 K_4 位置时，电动机停止运行。

3) 在关门过程中，当有人员由外到内或由内到外通过光电检测开关 K_2 或 K_1 时，应立即停止关门，并自动进入开门程序。

4) 在门打开后的 8 s 等待时间内，若有人员由外至内或由内至外通过光电检测开关 K_2 或 K_1 时，必须重新开始等待 8 s 后，再自动进入关门过程，以保证人员安全通过。

3. 实施

1) 确定输入/输出设备，选择 PLC；分析确定系统方案，画出设计合理的 PLC 控制系统。

2) 绘制 PLC 外部接线图（含主电路、外部控制电路、I/O 接线图等）。

3) 编制 PLC 梯形图程序并调试。

4) 绘制电气接线图，接线并调试。

5) 整理技术资料，编写使用说明书。

8.5.2 训练项目2 汽车自动清洗装置

1. 控制要求

汽车自动清洗装置的工作流程图如图 8-9 所示。

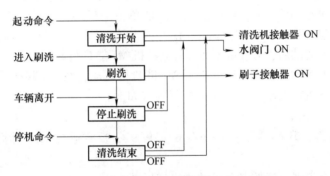

图 8-9 汽车自动清洗装置的工作流程图

2. 实施

1) 确定输入/输出设备，选择 PLC；分析并确定系统方案，设计合理的 PLC 控制系统。

2) 绘制 PLC I/O 接线图。

3) 编制 PLC 梯形图程序并调试。

4) 绘制电气接线图，接线并调试。

5) 整理技术资料，编写使用说明书。

8.5.3 训练项目3 机器人滑台的定位控制（参见附录 B-4）

8.6 小结

本章主要介绍 PLC 控制系统的设计步骤、内容和方法，包括硬件和软件设计两方面。

1) 硬件设计主要指 PLC 控制系统 I/O 点数的确定、PLC 机型的选择、特殊模块的选用、CPU 内存量计算及 PLC 外围设备的确定等几方面。其中，I/O 点数的确定和 PLC 机型的选择是进行 PLC 控制系统设计的第一步。

2）常用的软件设计方法为翻译法、功能图法和逻辑设计法。

3）按照 PLC 控制系统设计的方法与步骤举例介绍 PLC 在不同控制系统中的应用。

8.7 习题

1. 用 PLC 实现下述控制要求，分别编出梯形图程序。

1）起动时，电动机 M_1 起动后 M_2 才能起动；停止时，M_2 停止后 M_1 才能停止。

2）电动机 M_1 先起动后，M_2 才能起动，M_2 能单独停车。

3）电动机 M_1 起动后，M_2 才能起动，M_2 并能点动。

4）电动机 M_1 先起动后，经 1 min 延时后电动机 M_2 能自行起动。

5）电动机 M_1 先起动后，经 30 s 延时后 M_2 能自行起动，在 M_2 起动后 M_1 立即停止。

2. 电动葫芦起升机构的动负荷试验的控制要求如下：

1）可手动上升、下降。

2）自动运行时，上升 6 s→停 9 s→下降 6 s→停 9 s，反复运行 1 h，然后发出声光信号，停止运行。

要求用 PLC 编程实现上述控制要求并画出梯形图。

3. 图 8-10 所示电路，为了限制绕线式异步电动机的起动电流，在转子电路中串入电阻。起动时接触器 KM_1 合上，串入整个电阻 R_1。起动 2 s 后 KM_4 接通，切断转子回路的一段电阻，剩下 R_2。经过 1 s，KM_3 接通，电阻改为 R_3。再经过 0.5 s，KM_2 也合上，转子外接电阻全部切除，起动完毕。用 PLC 编程实现控制功能，并画出梯形图。

4. 某一冷加工自动线有一个钻孔动力头，该动力头的加工过程如图 8-11 所示。具体分析如下：

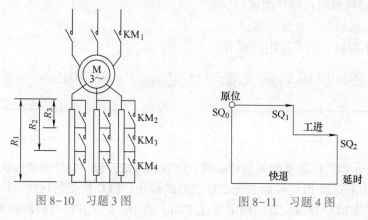

图 8-10 习题 3 图   图 8-11 习题 4 图

1）动力头在原位，并加起动信号时，接通电磁阀 YV1，动力头快进。

2）动力头碰到限位开关 SQ_1 后，接通电磁阀 YV1 和 YV2，动力头由快进转为工进。

3）动力头碰到限位开关 SQ_2 后，开始延时 $10\,s$。

4）延时时间到，接通电磁阀 YV3，动力头快退。

5）快退至原位碰到 SQ_0 后，动力头停止。

要求用 PLC 编程实现控制功能，并画出梯形图。

5. 液压动力滑台是完成进给运动的部件，图 8–12 为其二次工进的工作示意图，图 8–12a 所示是工艺流程图，图 8–12b 所示是工作循环图。请设计既能单周工作又能自动循环的可编程序控制器的控制程序。

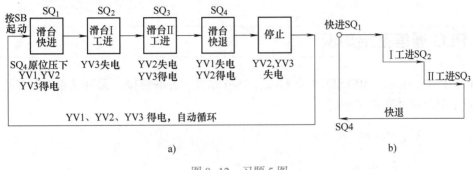

图 8–12 习题 5 图

a）工艺流程图 b）工作循环图

第 9 章　网络与通信

PLC 通信就是将同一系统中处于不同位置的 PLC、计算机、各种现场设备，通过通信介质连接起来，按照规定的通信协议，以某种特定的通信方式高效率地完成数据的传送、交换和处理。

9.1　PLC 通信基础知识

PLC 支持 CC-Link、MELSEC I/O Link、AS-i 系统、并联链接、无协议通信等多种通信方式。本章主要介绍并联链接通信。

9.1.1　PLC 通信概述

1. 并行通信与串行通信

PLC 及其网络中存在两类通信：一类是并行通信，另一类是串行通信。

并行通信发生在 PLC 的内部，一般用于多台处理器之间的通信，以及 PLC 中 CPU 单元与智能模板的 CPU 之间的通信。

串行通信是以二进制的位（bit）为单位的数据传输方式，每次只传送一位，除了地线外，在一个数据传输方向上只需要一根数据线，这根线既作为数据线又作为通信联络控制线，数据和联络信号在这根线上按位进行传送。串行通信需要的信号线少，最少的只需要两根线，适用于距离较远的场合。工业控制中一般使用串行通信，计算机和 PLC 上都备有通用的串行通信接口，可用于 PLC 与计算机之间、多台 PLC 之间的数据通信。

在串行通信中，传输速率是评价通信速度的重要指标。传输速率常用比特率（每秒传送的二进制位数）来表示，其单位是比特/秒（bit/s）或 bps。常用的标准传输速率有 300 bit/s、600 bit/s、1200 bit/s、2400 bit/s、4800 bit/s、9600 bit/s 和 19200 bit/s 等。

2. 单工通信与双工通信

串行通信按信息在设备间的传送方向又分为单工、半双工和全双工三种方式。

单工通信方式只能沿单一方向发送或接收数据。双工通信方式的信息可沿两个方向传送，每一个站既可以发送数据，也可以接收数据。

双工方式又分为全双工和半双工两种方式。数据的发送和接收分别由两根或两组不同的数据线传送，通信的双方都能在同一时刻接收和发送信息，这种传送方式称为全双工方式；用同一根线或同一组线接收和发送数据，通信的双方在同一时刻只能发送数据或接收数据，这种传送方式称为半双工方式。在 PLC 通信中常采用半双工和全双工通信。

3. 异步通信与同步通信

在串行通信中，接收方和发送方采用相同的传输速率，但是实际的发送速率与接收速率之间总是有一些微小的差别。在连续传送大量的数据时，会因积累误差造成发送和接收的数据错位，使接收方收到错误的信息。为了解决这一问题，需要使发送和接收同步。按同步方式的不同，可将串行通信分为异步通信和同步通信。控制系统使用较多的是异步通信。

异步通信采用字符同步方式，其字符格式如图 9-1 所示。发送的字符由 1 个起始位、7~8 个数据位、1 个奇偶校验位（可以没有）、1 个或 2 个停止位组成。通信双方需要对所采用的信息格式和数据的传输速率做相同的约定。接收方检测到停止位和起始位之间的下降沿后，将它作为接收的起始点，在每一位的中点接收信息。由于一个字符中包含的位数不多，即使发送方和接收方的收发频率略有不同，也不会因两台机器之间的时钟周期的误差积累而导致错位。PLC 一般使用异步通信方式。

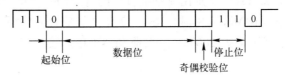

图 9-1　异步通信的字符格式

4. 其他通信方式

自由口通信一般是指 RS-232 的串行通信方式，其通信距离较短，速率较慢，一般现场某些仪表会采用这种方式，比较典型的是西门子的 PC-PPI 通信。

现场总线一般指 RS-485 的串行通信方式，其通信距离和速率要远高于 RS-232 通信方式。PLC 或变频器等设备多采用此协议，比较典型的是西门子公司的 Profibus-DP，Modicon 公司的 Modbus 等；

基于以太网通信协议的传输速率较高，目前已被广泛推广。

9.1.2　串行通信接口标准

1. RS-232C

RS-232C 是美国电子工业协会（EIA）制定并发布的串行通信接口标准，命名为 EIA-232-E，曾是 PC 与 PLC 通信中应用最广泛的一种串行接口，现在基本被 USB 取代。

RS-232 用于单端驱动、单端接收电路（如图 9-2 所示），是一种共地的传输方式，容易受到公共地线上的电位差和外部引入的干扰信号的影响；而且 RS-232 接口信号电平值较高，易损坏接口电路的芯片；传输速率较低，在异步传播时波特率仅为 20 kbit/s，且最大通信距离为 1.5 m，只能进行一对一的通信。

图 9-2　单端驱动、单端接收电路

TXD—发送端　RXD—接收端

2. RS-422

RS-422 用于平衡驱动、差分接收电路，如图 9-3 所示，利用两根导线之间的电位差传输信号，从根本上取消了信号地线。这两根导线分别称为 A 线和 B 线。当 B 线的电压高于 A 线时，一般认为传输的是数字 1；反之认为传输的是数字 0。能够有效工作的差动电压可以从零到 10 V。

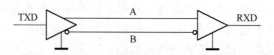

图 9-3　平衡驱动、差分接收电路

平衡驱动器相当于两个单端驱动器，其输入信号相同，两个输出信号互为反相，图 9-3 中的小圆圈表示反相。因为接收器为差分输入，所以共模信号可以相互抵消，而外部输入的干扰信号是以差模方式出现的，两根传输线上的共模干扰信号相同，因此只要接收器有足够的抗共模干扰能力，就能从干扰信号中识别出驱动器输出的有用信号，从而克服外部干扰的影响。

在达到最大传输速率（10 Mbit/s）时，RS-422 允许的最大通信距离为 12 m。当传播速率为 100 kbit/s 时，最大通信距离为 1200 m。一台驱动器可以连接 10 台接收器。

3. RS-485

RS-485 是从 RS-422 基础上发展而来的，采用平衡传输方式，需要在传输线上接终端电阻。RS-485 为半双工，只有一对平衡差分信号线，通信的某一方在同一时刻只能发送数据或接收数据。使用 RS-485 通信端口和双绞线可以组成串行通信网络（如图 9-4 所示），构成分布式系统，总线上最多可以有 32 个站。RS-485 串行接口总线广泛应用在 PLC 局域网络中。

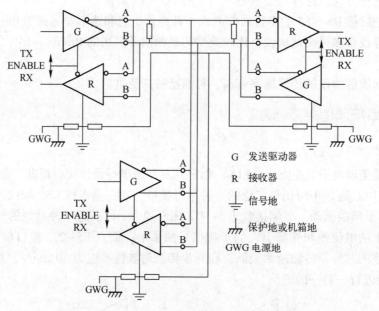

图 9-4　RS-485 多点双向通信接线图

4. 计算机、PLC、变频器及触摸屏间的通信端口及通信线

计算机目前采用 RS-232 通信端口。三菱 FX 系列 PLC 目前采用 RS-422 通信端口。三菱 FR 变频器采用 RS-422 通信端口。三菱 F940GOT 触摸屏有两个通信端口，一个采用 RS-232；另一个采用 RS-422/485。

计算机与 PLC 之间通信必须采用带有 RS-232/422 转换的 SC-09 专用通信电缆；而 PLC 与变频器之间的通信，由于通信口不相同，需在 PLC 上配置 FX₃ᵤ-485-BD 特殊模块，其详细连线图如图 9-5 所示。

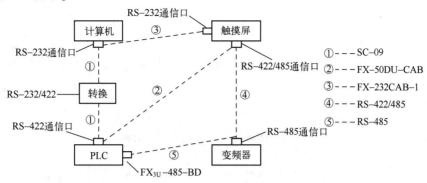

图 9-5 计算机、PLC、变频器及触摸屏间的通信口及通信线

9.2 PLC 之间的链接通信

PLC 支持并联链接网络,通过使用 RS-485 通信适配器或功能扩展模板,实现两台 PLC 之间的数据自动传送。

9.2.1 RS-485 并联链接通信

RS-485 设备之间的通信接线有一对和两对两种接线方式。当使用一对接线方式时,设备之间只能进行半双工通信;当使用两对接线方式时,设备之间可以进行全双工通信。

1. 一对接线方式

RS-485 设备的一对接线方式如图 9-6a 所示。在使用一对接线方式时,需要将各设备的 RS-485 端口的发送端和终端设备的 RDA、RDB 端口上连接 110 Ω 的终端电阻,以提高数据传输质量,减小干扰。

2. 两对接线方式

RS-485 设备的两对接线方式如图 9-6b 所示。在使用两对接线方式时,需要用两对线将各设备端口的发送端、接收端分别连接。另外,还要在发送端和接收端设备的 RDA、RDB 端口上连接 330 Ω 的终端电阻,以提高数据传输质量,减小干扰。

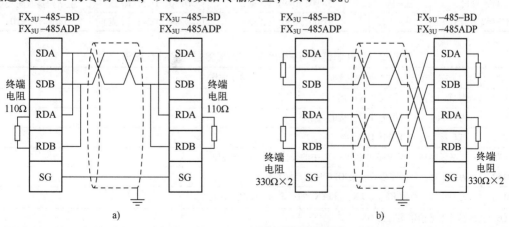

图 9-6 RS-485 设备通信接线方式

a) 一对接线连接 b) 两对接线连接

3. 并联链接

并联链接分标准模式和高速模式，通信方式如图 9-7a、b 所示。并联链接模式通过设置特殊辅助继电器 M8162 实现。主、从站之间周期性的自动通信用表 9-1 中的数据寄存器和特殊辅助继电器来实现数据共享。与并联链接有关的特殊辅助继电器和特殊数据寄存器如表 9-2 所示。

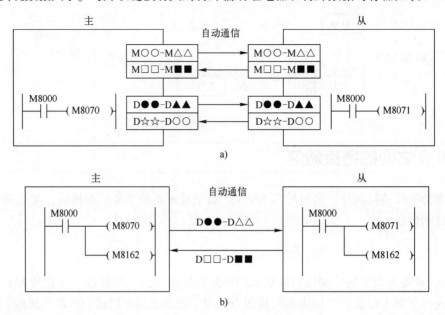

图 9-7　并联链接通信模式

a）标准模式　b）高速模式

表 9-1　并联链接的两种模式

模　　式	通信设置	FX₃U/FX₂N/FX₂NC/FX₁N/FX/FX₂C	FX₁X/FX₀N	通 信 时 间
标准模式 （M8162 为 OFF）	主-从	M800-M899（100 点） D490-D499（10 点）	M400-M449（50 点） D230-D499（10 点）	主站扫描时间+从站 扫描时间+70 ms
	从-主	M900-M999（100 点） D500-D509（10 点）	M450-M499（50 点） D240-D249（10 点）	
高速模式 （M8162 为 ON）	主-从	D490、D491（2 点）	D230、D231（2 点）	主站扫描时间+从站 扫描时间+20 ms
	从-主	D500、D501（2 点）	D240、D241（2 点）	

表 9-2　与并联链接有关的特殊辅助继电器和特殊数据寄存器

软元件	操　　作
M8070	为 ON 时，PLC 作为并联链接的主站
M8071	为 ON 时，PLC 作为并联链接的从站
M8072	PLC 运行在并联链接时为 ON
M8073	并联链接时，当 M8070 和 M8071 中的任何一个设置出错时为 ON
M8162	为 ON 时，是高速模式；为 OFF 时，是标准模式
M8178	为 ON 时，使用 FX₃U、FX₃UC 和 FX_G 的通道 2，反之为通道 1
M8063	通道 1 通信错误时为 ON
D8070	并联链接时的监视时间，默认值为 500 ms

【例】编程实现两台 FX_{3U} 系列 PLC 并联链接交换数据。

9-1　两台 PLC 并联链接交换数据

两台 FX_{3U} 系列 PLC 通过并联链接，通过程序实现交换数据。控制要求为：

1）将主站点输入的 X000~X0007 的 ON/OFF 状态输出到从站点的 Y000~Y0007；

2）将从站点输入的 X000~X0007 的 ON/OFF 状态输出到主站点的 Y000~Y0007。

主站的 X000~X0007 的 ON/OFF 状态，通过 M800~M807 控制从站的 Y000~Y0007；从站 X000~X0007 的 ON/OFF 状态，通过 M900~M907 控制主站的 Y000~Y0007；其控制程序如图 9-8 所示。

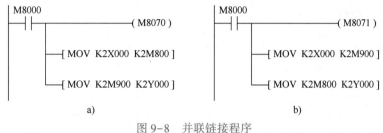

图 9-8　并联链接程序
a）主站程序　b）从站程序

9.2.2　N:N 网络通信

1. N:N 网络通信模式

PLC 的 N:N 网络通过 RS-485 通信板最多支持 8 台 FX 系列 PLC 之间的数据自动交换，其中一台为主站，其余为从站。

N:N 网络通信有 3 种模式，它们的共享位存储器和字存储器见表 9-3。数据传送的链接时间与链接的台数有关。

表 9-3　N:N 网络的通信模式和存储器

通信寄存器	模式 0	模式 1	模式 2
位存储器（M）	0 点	32 点	64 点
字存储器（D）	4 点	4 点	8 点
2~8 个站通信的链接时间	18~65 ms	22~82 ms	34~131 ms

2. N:N 网络设置

N:N 网络的设置只有在程序运行或 PLC 起动时才有效，除了站号，其余参数均由主站设置。N:N 网络的辅助继电器均为只读属性，其分配地址与功能见表 9-4。N:N 网络的数据寄存器的分配地址与功能见表 9-5。D8187 设置的刷新范围适用于 N:N 网络中的所有工作站。

表 9-4　N:N 网络的辅助继电器

辅助继电器	名　称	内　容	操　作　数
M8038	参数设定	设定通信参数的标志位	主站、从站
M8179	通信设定	M8179 为 ON 时使用通道 2，通道 1 不适用 M8179	主站
M8183	主站数据传送序列错误	主站发生传送数据序列错误时为 ON	从站
M8184~M8190	从站数据传送序列错误	1~7 号从站发生传送数据错误时为 ON	主站、从站
M8191	正在执行数据传输序列	正在执行 N:N 数据传送序列时为 ON	主站、从站

表 9-5　N:N 网络的数据寄存器

寄存器	名　称	内　容	属性	操　作　数
D8173	站号设置状态	保存站号设置状态	只读	主站、从站
D8174	从站设置状态	保存从站设置状态	只读	主站、从站
D8175	刷新设置状态	保存刷新设置状态	只读	主站、从站
D8176	站号设置	设置站号	只读	主站、从站
D8177	从站号设置	设置从站号	只读	主站
D8178	刷新范围模式	设置通信模式（0~2）	只读	主站
D8179	重试次数	设置重试次数	读写	主站
D8180	看门狗定时	设置看门狗时间	读写	主站
D8201	当前链接扫描时间	保存当前链接扫描时间	只读	主站、从站
D8202	最大链接扫描时间	保存最大链接扫描时间	只读	主站、从站
D8203	主站数据传送顺序错误计数	主站数据传送顺序错误计数	只读	从站
D8204~D8210	从站数据传送顺序错误计数	从站数据传送顺序错误计数	只读	主站、从站
D8211	主站传送错误代码	主站传送错误代码	只读	从站
D8212~D8218	从站传送错误代码	从站传送错误代码	只读	主站、从站

N:N 网络的通信错误不包括 CPU 错误状态、编程错误状态或停止状态。从站号与寄存器序号保持一致。在特殊寄存器 D8176 中可以用 0 表示主站，在特殊寄存器 D8177 中可以用 1~7 表示从站号，即从站 1~7。例如：从站 1 对应 M8184，从站 2 对应 M8185，…，从站 7 对应 M8190。在特殊寄存器 D8178 中可以设置模式（0~2），其功能如表 9-6 所示。在特殊数据寄存器 D8179 中，可以改变设定值（范围从 5~255）。设定值乘以 10（ms）就是实际看门狗定时的时间。看门狗时间是主站与从站之间的通信驻留时间。

表 9-6　N:N 网络特殊寄存器 D8178 的 3 种模式对应的位寄存器与字寄存器

站号	模式 0		模式 1		模式 2	
	位寄存器（M）	字寄存器（D）	位寄存器（M）	字寄存器（D）	位寄存器（M）	字寄存器（D）
	0 点	4 点	32 点	4 点	64 点	4 点
0	—	D0~D3	M1000~M1031	D0~D3	M1000~M1063	D0~D3
1	—	D10~D13	M1064~M1095	D10~D13	M1064~M1127	D10~D13
2	—	D20~D23	M1128~M1159	D20~D23	M1128~M1191	D20~D23
3	—	D30~D33	M1192~M1223	D30~D33	M1192~M1255	D30~D33
4	—	D40~D43	M1256~M1287	D40~D43	M1256~M1319	D40~D43
5	—	D50~D53	M1320~M1351	D50~D53	M1320~M1383	D50~D53
6	—	D60~D63	M1384~M1415	D60~D63	M1384~M1447	D60~D63
7	—	D70~D73	M1448~M1479	D70~D73	M1448~M1511	D70~D73

3. 主站与从站的共享数据区

在每台 PLC 的辅助继电器和数据寄存器中分别有一片系统指定的共享数据区，见表 9-6。对于某一台 PLC 来说，分配给它的共享数据区的数据会自动传送到别的站的相同区域，分配给其他 PLC 的共享数据区中的数据则是别的站自动传送来的。每一台 PLC 就像读取自己内部的数据区一样，使用别的站自动传来的数据。

N:N 网络通信主站参数设置如图 9-9 所示。指定模式为 1，从站个数为 2，设定重试次数为 3，监视时间为 50 ms。

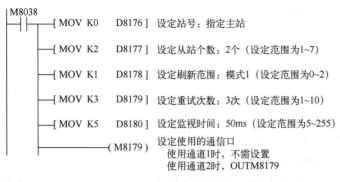

9-2　N:N 网络通信主站参数设置

图 9-9　N:N 链接主站参数设置

9.3　技能训练　N:N 并行联网控制

1. 目的

1) 掌握并行通信的基本知识;

2) 掌握并联链接相关的辅助继电器和特殊寄存器的功能和应用;

3) 会编写 PLC 并联链接的 N:N 控制程序并调试;

4) 遵守规则,安全、规范、操作仪器、设备;

5) 能发现问题、解决问题;

6) 树立共识、共创、共享、共益的工程思想,培养沟通、交流、合作能力。

7) 不断优化程序结构,培养锲而不舍的工匠精神。

2. 仪器与器件

1) FX$_{3U}$ 系列 PLC 主机,计算机与编程软件或编程器。

2) FX$_{3U}$ 系列 PLC 通信接口设备、按钮等。

3. 要求

用三台 FX$_{3U}$ 系列 PLC 连接成 N:N 网络,要求:64 点的位寄存器和 8 点的字寄存器,模式为 2,重复次数为 3,看门狗时间为 70 ms。硬件连接结构如图 9-10 所示。请编写相应梯形图程序。

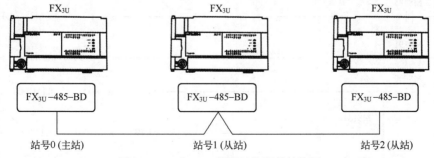

图 9-10　3 台 PLC 并联链接硬件结构图

4. 实施

1) 主站输入点 X000~X003 (M1000~M1003) 的状态,被传输到从站 1 和从站 2 的 Y000~Y003 中。

2）从站 1 输入点 X000~X003（M1064~M1067）的状态，被传输到主站和从站 2 的 Y010~Y013 中。

3）从站 2 输入点 X000~X003（M1128~M1131）的状态，被传输到主站和从站 1 的 Y014~Y017 中。

4）将主站中的数据寄存器 D1 指定为从站 1 中的计数器 C1 的设定值。计数器 C1 接通 M1070）控制主站中的输出点 Y005 的通断。

5）将主站中的数据寄存器 D2 指定为从站 2 中的计数器 C2 的设定值。计数器 C2 接通状态（M1140）控制主站中输出点 Y006 的通断。

6）将从站 1 中的数据寄存器 D10 所存储的数值与从站 2 中的数据寄存器 D20 所存储的值在主站中进行相加，然后把结果存储在数据寄存器 D3 中。

7）将主站中的数据寄存器 D0 所存储的数值与从站 2 中的数据寄存器 D20 中所存储的值在从站 1 中进行相加，然后把结果存储在数据寄存器 D11 中。

8）将主站中的数据寄存器 DO 所存储的数值与从站 1 中的数据寄存器 D10 中所存储的数值在从站 2 中进行相加，然后把结果存储在数据寄存器 D21 中。

根据以上控制功能要求，主站控制程序如图 9-11 所示，从站 1 控制程序如图 9-12 所示，从站 2 控制程序如图 9-13 所示。

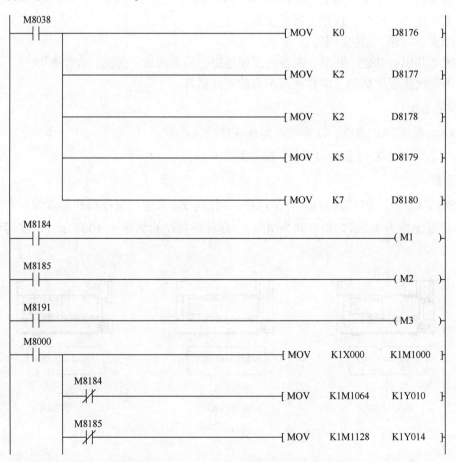

图 9-11　N∶N 链接的主站控制程序

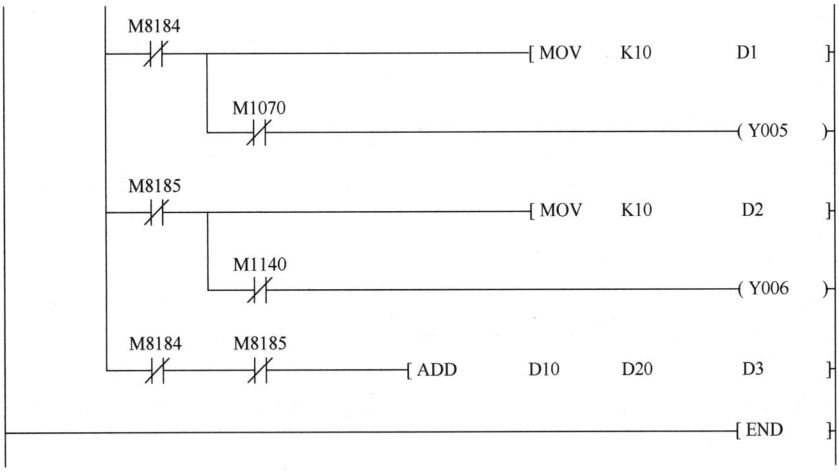

```
   M8184
   ──┤/├────────┬──────────────────────[ MOV    K10      D1 ]
                │
                │   M1070
                └───┤/├──────────────────────────────────( Y005 )

   M8185
   ──┤/├────────┬──────────────────────[ MOV    K10      D2 ]
                │
                │   M1140
                └───┤/├──────────────────────────────────( Y006 )

   M8184    M8185
   ──┤/├─────┤/├────────────────────[ ADD    D10    D20    D3 ]

                                                        [ END ]
```

图 9-11　N:N 链接的主站控制程序（续）

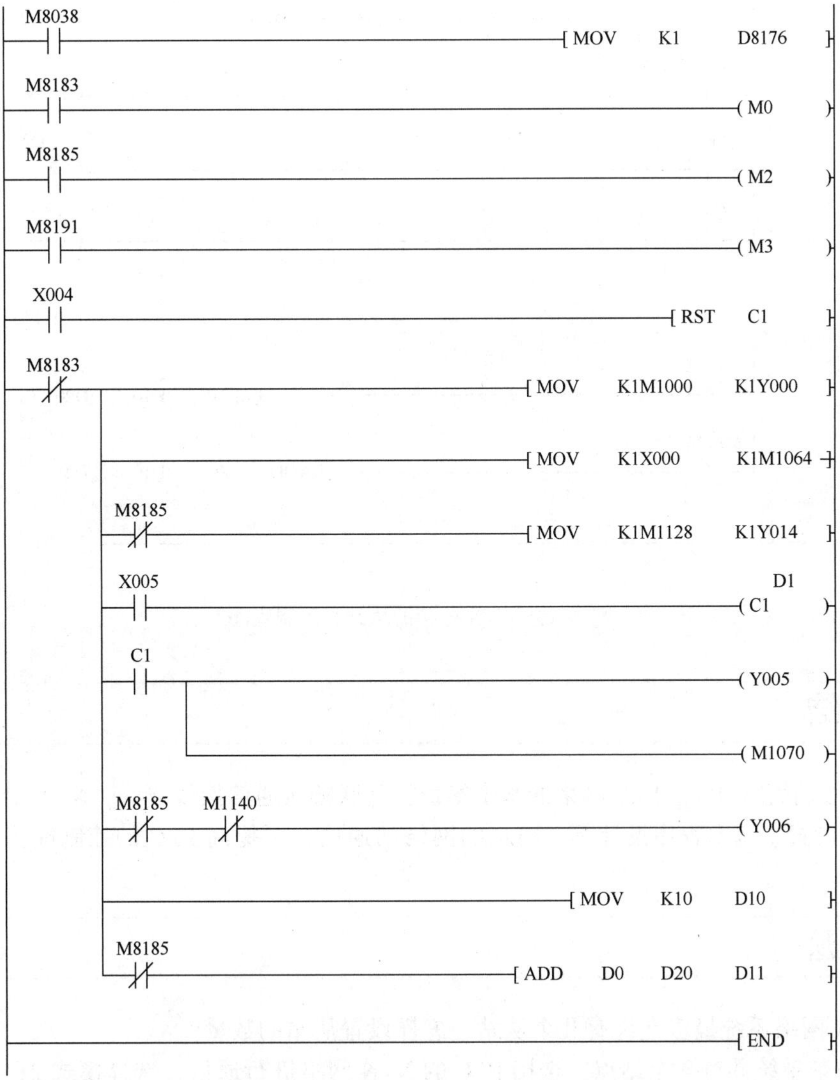

```
   M8038
   ──┤├──────────────────────────────[ MOV    K1      D8176 ]

   M8183
   ──┤├──────────────────────────────────────────────( M0 )

   M8185
   ──┤├──────────────────────────────────────────────( M2 )

   M8191
   ──┤├──────────────────────────────────────────────( M3 )

   X004
   ──┤├──────────────────────────────────────[ RST    C1 ]

   M8183
   ──┤/├──────┬──────────────────────[ MOV    K1M1000    K1Y000 ]
              │
              ├──────────────────────[ MOV    K1X000     K1M1064 ]
              │
              │   M8185
              ├───┤/├────────────────[ MOV    K1M1128    K1Y014 ]
              │
              │   X005                                     D1
              ├───┤├───────────────────────────────────( C1 )
              │
              │   C1
              ├───┤├──────────┬───────────────────────( Y005 )
              │               │
              │               └───────────────────────( M1070 )
              │
              │   M8185    M1140
              ├───┤/├─────┤/├─────────────────────────( Y006 )
              │
              ├──────────────────────[ MOV    K10      D10 ]
              │
              │   M8185
              └───┤/├────────────────[ ADD    D0    D20    D11 ]

                                                        [ END ]
```

图 9-12　N:N 链接的从站 1 控制程序

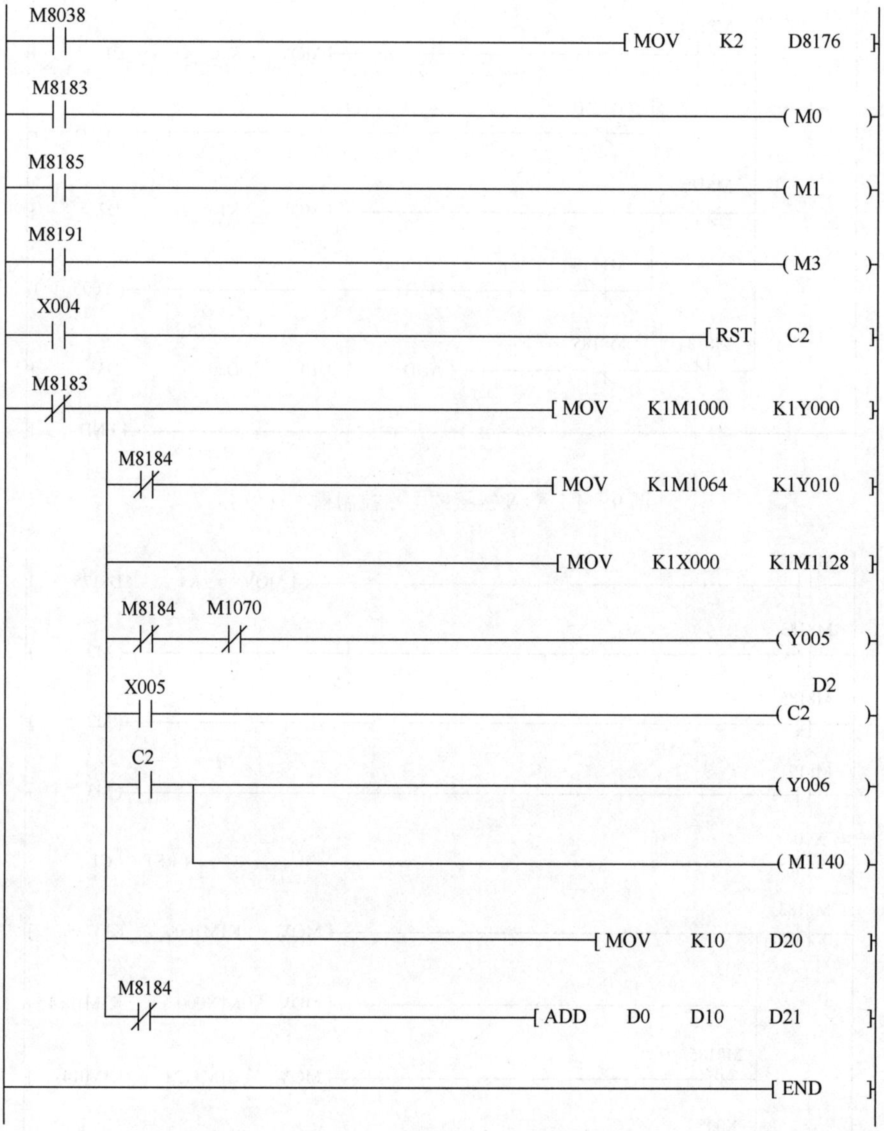

```
  M8038
───┤├─────────────────────────────────────────[ MOV    K2      D8176 ]

  M8183
───┤├──────────────────────────────────────────────────( M0 )

  M8185
───┤├──────────────────────────────────────────────────( M1 )

  M8191
───┤├──────────────────────────────────────────────────( M3 )

  X004
───┤├─────────────────────────────────────────[ RST    C2 ]

  M8183
───┤/├────┬──────────────────────────────────[ MOV    K1M1000   K1Y000 ]
          │  M8184
          ├──┤/├────────────────────────────[ MOV    K1M1064   K1Y010 ]
          │
          ├──────────────────────────────────[ MOV    K1X000   K1M1128 ]
          │  M8184   M1070
          ├──┤/├────┤/├──────────────────────────────────( Y005 )
          │  X005                                    D2
          ├──┤├─────────────────────────────────────────( C2 )
          │  C2
          ├──┤├───┬──────────────────────────────────────( Y006 )
          │       │
          │       └──────────────────────────────────────( M1140 )
          │
          ├──────────────────────────────────[ MOV    K10      D20 ]
          │  M8184
          └──┤/├────────────────────────────[ ADD    D0    D10    D21 ]

──────────────────────────────────────────────────────[ END ]
```

图 9-13 N∶N 链接的从站 2 控制程序

9.4 小结

本章主要介绍了 FX$_{3U}$ PLC 网络的基本知识，并联链接通信接线方式，N∶N 链接通信接线方式、参数设置、基本程序设计等。PLC 的网络的通信，可提高 PLC 的控制能力，扩大 PLC 的控制领域。

9.5 习题

1. N∶N 网络系统最多允许有几个从站，怎样设置从站的数量？

2. 假设某系统共有 4 个站点，选用 PLC 的 N∶N 网络进行通信，选择模式 2，请问从站点 3 用于通信的链接辅助继电器及数据寄存器有哪些？

3. 某系统有 3 个站点，其中一个主站，两个从站，每个站点的 PLC 都连接一个 FX_{3U} -485-BD 通信板。选择模式 1，重试次数选择 3，通信超时选 50 ms，系统要求：

1) 主站点的输入点 X0~X3 输出到从站点 1 和 2 的输出点 Y0~Y3。

2) 从站点 1 的输入点 X0~X3 输出到主站点和从站点 2 的输出点 Y10~Y13。

3) 从站点 2 的输入点 X0~X3 输出到主站点和从站点 1 的输出点 Y14~Y17。

请设置相应的网络参数，并设计各站的控制程序。

第 10 章　编程及仿真软件

三菱 GX Works2 是 PLC 编程软件，它兼容了 GX Developer 软件，功能强大、使用方便，适用于 Q、QnU、L、FX 等系列 PLC，支持梯形图、SFC、FBD、ST 以及结构化文本等编程语言。

10.1　软件的使用

GX Works2 是较新的 PLC 软件，可以实现程序编辑，参数设定，网络设定，程序监控、调试和在线更改，智能模块设置等功能。

10.1.1　软件功能

GX Works2 编程软件主要有以下功能：

1）在 GX Works2 中，可通过梯形图符号、指令语言及状态转移图（SFC）来创建程序，可对结构化工程进行结构化编程，还可以在程序中加入中文或英文注释，建立注释数据，设置 CPU 参数、寄存器数据、网络参数以及智能模块参数。

2）能够通过在线和离线模式来监控 PLC 运行时的动作状态和数据变化情况，还有程序和监控结果的打印功能；还可在 CPU 处于运行状态下对程序写入。

3）采用串行口通信，可下载和读取用户程序，诊断 CPU 的当前出错状态及故障履历，检查计算机和 PLC 中的用户程序是否相同。

10.1.2　GX Works2 基本操作

1. 启动及退出

（1）启动 GX Works2

安装完成 GX Works2 软件后，单击桌面的"开始"菜单按钮，找到"所有程序"→"MELSOFT 应用程序"→"GX Works2"，如图 10-1 所示。或者，在桌面找到 GX Works2 软件的图标，双击打开即可。

（2）退出 GX Works2

在打开的工程中，在菜单栏选择"工程"→"结束 GX Works2"。或在打开的项目工程右上角单击"关闭"按钮，即退出 GX Works2 软件。

2. GX Works2 工程界面

图 10-2 是 GX Works2 工程的界面。标题栏显示工程名称；菜单栏显示执行各功能的菜单；工具栏中的按钮，能快速完成各种常用的操作；导航窗口中的工程内容以树形显示，它下方的视窗选择区有 3 个按钮，用于选择"工程""用户库"和"连接目标"；工作窗口是进行编程、参数设置和监视等操作的主界面，可以用"窗口"菜单中的"水平并列"和"垂直并

列"命令，在工作窗口中可以同时显示打开的两个窗口；"编译/操作窗口"用于显示编译操作的结果、出错信息和报警信息；"状态栏"用于显示编辑过程中的工程相关信息。

10-1 编程软件的界面

图 10-1 启动 GX Works2 编程软件

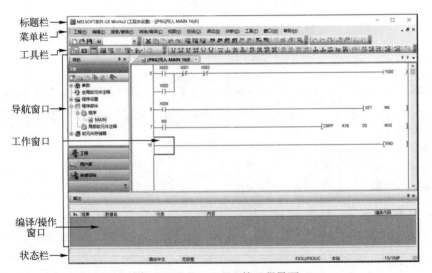

图 10-2 GX Works2 的工程界面

3. GX Works2 的工具栏设置

打开 GX Works2 工程界面，选中"视图"菜单中的"工具栏"，如图 10-3 所示。单击工具栏中某个选项，可以显示（选项被勾选）或关闭（勾选项消失）对应的工具栏。

折叠工具栏嵌入主框架中的显示（停留在屏幕中的某一侧）称为折叠显示，从主框架中独立出来的显示称为悬浮显示。工具栏的悬浮和折叠显示操作如图 10-4 所示，将主框架内显示的工具栏拖动到任意位置，则悬浮显示；或者将悬浮显示的工具栏拖回到主框架内，取消悬浮显示则为折叠显示。

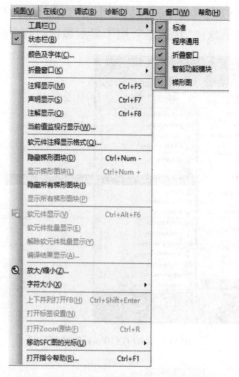

图 10-3　GX Works2 的工具栏设置

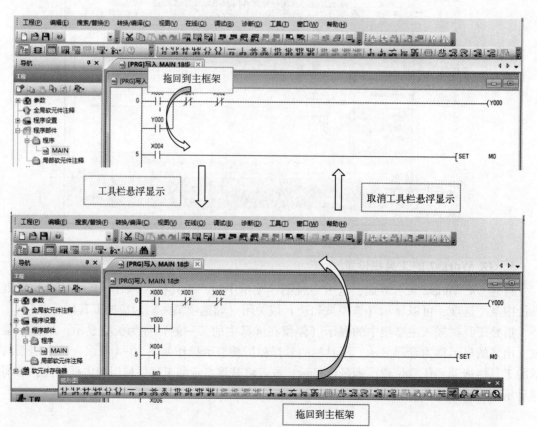

图 10-4　工具栏的悬浮显示

4. 打开和关闭折叠窗口

执行菜单命令"视图"→"折叠窗口"，单击出现的列表中的某个窗口对象，可以打开或者关闭该窗口。单击打开的某个窗口右上角的 按钮，也可以关闭该窗口。

5. 窗口的悬浮显示和折叠显示

单击工具栏上的"输出窗口"按钮，按住鼠标左键不放，移动鼠标指针，窗口变为悬浮显示，并随光标一起移动。松开鼠标左键，悬浮窗口被放置在屏幕上当前位置，如图 10-5 所示。

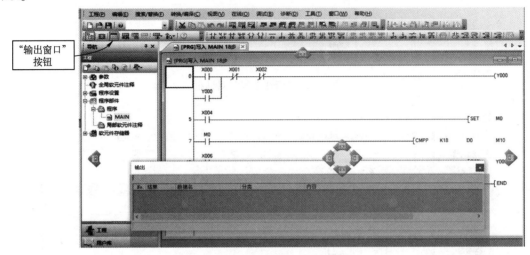

图 10-5　窗口的悬浮与折叠显示

移动悬浮窗口时，工作区的中间和界面的四周会出现定位器符号（8 个带箭头的符号），将光标放在图 10-5 中的中间定位器下面的符号上，工作区下面的阴影区指示该输出窗口将要停靠的区域，松开鼠标左键，输出窗口便停放在工作区的下面。如果把光标放在最左侧的定位器符号上，松开鼠标左键，输出窗口将停放在软件界面的左侧。

双击工具栏上的"输出窗口"按钮，该窗口可在悬浮显示和折叠显示之间切换。

执行菜单命令"视图"→"折叠窗口"，在出现的选项中选择要操作的选项，也可实现悬浮显示和折叠显示之间的切换。

6. 导航窗口的自动隐藏

图 10-5 左边的"导航"窗口标题栏上图钉形状的按钮 ，表示在垂直方向上有窗口被"图钉"固定。单击该按钮使其变成水平方向的图钉，"导航"窗口会被自动隐藏，变为界面最左边标有"导航"的一个图形，如图 10-6 所示。单击它后导航窗口会重新出现。

图 10-6　导航窗口的自动隐藏

10.1.3　编程操作

1. 创建一个新工程

操作步骤如下：

1）打开 GX Works2 软件，选择"工程"或单击工具栏的 按

10-2　编程操作

钮，创建新工程。

2）在图 10-7 所示的"新建工程"对话框中，根据所用 PLC 型号选择"PLC 系列"，"程序语言"选择"梯形图"，然后单击"确定"按钮，创建出一个新工程。

3）新工程窗口如图 10-8 所示，此时可以开始编程操作。

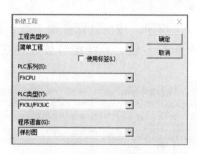

图 10-7 "新建工程"对话框

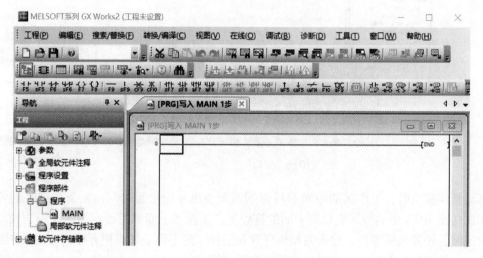

图 10-8 新工程窗口

2. 创建梯形图程序

创建如图 10-9 所示的梯形图程序，操作步骤如下：

1）在工作窗口，图 10-8 所示的菜单栏中，选择"编辑"→"梯形图编辑模式"→"写入模式"，在光标处直接开始输入指令或单击 按钮。

2）输入程序。在弹出的"梯形图输入"对话框中输入"ld x1"指令（注意 ld 与 x1 之间要空格），或在"┤├"有图像标记的文本框中输入"x1"，单击"确定"按钮或按〈Enter〉键，如图 10-10 所示。

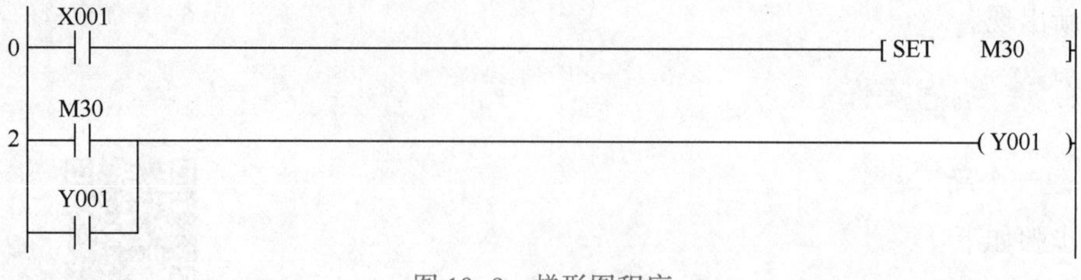

图 10-9 梯形图程序

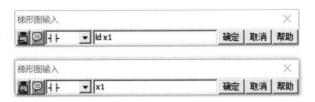

图 10-10　梯形图输入（1）

3）输入指令。用鼠标单击工具栏中的按钮，此时会弹出"梯形图输入"对话框，在该对话框中输入"set m30"或直接输入指令"set m30"，如图 10-11 所示，显示出的梯形图如图 10-12 所示。根据不同指令选择相应的工具。

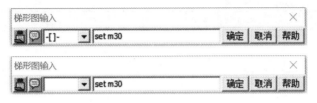

图 10-11　梯形图输入（2）

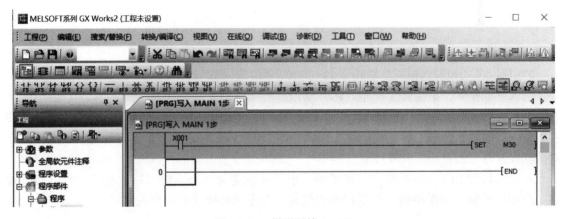

图 10-12　梯形图输入（3）

4）再用上述类似的方法输入其他指令，完成程序的创建，如图 10-13 所示。

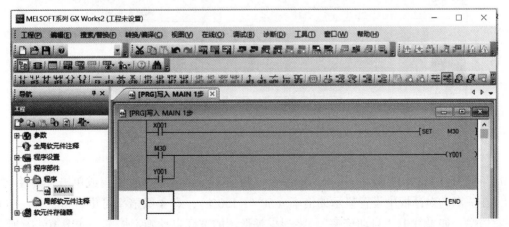

图 10-13　梯形图输入（4）

5）梯形图的转换。选择菜单栏中的"转换"命令，或单击工具栏中的按钮，原来灰色的背景会变成白色，如图 10-14 所示。梯形图的转换可以用来检查程序是否有语法错误，如果没有错误，梯形图将被存入计算机，同时图中的灰色区域变白。若有错误，转换失败，将显示"梯形图错误"。如果在没有完成转换的情况下关闭梯形图窗口，所创建的梯形图将被删去。

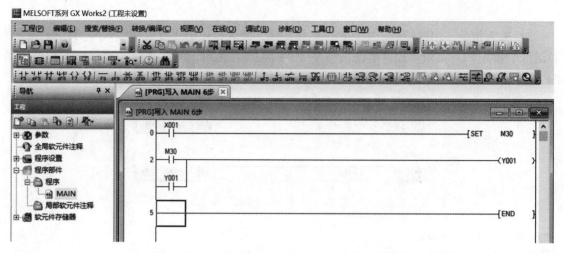

图 10-14　梯形图的转换

6）读取模式和写入模式。单击工具栏上的"读取模式"按钮，矩形按钮光标变为实心，进入读取模式，不能修改程序。此时双击梯形图空白处，在出现的"搜索"对话框中输入某个软元件号后，如图 10-15 所示，输入"X0"，单击"搜索"按钮，矩形光标将会自动移到要查找的软元件号的触点或线圈上。多次单击"搜索"按钮，将会依次找到程序中具有相同软元件号的触点和线圈等对象。

单击工具栏上的"写入模式"按钮，矩形光标变为空心，进入写入模式，可以修改程序。或用"编辑"菜单中的"梯形图编辑模式"命令来切换读取和写入模式。

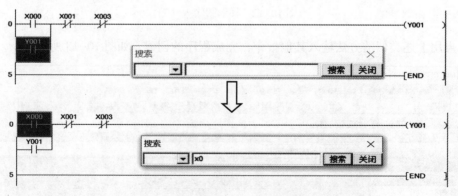

图 10-15　读取模式与写入模式

7）程序区的放大与缩小。执行菜单命令"视图"→"放大/缩小"，或单击工具栏上的按钮，在弹出的对话框中设置显示的倍率（50%~150%），有 4 级倍率可供直接选择；也可设置任意倍率。如果选中"自动倍率"，将根据梯形图的宽度自动确定倍率，如图 10-16 所示。

图 10-16　放大/缩小倍率的设置

8）搜索与替换功能。选中图 10-15 所示梯形图中 Y1 的触点或线圈，执行菜单命令"视图"→"搜索/替换"→"交叉参照"，在弹出的对话框（如图 10-17 所示）中，显示出哪些程序步对 Y1 使用了指令和指令的图形符号。

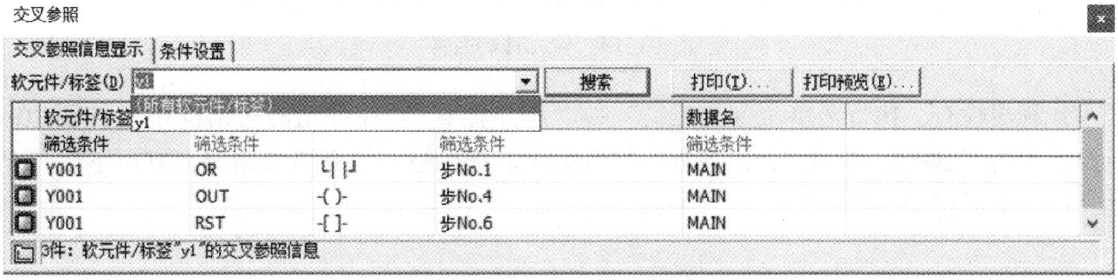

图 10-17　"交叉参照"对话框

在图 10-17 中的"软元件/标签"选择框中输入其他软元件号，单击"搜索"按钮，将会显示该软元件的交叉参照信息。如果在"软元件/标签"选择框的下拉菜单中选择"（所有软元件/标签）"，单击"搜索"按钮后，将会显示所有软元件和标签的交叉参照信息。

执行菜单命令"搜索/替换"→"软元件使用列表"，如图 10-18 所示。在弹出的对话框中输入软元件号（如 Y0），单击"搜索"按钮，将会显示程序中使用的从 Y0 开始的输出继电器，是否使用了它们的触点或线圈，以及每个软元件使用的次数和软元件的注释。这项功能可避免同一软元件的重复使用。

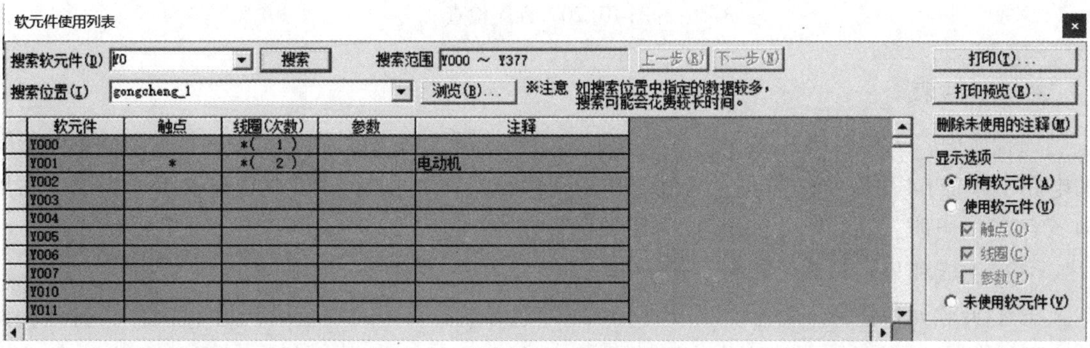

图 10-18　软元件使用列表

执行菜单命令"搜索/替换"→"软元件替换"，如图 10-19 所示。在弹出的对话框中，"搜索软元件"选项中输入"Y1"，"替换软元件"选项中输入"Y4"，单击"全部替换"按钮，"Y1"的所有触点和线圈的软元件号就会变为"Y4"。如果单击"替换"按钮，矩形光标依次移动到 Y1 的触点或线圈，并依次被替换。

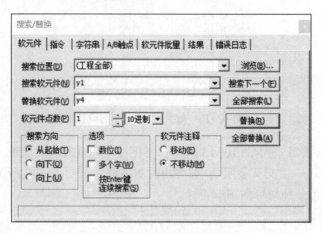

图 10-19　软元件的替换

9）程序检查。执行菜单命令"工具"→"程序检查"，在弹出的对话框中（如图 10-20 所示），单击"执行"按钮，会出现程序检查结果。程序检查没有语法错误，方可下载到 PLC 中运行。

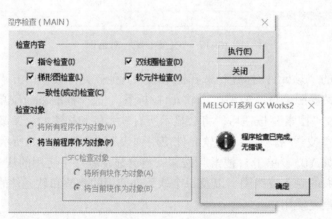

图 10-20　程序检查

3. 程序注释

在程序中，可以生成并显示注释、声明和注解。可为每个软元件指定一个注释；在梯形图的电路上添加 64 个字符的声明，为跳转和子程序指针（P 指针）和中断指针（I 指针）添加 64 个字符的声明；在线圈上添加 32 个字符的注解。

（1）生成和显示软元件注释

① 打开软元件注释编辑器。双击图 10-21 左边导航窗口中的"全局软元件注释"，打开软元件注释编辑器。"软元件名"列表中默认的 X0，在"注释"列中，输入 X0 的注释为"起动按钮"，用同样的方法生成 X1、X2、X3 的注释。在"软元件名"文本框输入 Y1，按〈Enter〉

键后切换到输出继电器注释画面，并输入 Y1 的注释。

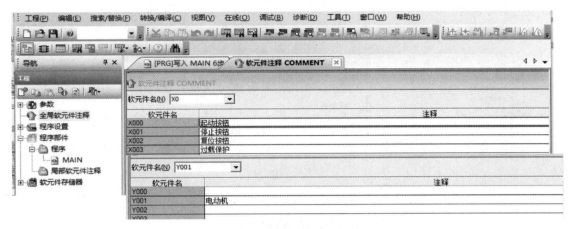

图 10-21 软元件注释编辑器

② 软元件注释的编辑和修改。在梯形图的写入模式下，单击工具栏上的"软元件注释编辑"按钮，进入注释编辑模式。如图 10-22 所示，双击梯形图中的某个触点或线圈，如软元件 M30 的常开触点，在弹出的"注释输入"对话框中输入注释或修改已有的注释。单击"确定"按钮后，在梯形图中将显示修改后的注释，新的注释也会同时进入软元件注释表。再次单击"软元件注释编辑"按钮，退出注释编辑模式。

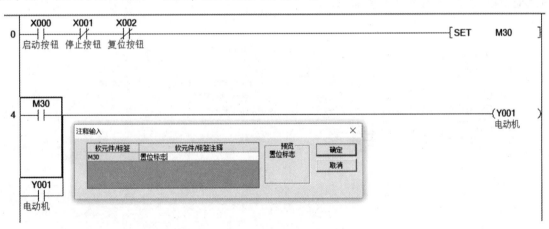

图 10-22 软元件注释的编辑与修改

③ 显示软元件注释。打开程序，执行菜单命令"视图"→"注释显示"，在该命令的左边出现一个"√"，表示将会在程序中显示软元件注释编辑器定义的注释，如图 10-23 所示。再次执行该命令，该命令左边的"√"消失，梯形图中软元件注释也会消失。

（2）设置注释显示格式

如图 10-24 所示，执行菜单命令"视图"→"软元件注释显示格式"，如果单击弹出的选项对话框中的"恢复为默认值"按钮，将会采用第一次打开软件时默认的注释显示格式，此时的注释将占用 4 行，程序会显得很不紧凑，

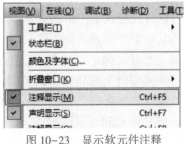

图 10-23 显示软元件注释

可通过修改"软元件注释的显示格式"选项来修改。行数可选 1~4 行，每行 8 列或 5 列。建议设置为 1 行 8 列。

图 10-24　设置注释显示格式

（3）设置当前值监视行的显示格式

在 RUN 模式下，单击工具栏的"监视模式"按钮，将会在应用指令的操作数和定时器、计数器的线圈下面的"当前值监视行"显示它们的监视值。执行菜单命令"视图"→"当前值监视行显示"，在"当前值监视行显示"下拉列表框中，可选"始终显示""始终隐藏"和"仅在监视时显示"等选项，如图 10-25 所示。建议设置为"仅在监视时显示"，未进入监视模式时，不显示当前值监视行。

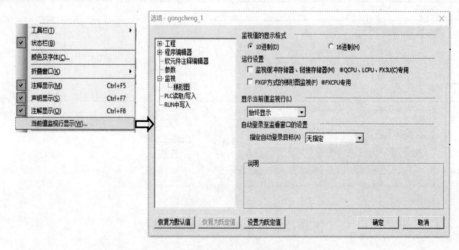

图 10-25　设置当前值监视行的显示格式

（4）生成和显示声明

在写入模式下，单击工具栏上的"声明编辑"按钮，进入声明编辑模式。双击梯形图中的某个步序号或某块电路，可以在弹出的"行间声明输入"对话框中输入声明，如图 10-26 所示。单击"确定"按钮后，在该电路块的上面将会立即显示新的或修改后的声明。再次单击"声明编辑"按钮，退出声明编辑模式。

执行菜单命令"视图"→"声明显示"，可以显示或隐藏声明。

（5）生成和显示注解

在写入模式下，单击工具栏上的"注解编辑"按钮，进入注解编辑模式。如图 10-27

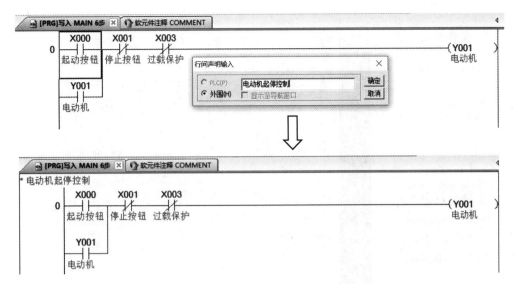

图 10-26　生成和显示声明

所示，双击梯形图中的输出指令或某个线圈，如线圈 Y1，在弹出的"注解输入"对话框中输入注解或修改已有注解。单击"确定"按钮后该电路块的上面会立即显示新的注解或已修改后的注解。再次单击"注解编辑"按钮，退出注解编辑模式。

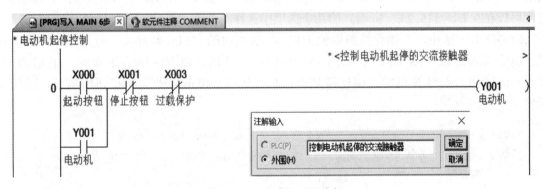

图 10-27　生成和显示注解

执行菜单命令"视图"→"注解显示"，可以显示或隐藏注解。

10.1.4　程序写入与在线监控

1. PLC 与计算机的连接

一般用编程电缆实现用户程序的写入、读取和在线监控。目前使用较多的编程电缆的型号是 USB-SC09-FX，它用来连接计算机的 USB 端口和 FX 系列的 RS-422 编程端口。

2. 设置连接目标

用 GX Works2 打开一个工程，单击"导航"窗口下面的视窗选择区域的"连接目标"按钮，再双击"导航"窗口的"当前连接目标"文件夹中的"Connection1"，打开"连接目标设置 Connection1"对话框，如图 10-28 所示。

双击图 10-28 中"计算机侧 I/F"行最左边的"Serial USB"（串口 USB）按钮。选中弹出

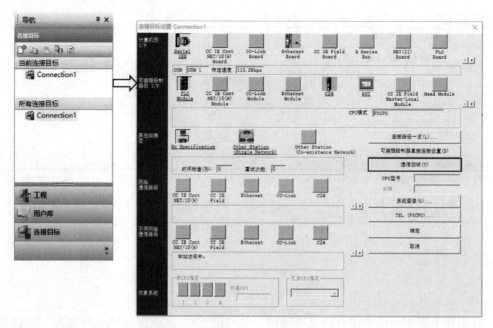

图 10-28　"连接目标设置 Connection1" 对话框

的对话框中的 "RS-232c"（见图 10-29）。COM 端口设置为 "COM1"，FX 系列 PLC 的传送速度可以在 9.6 k ~ 115.2 k（bit/s）的几个选项中选择，单击 "确定" 按钮以确认。

双击图 10-28 中 "可编程控制器侧 I/F" 行最左边的 "PLC Module" 按钮，采用默认设置，CPU 模式设为 "FX CPU"，如图 10-30 所示。可单击图 10-28 右下角的 "通信测试" 按钮，测试 PLC 与计算机的通信连接是否成功。最后，单击 "确认" 按钮以确认，关闭对话框。

图 10-29　计算机侧 I/F 串行设置

图 10-30　可编程控制器侧 I/F CPU 模块设置

3. 程序写入

给 PLC 通电，将运行开关置于 STOP 位置，否则程序无法写入。选择菜单栏的 "在线" 选项，单击 "PLC 写入"，或单击工具栏上的 "PLC 写入" 按钮 ，将当前程序写入 PLC 中。在弹出的 "在线数据操作" 对话框（如图 10-31 所示）中，自动选择了 "写入"。选中 MAIN（主程序）或其他要写入的对象。单击 "执行" 按钮，在弹出的 "PLC 写入" 对话框中写入程序，如图 10-32 所示。下载完毕，单击 "关闭" 按钮。

4. 运行监控与调试

运行 PLC 程序时，打开主程序 MAIN，进入写入模式。执行菜单命令 "在线" → "监视"

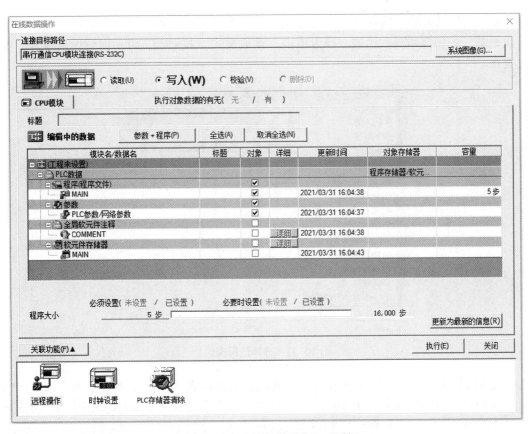

图 10-31　"在线数据操作"对话框

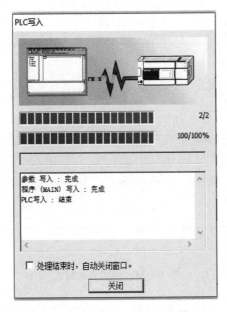

图 10-32　"PLC 写入"对话框

→"监视模式",如图 10-33 所示。单击工具栏上的"监视开始"按钮,进入监视模式,工具栏上的"监视模式"按钮被自动选中。可以用工具栏上的"监视停止"按钮停止监视。若单击工具栏上的"监视模式"按钮 ，也能进入监视模式。单击工具栏上的"写入模式"按钮，可切换到写入模式，或者单击"读取模式"按钮，可切换到读取模式，都会停止监视。

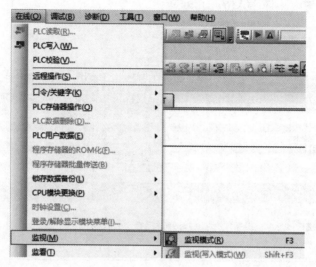

图 10-33　选择监视模式

在监视模式下，梯形图中常闭触点中深蓝色的小方块表示它处于闭合状态，如图 10-34 所示。用 PLC 外接的输入信号使 X0 先变为"ON"后变为"OFF"，即梯形图中 X0 的常开触点先闭合再断开，PLC 基本单元上 Y1 对应的指示灯亮。用 PLC 外接输入信号使 X1 或 X3 先断开再闭合，Y1 线圈断电，对应指示灯灭。

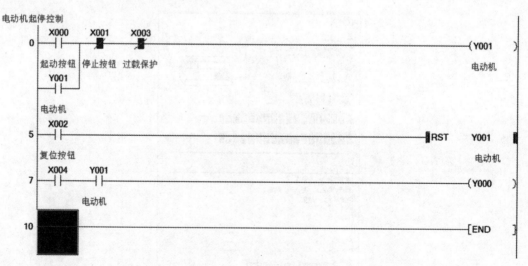

图 10-34　程序监视模式

5. 远程操作

执行菜单命令"在线"→"远程操作"，打开远程操作对话框，如图 10-35 所示。按下"RUN"按钮，图中"POWER"和"RUN"两个绿色指示灯亮，表示当前为"RUN"状态。单击图中"STOP"按钮，在弹出的询问"是否执行 STOP 操作"对话框中，单击"是"按钮确认后,弹出"已完成"的对话框,RUN 指示灯变为深灰色。单击"确定"按钮关闭该对话框。单击图中的"关闭"按钮,退出远程操作。

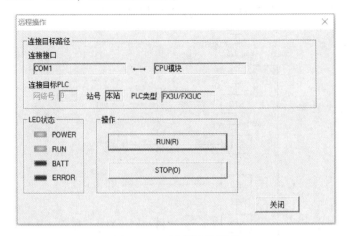

图 10-35 远程操作模式

6. 读取 PLC 中的程序

执行菜单命令"在线"→"PLC 读取",或单击工具栏上的"PLC 读取"按钮,在弹出的"PLC 系列选择"对话框中选择 PLC 系列为"FX CPU",单击"确定"按钮,弹出图 10-28中的"连接目标设置 Connection1"对话框。确认设置的参数后,单击"确定"按钮,弹出"在线数据操作"对话框,自动选中"读取",选中要读取的对象后,单击"执行"按钮,弹出"PLC 读取"对话框,如图 10-36 所示,与图 10-31 相似。读取结束后,两次单击"关闭"按钮,可关闭该对话框和"在线数据操作"对话框。在 GX Works2 中可以看到从 PLC 读取的程序和参数。

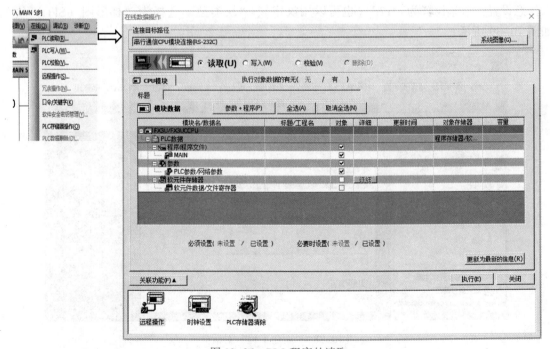

图 10-36 PLC 程序的读取

10.1.5　状态转移图（SFC）的编程

创建图 10-37 所示的状态转移图程序的操作步骤如下。

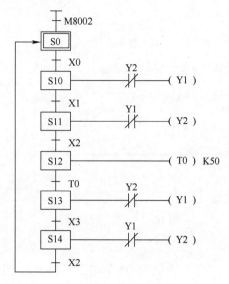

图 10-37　状态转移图

1. 初始状态的编程

步进梯形图程序必须由特殊辅助继电器 M8002 产生的初始脉冲来驱动初始状态（S0~S9），程序才能正常运行，首先用梯形图块编写这两句程序。

1）打开 SFC 编辑窗口，选择菜单命令"工程/创建新工程"，弹出图 10-38 所示对话框，选中"SFC"，单击"确定"按钮后会弹出"块信息设置"对话框，对话框中的"块标题"可以任意设置，这里设置为"12"（也可以用汉字），"块类型"选择为"梯形图（SFC）块"，如图 10-39 所示。

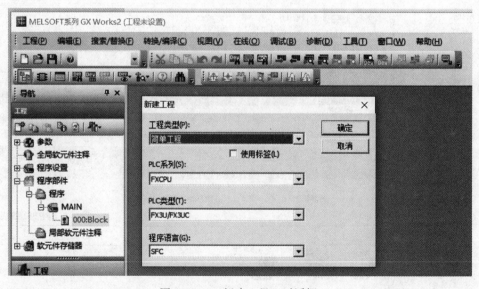

图 10-38　"新建工程"对话框

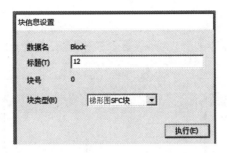

图 10-39　"块信息设置"对话框

2）用鼠标单击"执行"按钮后，出现如图 10-40 所示的窗口，在其中的梯形图编辑窗口中编辑梯形图程序并进行转换、保存。

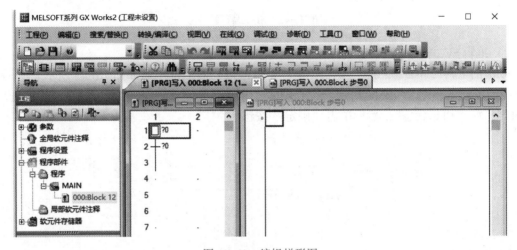

图 10-40　编辑梯形图

2. SFC 块的编写

1）用鼠标单击图 10-40 左边工程窗口中的"程序"→"MAIN"，在第 1 行中建立一个 SFC 块，将"标题"设为"13"，如图 10-41 所示。在图 10-41 上再次单击"执行"按钮，出现如图 10-42 所示的 SFC 编辑窗口。

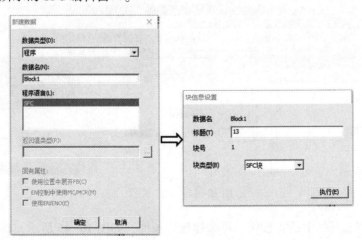

图 10-41　创建 SFC 块

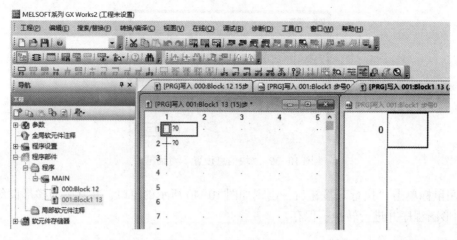

图 10-42　SFC 编辑窗口

2）编辑 SFC 符号。

双击图 10-42 中的双线框，弹出 "SFC 符号输入" 对话框中（如图 10-43 所示），编辑步 "STEP" 右侧的步号，如果是初始步，可选填 "0~9"，如本例中填 "0"。注释框中可选填注释内容，如 "初始状态"，然后单击 "确定" 按钮。

图 10-43　SFC 符号输入

3）编辑初始状态内置梯形图。

在 SFC 编辑窗口通过使用工具栏中的 ⛃ 按钮，可添加状态，如图 10-44 所示，状态号使用默认值 "10" 即可，再单击 "确定" 按钮即可。

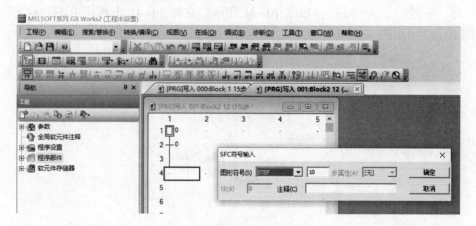

图 10-44　添加状态

4）通过使用工具栏中的 ⛃ 按钮，可添加转移条件，如图 10-45 所示，转移条件号可以使用默认值 "1"，再单击 "确定" 按钮即可。

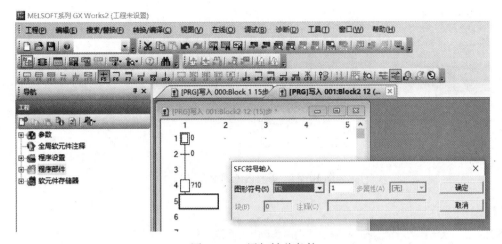

图 10-45　添加转移条件

5) 根据要求编写 5 个状态之后，用工具栏中的 按钮，可以让程序从最后一个状态返回到初始状态 0 或其他状态，如图 10-46 所示。

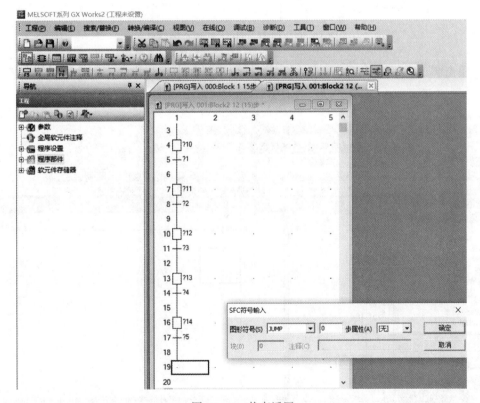

图 10-46　状态返回

6) 在 SFC 块中，每一个符号都有"？"，这需要进行内置梯形图的编写。"0"步是初始状态，相当于 S0 状态，没有要求，可以不编写内置梯形图。在图 10-47 中，单击"？0"，在内置梯形图界面输入转移条件"ld x0"。注意：也可以用键盘直接输入指令"TRAN"来完成转移条件的编写，最后再单击"确定"按钮并进行转换，如图 10-48 所示。

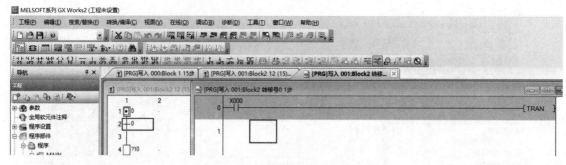

图 10-47　编写内置梯形图（1）

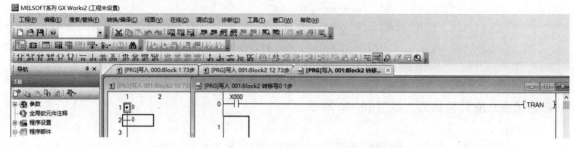

图 10-48　使用"TRAN"指令的结果

7）单击图 10-48 中的"？10"，在内置梯形图界面中编写程序，产生的结果如图 10-49 所示。

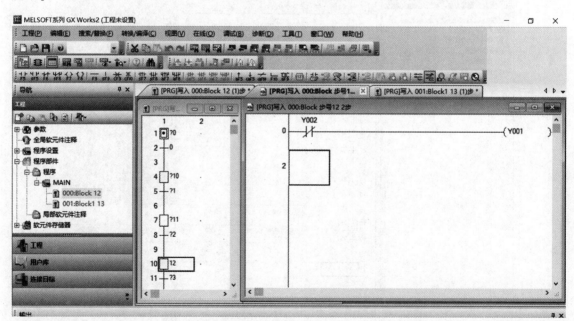

图 10-49　编写 SFC 内置梯形图（2）

8）按照上述方法，完成所有内置梯形图的编写，结果如图 10-50 所示。注意在书中所看到的 SFC 是为了便于理解而人为画的，而在软件中 SFC 图和内置梯形图并不是全都显示在左边窗口中，而是分别显示在 SFC 窗口和内置梯形图窗口中。

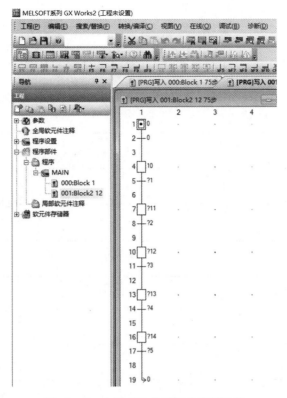

图 10-50　内置 SFC 梯形图的编写结果

3. SFC 与梯形图之间的转换

单击"工程"→"工程类型更改",如图 10-51 所示。再双击左边窗口中"程序"→"MAIN",出现图 10-52 所示的梯形图。在 GX 软件中,步进开始指令 STL 直接连到左右母线上,只是画法不同,原理还是一样的。

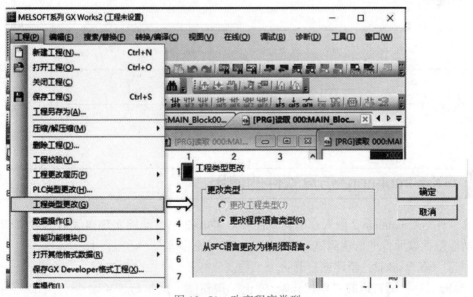

图 10-51　改变程序类型

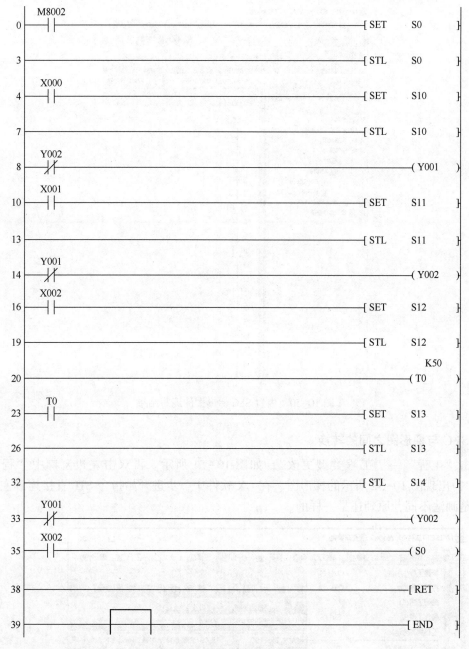

图 10-52 步进梯形图

10.2 GX Simulator2 仿真软件的使用

仿真软件 GX Simulator2 嵌入在编程软件 GX Works2 中，能够实现离线时的软件调试。离线调试功能包括软元件的监视测试、I/O 端口的模拟操作等。

1）打开 GX Works2，新建或打开一个工程。

2）单击工具栏最右边的"模拟开始/停止"按钮▣，或执行菜单命令"调试"→"模拟开始/停止"，打开仿真软件 GX Simulator2，此时用户程序被自动写入仿真 PLC，并显示写入

过程的对话框。写入结束后，关闭该对话框。图 10-53 中的
RUN 指示灯会变为绿色，表示 PLC 处于运行模式。

3）打开仿真软件后，梯形图程序自动进入监视模式，
同图 10-34。梯形图中常闭触点上的深蓝色表示对应的软元
件为 OFF，其常闭触点闭合。

单击工具栏上的"当前值更改"按钮，弹出"当前
值更改"对话框，如图 10-54 所示。单击对话框中的"执
行结果"按钮，将会关闭或打开该按钮下面的"执行结果"
列表，该列表记录了当前值被更改的历史记录。

图 10-53　仿真软件 GX Simulator2

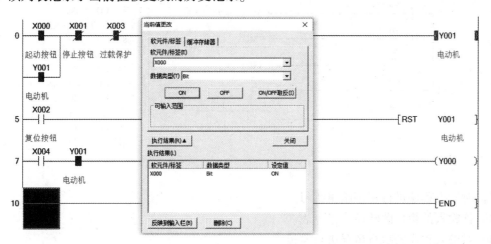

图 10-54　仿真调试

单击梯形图中的 X0 的触点，"当前值更改"对话框中的"软元件/标签"选择框中将会出
现 X0。单击"ON"按钮，X0 变为"ON"，梯形图中 X0 的常开触点中间部分变为"蓝色"，
表明触点该触点闭合。根据梯形图程序的作用，Y1 线圈通电，Y1 线圈两边的圆括号的背景色
变为深蓝色。

单击"当前值更改"对话框中的"OFF"按钮，X0 变为 OFF，梯形图中的常开触点断开，
由于 Y1 的自锁作用，Y1 线圈继续通电。可分别设定 X1、X3、X4 为 ON，监视程序运行结果。

10.3　技能训练

10.3.1　训练项目 1　编程软件的使用

1. 目的

1）熟练使用 GX Works2 编程软件编写、调试程序；

2）正确、安全使用仪器、仪表和设备；

3）认识到编程软件的重要性，建立工程服务意识；

4）培养面对困难坚忍不拔、锲而不舍的精神，积累调试经验和技巧。

2. 仪器与器件

1）FX_{3U} 系列 PLC 一台；

2）装有 GX Works2 编程软件的计算机一台；

3）FX 系列的编程用通信转换接口电缆一根；

4）开关量输入电路板一块。

3. 训练内容

1）将图 10-55 所示的程序以梯形图的形式输入 PLC。

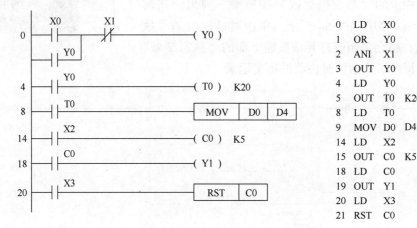

图 10-55 训练项目 1 的梯形图

2）对输入程序进行程序编辑练习。

3）把输入的梯形图转换成指令表。

4）对输入程序的执行情况进行监控。

4. 实施

1）在断电的情况下将小开关板接到 PLC 的输入端，用编程电缆连接 PLC 和计算机的串行通信接口（COM1 或 COM2），PLC 上的工作模式开关拨到 STOP 位置，接通计算机和 PLC 的电源。

2）打开 GX Works2 编程软件，执行菜单命令"文件"→"新文件"，在弹出的对话框中设置 PLC 的型号。

3）端口设置：执行菜单命令"PLC"→"端口设置"，选择计算机的通信端口与通信的速率。

4）将图 10-55 所示的梯形图输入到计算机，保存编辑好的程序。

指令中如果有多个参数（例如定时器、计数器指令和应用指令），各参数之间用空格分隔开。例如输入图 10-55 中的 MOV 指令时，输入的是 "MOV D0 D4"。

执行菜单命令"工具"→"转换"，将创建的梯形图转换格式后存入计算机中。

5）程序编辑练习。

① 改写程序：将指令 "OR Y0" 改写成 "AND Y0"。

② 删除程序：将上一步练习改写过的程序步骤删除。

③ 插入程序：将被改写的指令插回到程序中，恢复程序原貌。

6）程序的检查：执行菜单命令"选项"→"程序检查"，选择检查的项目，对程序进行检查。

7）程序的运行与监视：PLC 的方式开关在 RUN 位置时，执行菜单命令"PLC"→"遥控运行/停止"，可控制程序运行或停止运行。

8）程序的写出（下载）：打开要下载的程序，将 PLC 置于 STOP 工作模式，将计算机中的程序发送到 PLC 中。

执行菜单命令"监控/测试"→"元件监控"，在监视画面中双击左侧的蓝色矩形光标，在出现的对话框中输入元件号和要监视的元件的点数。用鼠标选中某一被监控时显示的数据位数和显示格式。用监控功能监视 T0、C0 和 D4 的当前值变化的情况。

9）强制 ON/OFF：执行菜单命令"监控/测试"→"强制 ON/OFF"，在弹出的对话框中输入元件号。选"设置（置位）"将该元件置为 ON。选"重新设置（复位）"将该元件置为 OFF。

分别在 STOP 和 RUN 状态下，对 Y0、T0 和 C0 进行强制 ON/OFF 操作。

10）修改当前值：执行菜单命令"监控/测试"→"改变当前值"，将存放 T0 设定值的数据寄存器的当前值修改为 K15 后，在 RUN 模式令 T0 的线圈"通电"，观察 T0 的定时时间。

11）修改 T/C 的设定值：在梯形图方式和监控状态，将光标放在要修改的 T/C 的输出线圈上，执行菜单命令"监控/测试"→"修改设定值"，将 C0 的设定值修改为 K3，在梯形图中观察 C0 设定值的变化。

10.3.2　训练项目 2　对第 2 章习题应用编程软件进行编程

把第 2 章课后的习题逐一用编程软件进行程序的编写、修改和模拟运行。

10.4　小结

本章主要介绍了 PLC 的编程软件 GX Works2 的使用方法，以及使用 GX Simulator2 软件实现离线时的调试方法。离线调试功能包括软元件的监视和测试、I/O 口的模拟操作等。初学三菱 PLC 的人，在没有硬件 PLC 的支持下，也可进行 PLC 的学习，并利用仿真软件验证自己所编写的程序是否能够满足控制要求。

10.5　习题

1. 使用 GX Works2 编程软件如何进行程序的传送。
2. 使用 GX Works2 编程软件如何进行程序的在线监控。

附　录

附录 A　思政元素设计

思政元素范畴如附表 A-1 所示。思政元素融入的设计见表附表 A-2。

附表录 A-1　思政元素范畴

爱国主义	科技自信、民族自豪感
社会责任	安全意识、质量意识、职业规范意识、集体意识
社会公德	助人为乐、节约环保、遵纪守法
职业素养	团结协作、善于沟通、精益求精、严谨细致、创新思维、工匠精神

表附录 A-2　思政元素目标、融入方式与内容

思政目标	思政元素融入方式与目标	思政元素内容与位置
爱国主义	加入科技发明、传统文化相关的中国元素，培养文化自信、科技报国的爱国情怀	① 第 13 页： 人类最早使用的计时仪器是圭表，它利用太阳下影子的长短和方向来判断时间。早在公元前 1300~前 1027 年，中国殷商时期的甲骨文中，已有使用圭表的记载。 ② 第 25 页： 中国古代的指南车和木牛流马，是最早的自动控制设备。 ③ 第 79 页： 我国从 1973 年开始研制 PLC，1977 年开始应用，20 世纪 80 年代后期，我国 PLC 技术获得快速的发展。目前，我国的 PLC 技术已经接近国际水准！ ④ 第 89 页： 我国古人发明了圭表、漏壶和沙漏、水运浑天仪等计时仪器，尤其是水运浑天仪，它集天文观测、天文演示和报时系统为一体。 ⑤ 附录 B： 综合训练项目 2 古塔高度测算
社会责任	实操内容中，加入事故引起危害的事例，强调遵守职业规范，树立责任意识、安全意识	① 第 51 页： 后果就是接触点剧烈发热，伴随着漏电现象，严重时会出现电弧，有可能引起单相接地故障，甚至发生三相短路，造成电器设备不能正常工作，甚至引发火灾。因此，应在断电情况下检查各元器件或接线，避免安全隐患，时刻保持安全防范意识
	实训结束后，强调爱护设备、清理工位，保护环境卫生，积极打扫实训场所卫生，树立劳动意识	① 21 页、52 页等；通电实验完毕的后续工作。 ③ 完善部分实训项目的目的要求
	通过应用实例、编程技巧，程序优化等方式，介绍现代电气控制中提高效率、精准控制的重要性，树立质量意识、职业认同感	① 第 100 页：5.4 基本指令应用示例，增加常闭触点的处理和联锁控制 ② 增加附录 B 的综合实训项目； ③ 137 页增加微课视频：循环赋值程序设计

（续）

思政目标	思政元素融入方式与目标	思政元素内容与位置
社会责任	通过实训项目的目的要求，养成认真、细致观察的习惯，遵守线路安装与测试的规范，绘图清晰、符号规范、标注准确；遵守职业规范；打扫环境卫生，培养集体意识	③ 第 163 页： 4）编程时设置必要的保护环节，树立安全意识，培养创新思维； 5）完成程序的在线调试，培养谨慎思维和精益求精的工匠精神； 6）严格记录实训操作步骤和程序运行数据，养成良好的工程数据归档习惯。 7）自觉遵守实训规章制度，主动打扫并保持环境卫生
社会公德	树立节约能源、保护环境的意识，培养遵纪守法的习惯	③ 第 92 页： 理解 PLC 的低能耗特点
职业素养	通过技能训练项目的实施，培养团结协作、善于沟通的能力，树立团队意识	① 所有的技能训练均需要大家分组协作完成。 ② 通电试验完毕后的整理和打扫工作，需要小组共同完成
	将典型实际工程案例转换为综合实训项目，以建立工程伦理观；通过电路的连接与测试，程序的调试与优化，养成认真严谨、一丝不苟的工作习惯	① 附录 B-2 综合训练项目中，使学生了解到工程值的转换不仅提高了程序的可读性，提高了生产效率和生产质量，培养工程责任心。 ② 附录 B-3 综合训练项目中，使学生了解伺服系统的工作原理、程序设计的方法与步骤，培养创新意识，养成敏思谨行、精益求精的习惯

附录 B　综合训练项目

附录 B-1　综合训练项目 1　光伏组件逐日追光系统程序设计

1. 目的

1）培养分析、解决问题的能力；

2）完成 I/O 地址分配，绘制 I/O 接线图；

3）理解 PLC 控制系统中标志位的作用；

4）独立设计控制程序并下载和调试；

5）培养专注做事、精益求精的工匠精神。

2. 要求

光伏发电系统采取逐日追光控制方式以获得最大功率输出。光伏发电系统启停信号由上位机下达，光伏组件依据光线传感器检测的光照强度，自动调整光伏组件与太阳光的角度。光伏组件的东西和南北各有一个限位开关，当光伏组件到达限位后，立即停止当前移动方向。请自行完成 I/O 地址分配、I/O 接线图和程序的编写与调试。

3. 分析

1）光线传感器为四象限数字量输出式。光线传感器中的东向、西向、北向、南向光敏电阻接受不同光照强度时，分别产生"高"或"低"的开关信号，接到 PLC 是输入端，地址分别为：X0 东向、X1 西向、X2 北向、X3 南向。

2）光伏组件东、西向限位接近开关和南、北向限位接近开关，用于光伏电池组件的偏移限位，接到 PLC 的输入端，地址分别为：X4 北限位、X5 南限位、X6 东限位、X7 西限位。

3）光伏组件向东和向西偏转由直流电动机控制，电动机正转向东偏移，反转向西偏移。直流电动机通过正、反转继电器提供不同极性的直流电源实现电动机的正反转。光伏组件的向南、向北偏移由另一个直流电动机驱动，控制要求同东西向组件偏转。正、反转继电器由 PLC 驱动，地址分别为：向东继电器 Y0、向西继电器 Y1、向北继电器 Y2、向南继电器 Y3。

4）上位机启停信号由辅助继电器（M）提供。M0 复位信号，MI 启动信号，M2 停止信号。

4. 实施

1）系统启动运行前应处于初始位置，即光伏组件处于东和南限位位置。

2）按下复位按钮 M0，光伏组件向东移动至东限位停止，向南移动至南限位停止。东、西、南、北四个限位开关为常态为闭合，达到限位后开关被压下转为常开。

3）当系统处于初始位置，系统发出启动信号，根据光线传感器检测的信号驱动光伏组件跟踪运行。光伏组件东西、南北向程序中各设互锁环节，以防止东西向或南北向的继电器同时得电，发生电动机电源短路事故。

4）程序为了避免出现多重输出，程序中应用辅助继电器作为标志信号，由这些标志信号驱动相应继电器。

5）当发出停止或跟踪到限位位置，停止运行。

参考程序如图附录 B-1 所示。

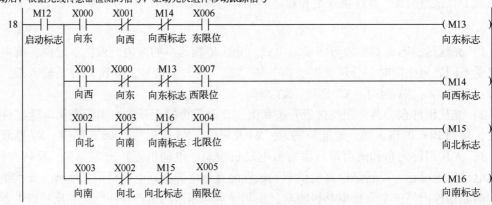

附图 B-1　光伏组件逐日追光程序

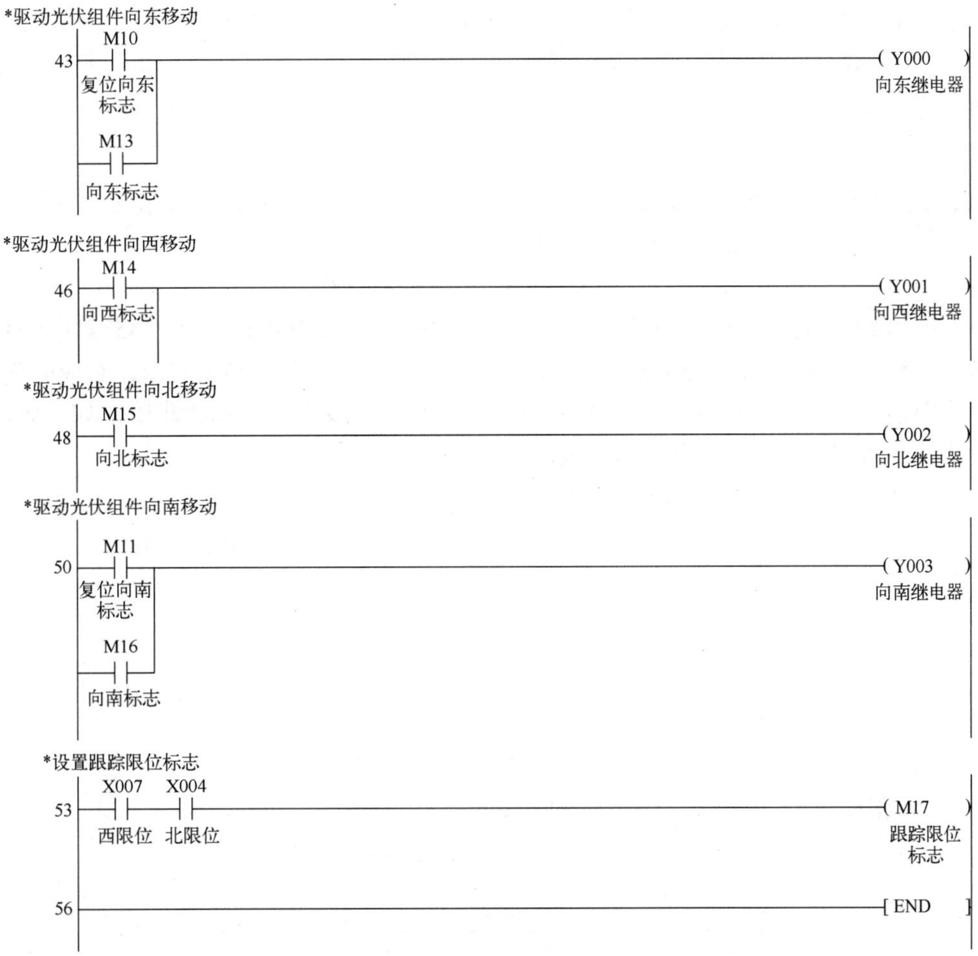

*驱动光伏组件向东移动

```
        M10
43      ┤├─────────────────────────────────────────────( Y000 )
        复位向东                                          向东继电器
        标志
        M13
        ┤├
        向东标志
```

*驱动光伏组件向西移动

```
        M14
46      ┤├─────────────────────────────────────────────( Y001 )
        向西标志                                          向西继电器
```

*驱动光伏组件向北移动

```
        M15
48      ┤├─────────────────────────────────────────────( Y002 )
        向北标志                                          向北继电器
```

*驱动光伏组件向南移动

```
        M11
50      ┤├─────────────────────────────────────────────( Y003 )
        复位向南                                          向南继电器
        标志
        M16
        ┤├
        向南标志
```

*设置跟踪限位标志

```
        X007   X004
53      ┤├─────┤├───────────────────────────────────────( M17 )
        西限位  北限位                                     跟踪限位
                                                          标志

56      ──────────────────────────────────────────────[ END ]
```

附图 B-1　光伏组件逐日追光程序（续）

附录 B-2　综合训练项目 2　古塔高度测算

1. 目的

1）理解 PLC 程序中数据类型统一的工程意义；

2）掌握数学运算应用指令的应用；

3）培养计算思维，分析问题、解决问题的能力；

4）培养发现并应用规律的能力；

2. 要求

某地要对一宋代古塔进行修缮。勘测队需要检测古塔的高度，如附图 B-2 所示。图中古塔垂直地面的高度用 BD 表示，在 A 点处测得古塔仰角 a 为 45°，再沿 BA 方向后退 20 m 至 C 处，测得古塔的仰角 β 为 30°，要求设计程序以求出古塔的高度。

3. 分析

1）根据已知条件和要求，写出古塔高度计算的数学公式。

附图 B-2　古塔测量示意图

2）利用三角函数运算公式计算古塔高度。借此了解三角函数指令的应用。

3）三角函数运算指令有 3 条，分别是正弦、余弦和正切，并且计算中弧度值的数据类型是二进制浮点数。

4. 实施

1）为了计算方便，假设古塔高度（*BD*）用 *Y* 表示，*AB* 之间距离用 *X* 表示。

$\tan a = \tan 45° = Y/X, \tan \beta = \tan 30° = Y/(20+X)$。

推导得出 $Y = \tan a \times \tan \beta \times 20/(\tan a - \tan \beta)$

2）正切函数的计算。弧度与角度的换算关系：弧度 =（π/180）×角度。45°对应的弧度为（π/180）×45≈0.7854。可用指令分别计算出 *a* 和 *β* 相应的弧度值，然后再求出相应的正切值。

3）将前面求出的各量带入公式，即可算出古塔高度。参考程序见附图 B-3 如下所示。程序调试中要认真观察，核对数据，如有错误立即修改。

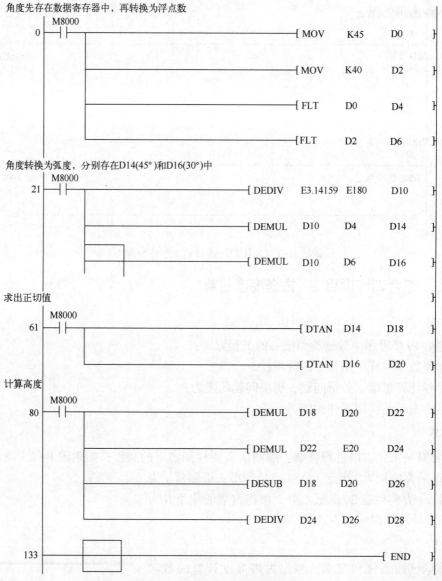

附图 B-3　古塔高度计算参考程序

4）修改程序完成另一种方式的古塔高度测量。如角度和测量出的距离在触摸屏上直接写入，只需设置数据寄存器将触摸屏的数值与 PLC 中的数据寄存器相关联。用浮点数直接输入时可删除程序中的第一段，程序中最后一段的 E20 可用数据寄存器替换即可。

5）拓展练习。我国古代数学专著《九章算术》中提到"约分术"等数学内容，课下可查阅开方术、割圆术、阳马术等，然后编写程序实现其相应的数学运算，提高自主学习、独立设计能力。

附录 B-3 综合训练项目 3 压力工程值转换

1. 目的

1）掌握模拟量的数值范围，应用模拟量指令；

2）能够独立分析任务，设计和调试程序；

3）培养逻辑思维、创新意识和工程计算能力；

4）能够优化程序，养成认真严谨的工作习惯；

4）理解实际工程值与模拟值的关系，了解工程值转换的价值。

2. 要求

某搅拌控制系统如附图 B-4 所示。搅拌器液料罐的最大容积为 100 L，通过一个模拟量液位传感器——变送器将 0~100 L 的液位值转换成 4~20 mA 电流信号输出，供给模拟量输入模块（FX$_{2N}$-2AD）。如果液位值<30%，低液位 J1 绿色指示灯显示，进料泵 1 和泵 2 同时开启；如果 30%≤液位值≤80%，中液位 I1 黄色指示灯显示，进料泵 1 关闭和泵 2 开启；如果 80%<液位值，高液位 H1 红色指示灯显示，泵 1 和泵 2 均关闭；同时能在触摸屏上显示当前液位实际工程值。（注：指示灯仅在触摸屏上显示）。要求设计程序实现液位的显示和控制。

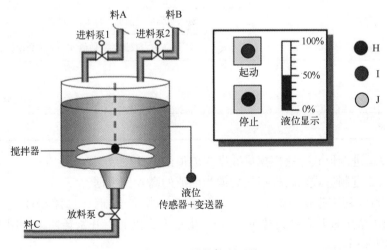

附图 B-4 搅拌控制系统

3. 分析

1）现场 0~100 L 的液位值通过液位变送器输出 4~20 mA 的模拟量信号。

2）PLC 模拟量模块 FX$_{2N}$-2AD，将 4~20 mA 的模拟量电流信号通过 A-D 转换，转换为

0~4000 的数字量，PLC 中数据寄存器中显示的数值就是 0~4000 的模拟值，即 0~100 L 的液位值对应 0~4000 数值。

3）按照压力值和模拟值之间的对应关系，写出模拟量与工程量之间的换算公式，计算出实际的工程值。

4）设计程序实现模拟量的工程值转换。

5）比较实际工程值与设定值，显示对应指示灯。

4. 实施

1）PLC 系统配置

选取 FX₃U 系列 PLC，需外加模拟量输入模块，如 FX₂N-2AD。控制进料泵 1 和泵 2 的电磁阀连接 PLC 数字量输出端子 Y0、Y1。模拟量输入模块 FX₂N-2AD 接在 0 号槽位置，模拟量液位信号从 CH1 通道输入。

2）模拟量输入模块 FX₂N-2AD

FX₂N-2AD 有 2 路模拟量输入通道，即 CH1 和 CH2，既可以输入 0~5 V 或 0~10 V 的电压信号，也可以输入 4~20 mA 的电流信号。两个通道均可将电压或电流信号，转换为 12 位的二进制数字量信号，范围为 0~4000。

FX₂N-2AD 模拟量模块，若输入电压信号时，将信号接在 VIN 和 COM 端；当输入电流信号时，将 VIN 和 IIN 短接后，接入电流信号的正极（+），负极接在 COM 端。

FX₂N-2AD 模拟量模块内部有一个数据缓冲区（BFM），它由 32 个 16 位的数据寄存器组成，其分配如附表 B-1 所示。

附表 B-1　FX₂N-2AD 模块 BFM 分配

BFM 编号	b15~b8	b7~b4	b3	b2	b1	b0
#0	保留	输入数据的当前值（低 8 位数据）				
#1	保留		输入数据的当前值（高 4 位数据）			
#2~#16	保留					
#17					A-D 转换开始标志位	A-D 转换指定通道标志位
#18~#31	保留					

BFM#0：以二进制形式存放模拟量数据当前值的低 8 位数据。

BFM#1：以二进制形式存放模拟量数据当前值的高 4 位数据。

BFM#17：b0 位用来指定模拟量 A-D 转换通道。当 b0=0 时，选择 CH1 通；b0=1 时，选择 CH2 通道。b1 位用来开启模数转换，当 b1 出现上升沿时，开始转换。可用 MOV 指令先使 b1=0，然后再使 b1=1。

3）模拟量信号读入指令

FX 系列 PLC 的基本单元与特殊功能模块之间的数据通信是有 FROM/TO 指令来执行的。指令格式如附图 B-5 所示。其中：

m1：特殊功能模块编号；m2：模块缓冲寄存器 BFM 编号。

[D]：PLC 存储器的首地址；n：传送数据的个数。

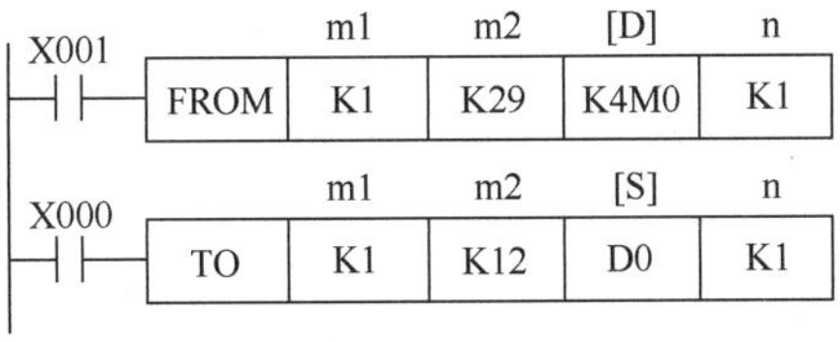

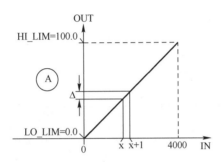

附图 B-5　FROM/TO 指令格式

当附图 B-5 中 X001 为 ON 时，将编号为 ml（0~7）的特殊功能模块内编号为 m2（0-31）开始的 n 个缓冲寄存器（BFM）的数据读入 PLC，并存入操作数［D］开始的 n 个数据寄存器中；当附图 B-5 中 X000 为 ON 时，将 PLC 基本单元中从［S］指令的元件开始的 n 个字的数据写到编号为 ml 的特殊功能模块中编号为 m2 开始的 n 个数据寄存器中。接在 FX 系列 PLC 基本单元右边扩展总线上的特殊功能模块，从紧靠基本单元处开始，其编号依次为 0~n，它表示待传送数据的字数，n=1~322（16 位操作）或 1~16（32 位操作）。

4）找出压力值与模拟值转件的对应关系，建立数学模型。

模拟量模块输入到 PLC 中的模拟量值是 0~4000。通过程序转换为 0~100 的工程值。转换关系如附图 B-6 所示。

附图 B-6　模拟值与工程值的转换

附图 B-5 中，实际工程值的高限（HI_LIM，简称实高）为 100.0，低限（LO_LIM，简称实低）为 0.0。模拟值的高限（MH_LIM，简称模高）为 4000，低限（ML_LIM，简称模低）为 0。二者为线性比例关系，关系式为

工程值＝［（PLC 模拟量值−模低）×（实高−实低）/（模高−模低）］+实低

设工程值用 Y 表示，PLC 输入模拟量值用 X 表示。

$$Y=[(X-ML\_LIM)\times(HI\_LIM-LO\_LIM)/(MH\_LIM-ML\_LIM)]+LO\_LIM$$

5）编写转换程序

程序由以下几个程序段组成，如附图 B-7 所示。首先，上电对所有寄存器 D 进行初始化清零；然后，选择通道 CH1，读入模拟值的高 4 位和低 8 位，并把模拟值从 K4M0 送出到数据寄存器 D0 中。设置 20 次为一个采样周期，将 20 个模拟量值累加后求出平均值。需要将模拟量值的整数形式转换为浮点数（实数）后方能进行计算。根据工程值与模拟量值之间的关系，进行转换，最终结果存放在数据寄存器 D40 中。最后，通过液位实际工程值与设定值比较，判断进料泵 1 和泵 2 的开启/闭合状态，以及指示灯的状态。

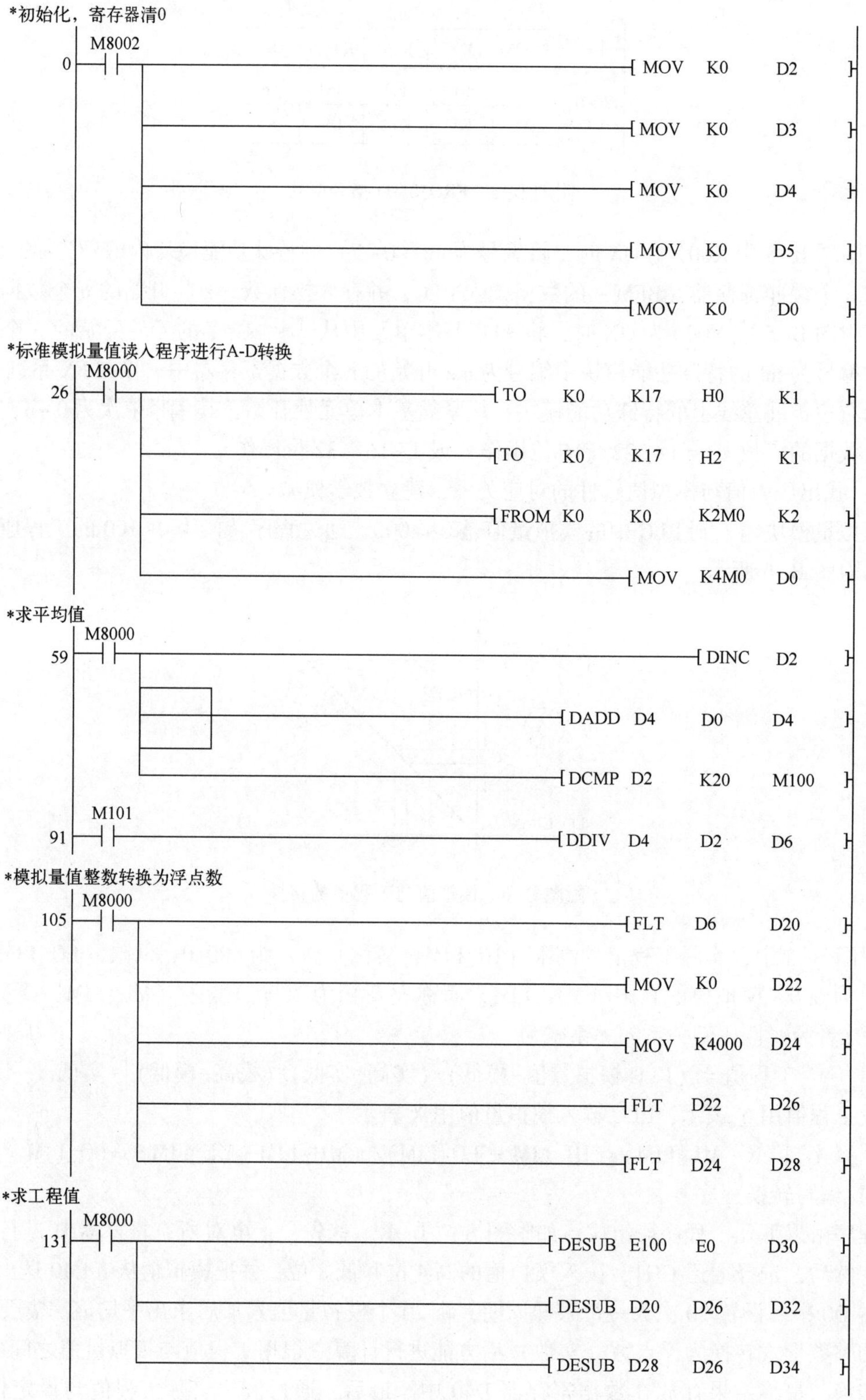

*初始化，寄存器清0

```
        M8002
0 ──┤├──────────────────────────────────────[ MOV   K0      D2  ]─

    ────────────────────────────────────────[ MOV   K0      D3  ]─

    ────────────────────────────────────────[ MOV   K0      D4  ]─

    ────────────────────────────────────────[ MOV   K0      D5  ]─

    ────────────────────────────────────────[ MOV   K0      D0  ]─
```

*标准模拟量值读入程序进行A-D转换

```
        M8000
26 ─┤├──────────────────────────────[ TO    K0    K17   H0    K1 ]─

    ────────────────────────────────[ TO    K0    K17   H2    K1 ]─

    ────────────────────────────────[ FROM  K0    K0    K2M0  K2 ]─

    ────────────────────────────────────────[ MOV  K4M0      D0  ]─
```

*求平均值

```
        M8000
59 ─┤├──────────────────────────────────────[ DINC         D2  ]─

    ──────────────────────────────────[ DADD  D4     D0     D4  ]─

    ──────────────────────────────────[ DCMP  D2     K20    M100]─

        M101
91 ─┤├────────────────────────────────[ DDIV  D4     D2     D6  ]─
```

*模拟量值整数转换为浮点数

```
        M8000
105 ─┤├─────────────────────────────────────[ FLT   D6      D20 ]─

    ─────────────────────────────────────────[ MOV   K0      D22 ]─

    ─────────────────────────────────────────[ MOV   K4000   D24 ]─

    ─────────────────────────────────────────[ FLT   D22     D26 ]─

    ─────────────────────────────────────────[ FLT   D24     D28 ]─
```

*求工程值

```
        M8000
131 ─┤├──────────────────────────────[ DESUB  E100   E0     D30 ]─

    ──────────────────────────────────[ DESUB  D20    D26    D32 ]─

    ──────────────────────────────────[ DESUB  D28    D26    D34 ]─
```

附图 B-7 转换程序

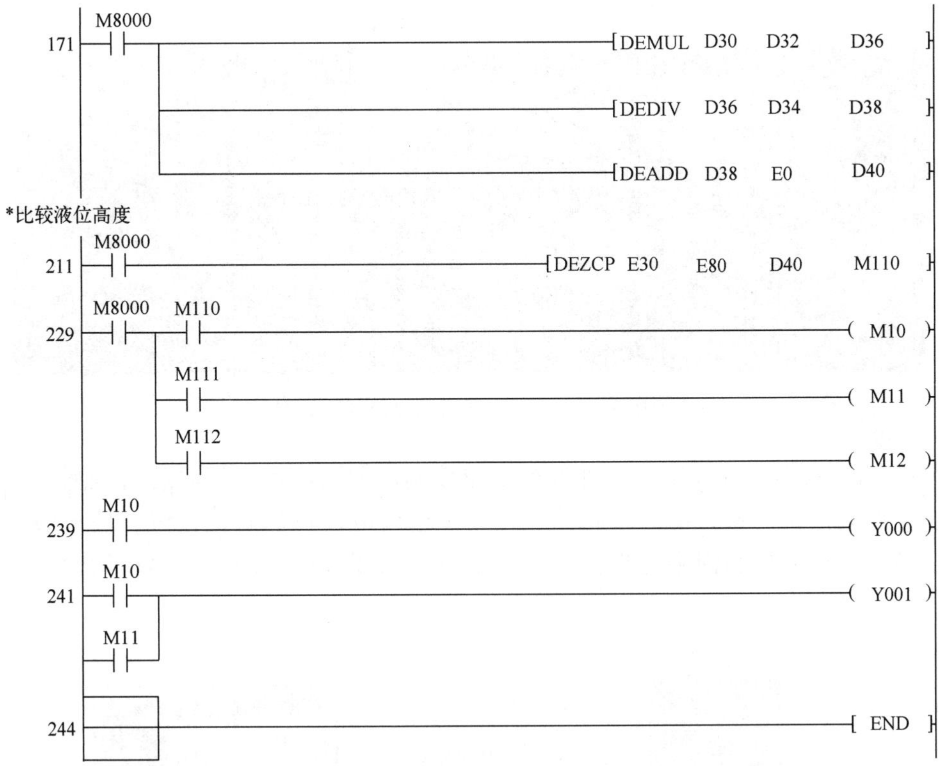

```
        M8000
171     ┤├─────┬──────────────────────[DEMUL  D30    D32    D36 ]
              │
              ├──────────────────────[DEDIV  D36    D34    D38 ]
              │
              └──────────────────────[DEADD  D38    E0     D40 ]

*比较液位高度
        M8000
211     ┤├──────────────────────────[DEZCP  E30    E80    D40    M110 ]

        M8000  M110
229     ┤├─────┤├─────────────────────────────────────────( M10 )
               M111
               ┤├─────────────────────────────────────────( M11 )
               M112
               ┤├─────────────────────────────────────────( M12 )

        M10
239     ┤├──────────────────────────────────────────────( Y000 )

        M10
241     ┤├──────────────────────────────────────────────( Y001 )
        M11
        ┤├

244     └──────────────────────────────────────────────[ END ]
```

附图 B-7　转换程序（续）

附录 B-4　综合训练项目 4　机器人滑台的定位控制

1. 目的

1）理解伺服驱动系统的工作原理；

2）掌握伺服驱动系统的选择原则；

3）培养逻辑思维、创新思维和工程计算能力。

2. 要求

某一生产系统，在工件进行加工过程中，需要由机器人完成对 3 个加工单元（站）工件的输送。各加工单元加工区域如附图 B-8 所示，这 3 个加工单元到原点的距离分别是 350 mm、500 mm、700 mm。

控制要求：设计程序实现伺服电动机拖动滑台，使机器人从原点依次移动到 A、B、C 三个工作单元，到达某一单元后延时 5 s 再到达下一单元。到达 C 单元后延时 3 s 返回到原点；回到原点延时 2 s，重复前面的运动轨迹，直到按下停止按钮，滑台停在当前位置。

3. 分析

为实现滑台上的机器人精准定位，采用伺服控制系统。由伺服电动机驱动滑台上的机器人按照预定的轨迹移动到目标位置。

1）PLC 选取三菱 FX$_{3U}$ 系列晶体管输出型 PLC，从 Y0 输出高速脉冲信号，为伺服驱动器提供脉冲频率、脉冲数量和运行方向，控制关系如附图 B-9 所示。伺服驱动器按照定位

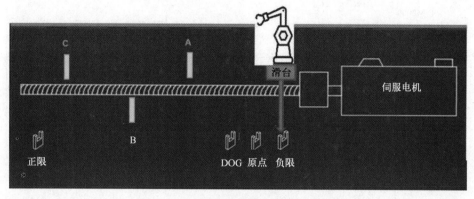

附图 B-8　机器人滑台伺服控制示意图

指令，根据 PLC 发出的脉冲串对工件进行定位控制。伺服电动机接收经过伺服驱动器处理后的信号，驱动定位对象移动。编码器一是用于记住电动机的磁极位置，使伺服驱动器根据磁极位置来最佳的控制伺服电机；二是用于速度闭环和位置闭环，实现精确调速和精确的位置控制。

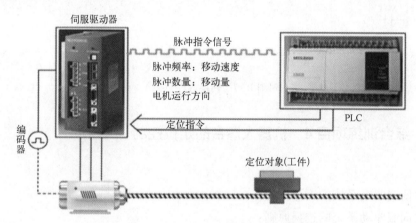

附图 B-9　伺服控制系统示意图

2）伺服驱动器有三种控制模式：转矩控制、速度控制和位置控制。其中，位置控制是通过外部输入脉冲的频率来确定转动的速度，通过脉冲的个数来确定转动的角度，常用于定位控制。

3）电动机每周脉冲数与负载位移

若通过电子齿轮、减速机、同步带等传动机构，电动机每旋转一周，螺距为 5 mm，其所需脉冲数为 10000。

则移动到某个位置所需脉冲数 = 距离/螺距每转脉冲数，即 10000/5×距离（mm）

4）定位控制方式

位置模式下的定位控制方式分为绝对定位和相对定位。绝对定位就是所有的位置都是以原点为位置基准点，需要建立位置原点，即需要机械原点回归。相对定位是以当前位置为位置基准点，就是增量方式，不需要回原点就能进行。本项目采用绝对定位方式，设置原点和正负极限位置开关。

4. 实施

1) I/O 地址分配与接线

分别设置起动、停止、复位、DOG 点和 Z 相信号，原点、正反向限位信号等。高速脉冲由 Y0 输出，Y3 为方向信号。具体 I/O 分配见附表 B-2。

附表 B-2　伺服电动机定位控制 I/O 地址分配

输　　入		输　　出	
输入继电器	作　　用	输出继电器	作　　用
X0	启动按钮	Y0	发出高速脉冲
X1	停止按钮	Y3	伺服方向信号
X2	复位按钮	Y10	起动指示灯
X3	DOG 点	Y11	运行指示灯
X4	备用	Y12	复位指示灯
X5	原点开关	Y13	备用
X6	正限位开关	Y14	A 工作单元指示灯
X7	负限位开关	Y15	B 工作单元指示灯
		Y16	C 工作单元指示灯

附表 B-2 中 DOG 点可节省找原点的时间，提高回原点的精度。

PLC 与伺服驱动器的接线如附图 B-10 所示。伺服驱动器的 PUL+ 和 DIR+ 端短接后接在 DC 24 V 的正极端，PUL- 端串联 270 Ω 电阻后，接在控制器 FX$_{3U}$ PLC 的 Y0 端，DIR- 端串联 270 Ω 电阻后，接在控制器 FX$_{3U}$ PLC 的 Y3 端。Y0 和 Y3 的公共端 COM1 接 DC 24 V 电源负极。其他输入/输出信号的接法与前面案例相同，此处不再介绍。

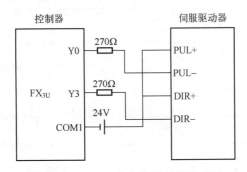

附图 B-10　PLC 与伺服驱动器接线图

2) 绝对定位控制方式下，各加工单元距离原点的脉冲数和频率参考值见附表 B-3。

附表 B-3　加工单元距离原点的脉冲数和脉冲频率初始值

站　点	位移脉冲量/(个)	目标速度/(脉冲/秒)	位移方向
A 站	700000	30000	正
B	1000000	25000	正
C	1400000	15000	正
回原点	0	10000	负

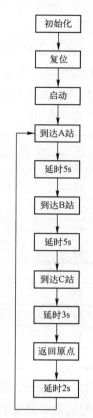

3）规划伺服控制运动轨迹

根据控制要求，规划机器人伺服控制运行轨迹，如附图 B-11 所示，也可根据实际生产自行设计。

4）程序编写

① 初始化设置，如附图 B-12a 所示。上电首先清除程序中使用的辅助继电器，点亮复位指示灯 Y12。同时将工作单元伺服运行轨迹的距离值和速度值存储在对应的数据寄存器中，并置位初始化标志 M0。

② 把距离换算成脉冲信号，如附图 B-12b 所示。利用换算公式，将每站距离原点的的位移量（mm）换算成脉冲数值，存在相应的数据寄存器中。也可通过触摸屏直接输入调整后的位移量（mm）。

③ 滑台回归原点，如附图 B-12c 所示。初始化完成后，按下复位按钮 X2，置位原点回归标志 M1，复位初始化标志 M0。特殊辅助继电器 M8342 设置原点回归方向（当 M44＝ON 时，正方向回归原点；M44＝OFF 时，反方向回归原点）。M8343 和 M8344 设置正负限位，可使伺服电动机在碰撞限位开关后反向移动，以免损坏电动机。M8345 用于设置近点（DOG）信号的脉冲速度，M8346 设置原点（零点）信号脉冲速度。带 DOG 自动搜零的原点回归指令 DSZR 使伺服电动

附图 B-11 伺服控制运行轨迹

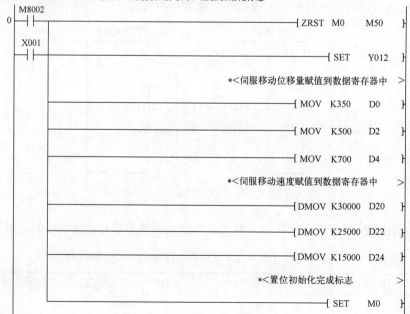

上电初始化，清除辅助继电器信号，点亮复位信号灯，置位初始化标志

*＜伺服移动位移量赋值到数据寄存器中＞

*＜伺服移动速度赋值到数据寄存器中＞

*＜置位初始化完成标志＞

a)

附图 B-12 伺服控制程序

a）初始化设置

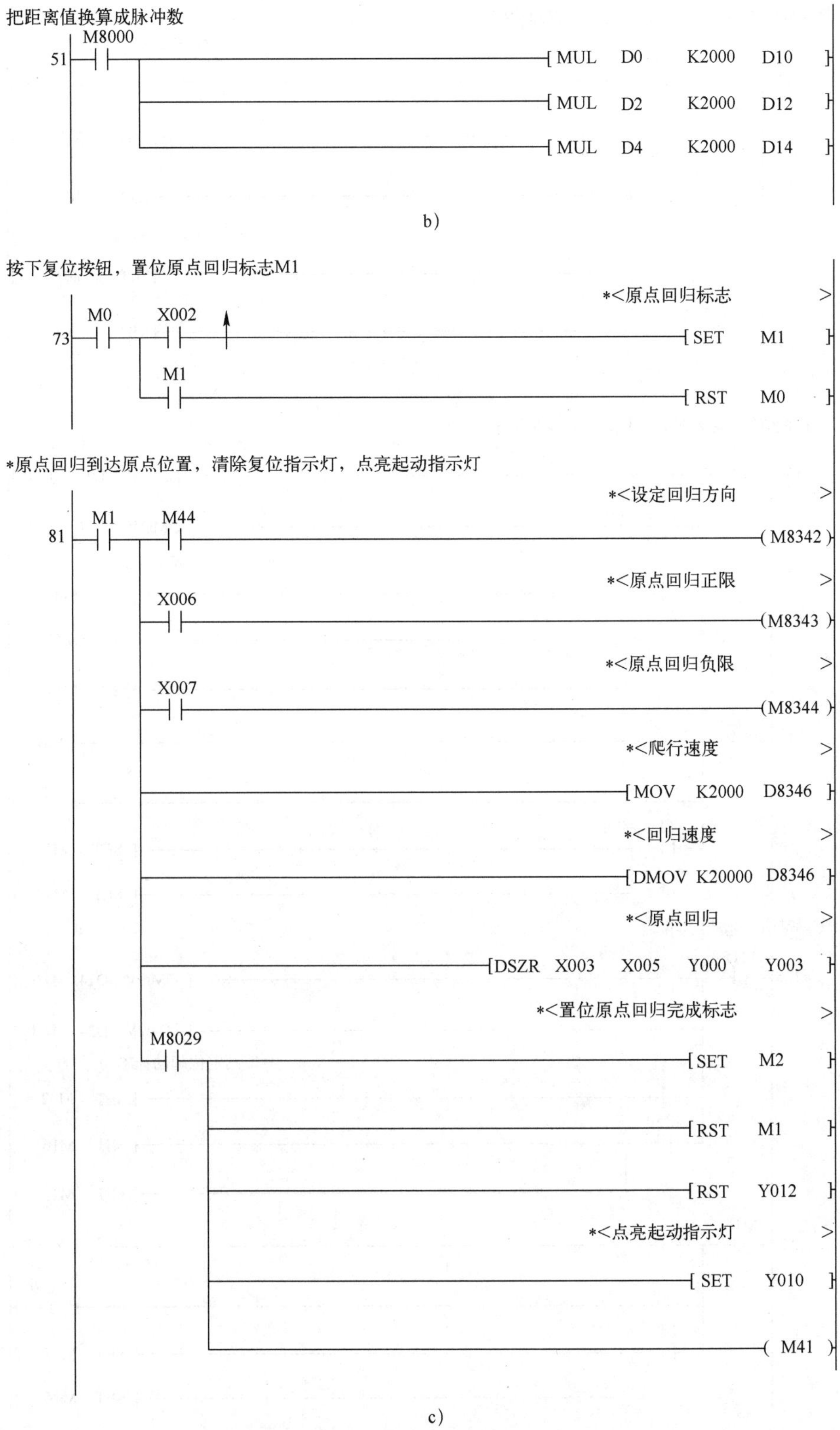

把距离值换算成脉冲数

```
       M8000
51 ├──┤ ├──┬─────────────────────────────[ MUL   D0    K2000   D10 ]
          │
          ├─────────────────────────────[ MUL   D2    K2000   D12 ]
          │
          └─────────────────────────────[ MUL   D4    K2000   D14 ]
```

b)

按下复位按钮，置位原点回归标志M1

```
                                                    *<原点回归标志      >
      M0    X002
73 ├──┤ ├──┤ ├──↑──────────────────────────────────────[ SET   M1 ]
            M1
            ├──┤ ├──────────────────────────────────────[ RST   M0 ]
```

*原点回归到达原点位置，清除复位指示灯，点亮起动指示灯

```
                                                    *<设定回归方向      >
      M1    M44
81 ├──┤ ├──┬─┤ ├───────────────────────────────────────────( M8342 )
          │                                         *<原点回归正限      >
          │  X006
          ├─┤ ├───────────────────────────────────────────( M8343 )
          │                                         *<原点回归负限      >
          │  X007
          ├─┤ ├───────────────────────────────────────────( M8344 )
          │                                         *<爬行速度          >
          ├────────────────────────────────────[ MOV   K2000  D8346 ]
          │                                         *<回归速度          >
          ├────────────────────────────────────[ DMOV  K20000 D8346 ]
          │                                         *<原点回归          >
          ├────────────────────────[ DSZR  X003  X005  Y000   Y003 ]
          │                                         *<置位原点回归完成标志 >
          │  M8029
          └─┤ ├──┬───────────────────────────────────────[ SET   M2 ]
                 │
                 ├───────────────────────────────────────[ RST   M1 ]
                 │
                 ├───────────────────────────────────────[ RST   Y012 ]
                 │                                   *<点亮起动指示灯    >
                 ├───────────────────────────────────────[ SET   Y010 ]
                 │
                 └───────────────────────────────────────────( M41 )
```

c)

附图 B-12　伺服控制程序（续）

b）把距离值转换为脉冲信号　c）设置滑台回归原点信号

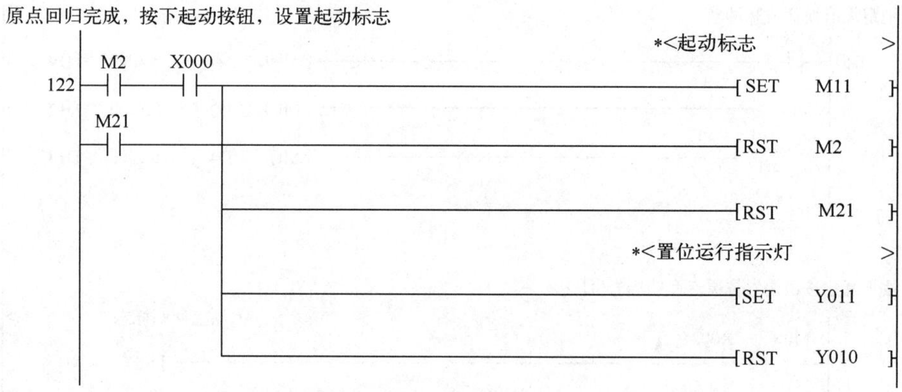

原点回归完成，按下起动按钮，设置起动标志

```
        M2    X000                              *<起动标志              >
   122 ──┤├───┤├──┬─────────────────────────────[ SET    M11 ]
        M21       │
     ──┤├────────┤                               ─────────[ RST    M2 ]
                  │
                  ├─────────────────────────────[ RST    M21 ]
                  │
                  │                              *<置位运行指示灯        >
                  ├─────────────────────────────[ SET    Y011 ]
                  │
                  └─────────────────────────────[ RST    Y010 ]
```

d)

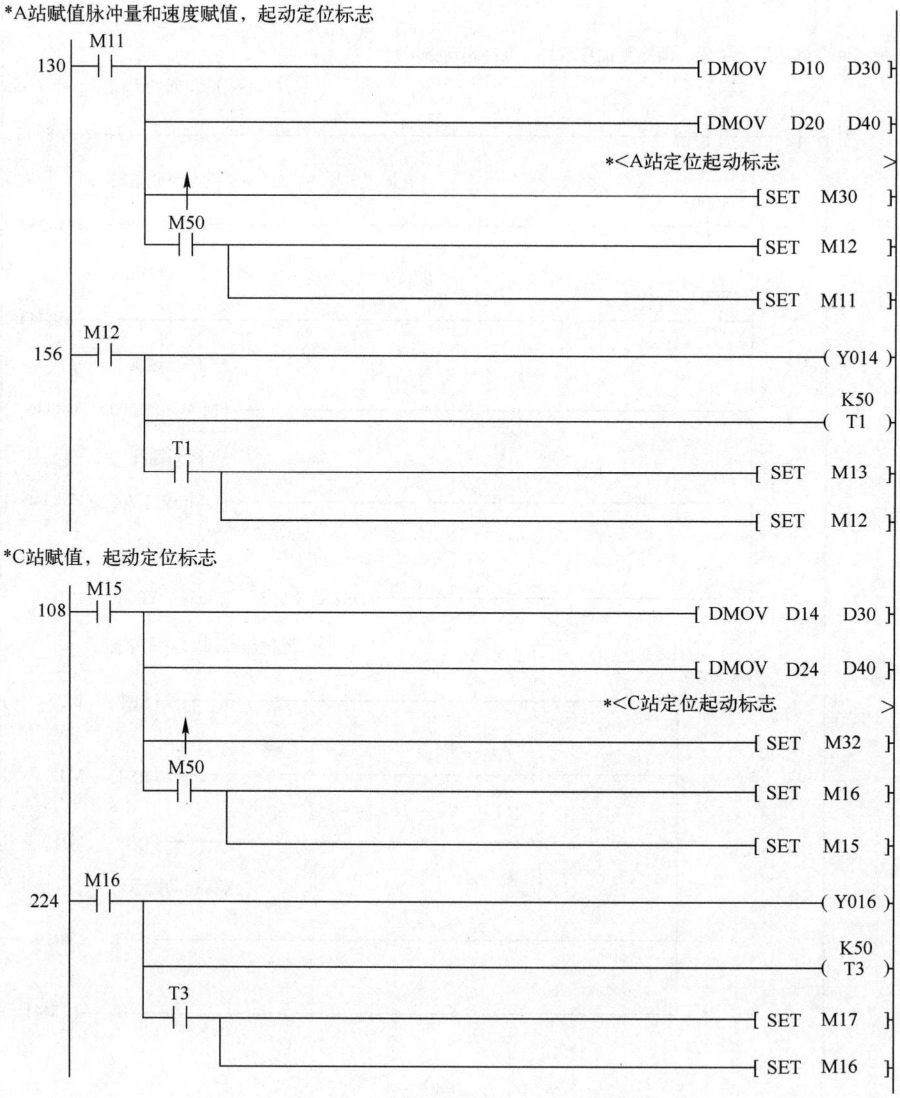

*A站赋值脉冲量和速度赋值，起动定位标志

```
        M11
   130 ──┤├──┬─────────────────────────────────[ DMOV   D10  D30 ]
           │
           ├─────────────────────────────────[ DMOV   D20  D40 ]
           │
           │                                  *<A站定位起动标志        >
           ├─────────────────────────────────[ SET    M30 ]
           │  ↑
           │ M50
           ├──┤├─┬──────────────────────────[ SET    M12 ]
           │     │
           │     └──────────────────────────[ SET    M11 ]

        M12
   156 ──┤├──┬─────────────────────────────────( Y014 )
           │                                      K50
           ├─────────────────────────────────( T1 )
           │  T1
           ├──┤├─┬──────────────────────────[ SET    M13 ]
           │     │
           │     └──────────────────────────[ SET    M12 ]
```

*C站赋值，起动定位标志

```
        M15
   108 ──┤├──┬─────────────────────────────────[ DMOV   D14  D30 ]
           │
           ├─────────────────────────────────[ DMOV   D24  D40 ]
           │
           │                                  *<C站定位起动标志        >
           ├─────────────────────────────────[ SET    M32 ]
           │  ↑
           │ M50
           ├──┤├─┬──────────────────────────[ SET    M16 ]
           │     │
           │     └──────────────────────────[ SET    M15 ]

        M16
   224 ──┤├──┬─────────────────────────────────( Y016 )
           │                                      K50
           ├─────────────────────────────────( T3 )
           │  T3
           ├──┤├─┬──────────────────────────[ SET    M17 ]
           │     │
           │     └──────────────────────────[ SET    M16 ]
```

e)

附图 B-12　伺服控制程序（续）
d）起动伺服电动机　e）伺服位置移动

*C站赋值，起动定位标志

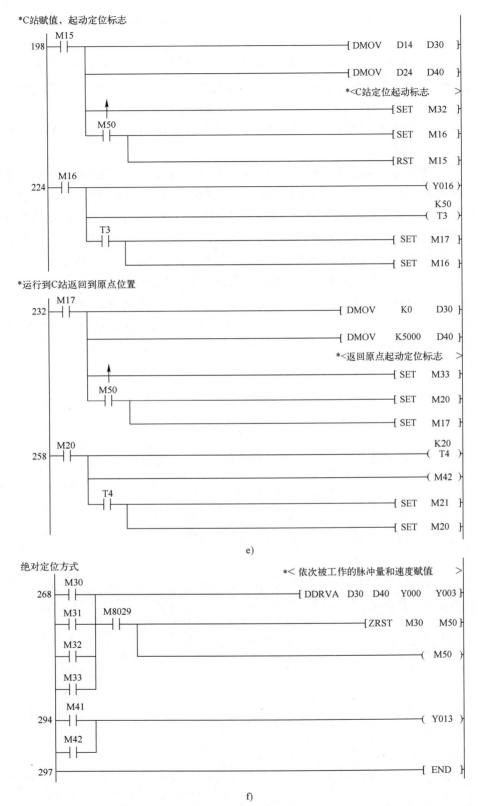

e)

*运行到C站返回到原点位置

绝对定位方式

*< 依次被工作的脉冲量和速度赋值 >

f)

附图 B-12　伺服控制程序（续）

e）伺服位置移动　f）绝对位置控制

机回归原点。指令中，X3 为 DOG 信号，X5 为原点信号，高速脉冲从 Y0 端输出，Y3 位方向信号。

M8209 为指令结束标志，当伺服滑台回归原点后，M8029＝ON，复位回原点标志，置位伺服准备起动标志 M2。熄灭复位指示灯，点亮起动指示灯，预示下一步可进行起动操作。同时点亮原点位置指示灯。M41 为伺服滑台回归原点原点点亮指示灯标志。

④ 起动伺服电动机，如附图 B-12d 所示。当复位完成后，按下起动按钮 X0，置位起动标志 M1，点亮运行指示灯。

⑤ 完成位置移动。从原点依次到 A、B、C 工作站，从 C 工作站返回原点的移动步骤。如附图 B-12e 所示，以 A 站为例，当 M11＝ON，首先把脉冲量和脉冲频率（速度）分别传送到数据寄存器中，设定 A 站定位起动标志 M30，用于执行 A 站定位控制指令。定位指令执行完成标志 M50 起动 A 站延时标志 M12，点亮 A 站指示灯，延时 5 s 后，转到下一步，执行伺服控制到 B 站。从 C 站返回原点时，位移量赋值为 0 即可，由于距离较长，速度可适当放慢。到达原点后，通过 M21 再次接通 M11，从原点向 A 站移位。至此可循环执行。

⑥ 绝对位置控制的移动，如附图 B-12f 所示，以原点为基准位移，绝对定位指令根据起动信号依次执行定位控制。指令执行完成后，M8029＝ON，复位标志信号，驱动 M50 为 ON，进行工作站置位的转移。

参 考 文 献

[1] 许廖. 工厂电气控制设备 [M]. 3 版. 北京：机械工业出版社，2019.

[2] 田淑珍. 工厂电气控制设备及技能训练 [M]. 3 版. 北京：机械工业出版社，2020.

[3] 方承远. 工厂电气控制技术 [M]. 北京：机械工业出版社，2006.

[4] 陈远龄. 机床电气自动控制 [M]. 重庆：重庆大学出版社，2010.

[5] 陈红. 工厂电气控制技术 [M]. 北京：机械工业出版社，2020.

[6] 钟肇新. 可编程控制器原理及应用 [M]. 广州：华南理工大学出版社，2016.

[7] 谢忠钧. 电气安装实际操作 [M]. 北京：中国建筑工业出版社，2000.

[8] 战祥森. 电气控制与 PLC 应用技术：基于三菱 FX_{3U} 系列 [M]. 北京：电子工业出版社，2020.

[9] 三菱电机株式会社. FX3 系列微型可编程控制器用户手册 硬件篇 [Z]. 2011.

[10] 三菱电机株式会社. FX3 系列微型可编程控制器编程手册：基本·应用指令说明书 [Z]. 2016.

[11] 罗良陆. 电器与控制 [M]. 重庆：重庆大学出版社，2010.

[12] 张静之. 三菱 FX_{3U} 系列 PLC 编程技术与应用 [M]. 北京：机械工业出版社，2021.

[13] 廖常初. FX 系列 PLC 编程及应用 [M]. 3 版. 北京：机械工业出版社，2020.

[14] 张文红. 工厂电气控制设备及技能训练 [M]. 北京：机械工业出版社，2018.

[15] 尹秀妍，王宏玉. 可编程控制技术应用 [M]. 北京：电子工业出版社，2015.

[16] 吴丽. 电气控制与 PLC 应用技术 [M]. 3 版. 北京：机械工业出版社，2017.